TRAVEL GREY

트래블 그레이

초판 1쇄 발행 2020년 2월 3일
초판 1쇄 인쇄 2020년 2월 7일

지은이 한경표

발행인 백유미 조영석
발행처 (주)라온아시아
주소 서울특별시 서초구 효령로 34길 4, 프린스효령빌딩 5F

등록 2016년 7월 5일 제 2016-000141호
전화 070-7600-8230 **팩스** 070-4754-2473

값 17,000**원**
ISBN 979-11-90233-51-4 (03980)

※ 라온북은 (주)라온아시아의 퍼스널 브랜드입니다.

라온북은 독자 여러분의 소중한 원고를 기다리고 있습니다. (raonbook@raonasia.co.kr)

시니어 여행 전문가 한경표의
유쾌한 세계 자유여행 안내서

TRAVEL GREY

트래블 그레이

한경표 지음

RAON
BOOK

– 프롤로그 –

내 인생을 바꾼 한 권의 책

라틴어에 'Limen'이라는 말이 있다. 이 말은 우리말로 '문지방'이라는 뜻이다. 사람이 지금까지 해오던 기존의 일에서 탈피해 새로운 길로 나서기 위해서는 과거의 굴레에서 벗어나 문지방을 넘어서 알을 깨는 일정한 변환 과정이 필요하다는 말이다.

흔히 말하는 액티브 시니어(Active Senior)를 나는 '놀 줄 아는 중장년'이라고 부르는 것을 좋아한다. 이미 우리나라는 고령사회에 진입했다. 100세 시대를 맞이해 은퇴 이후에도 약 30~40년을 더 살아가야 한다. 특히 우리와 같은 전후 세대인 베이비붐 세대는 산업화와 민주화를 동시에 이루느라 바쁘게만 살아오다 보니 나도 모르게 틀에 박힌 경직된 사고와 편견이 깊숙이 자리 잡고 있다. 우리는 이것을 좀 더 유연하게 만들고 앞으로 전개되는 새로운 시대에 적응하며 행복한 삶을 누릴 권리가 있다. 그러기 위해서는 이제 공적인 책임감과 의무감을 잠시 내려놓고 나를 위한 삶을 살아가야 한다.

나는 공군사관학교를 졸업하고 32년 6개월간 조국의 영공방위를 위해서 평생을 직업군인으로 살아왔다. 2011년 군 생활을 마치고 명예롭게 공군 대령으로 예편한 후 7년간을 국회 국방위원회 소관 안보 국방 분야의 연구소에서 비교적 안정된 인생 2막을 꾸며나가고 있었다.

평소에도 여행을 좋아하던 나는 한 권의 책을 읽고 나서 인생의 방향을 일대 전환하는 계기를 맞이하게 되었다. 바로 세계적인 동기부여 강사이며 자기계발서 작가인 브라이언 트레이시(Brian Tracy)의 《사하라 여행, 내 인생의 터닝포인트(Many Miles to Go)》라는 책에 실린 한 구절 때문이었다.

"길이 부르는 소리에 응답하라. 인생에는 누구에게나 건너야 할 사하라 사막이 있다."

– 브라이언 트레이시 –

그동안 무려 40년을 공인으로서 국가만을 위해서 살아온 나는 이제는 좀 더 자유로운 마음으로 언제든지 나만의 여행을 떠나고 싶은 욕망을 키워가기 시작하고 있었다. 이 구절에 용기를 얻고 길이 부르는 소리에 응답해 진정한 인생 2막의 사하라 사막을 넘기로 다짐하고 과감하게 사퇴서를 쓰고 시니어 여행전문가와 여행 작가가 되기를 결심했다.

서울대학교 행복연구센터장인 최인철 교수는 "행복을 주는 최고의 활동은 여행이다."라고 했다. 여행이 주는 행복이란 그 어느 것과도 바꿀 수 없는 최고의 행복을 주는 선물이다. 여행을 특별히 좋아하는 나는 오래전부터 여행 중에 어떤 경이로운 곳에 가면 마치 천국에 온 듯한 전율을 느끼는 영혼의 행복감을 느끼는 경우가 자주 있다. 나는 이것을 '여행복(여행×행복)'이라고 정의한다. 단순히 여행 자체가 행복하다는 것이 아니라 여행과 행복이 서로 승수 작용을 일으켜서 최고의 행복감을 느끼게 하는데 그것을 바로 '여행복'이라고 표현한 것이다. 여행을 통해서 '여행복'을 느끼는 순간, 인간이 평소 행복할 때 생성되는 호르몬인 엔도르핀보다 약 400배의 효과가 있다는 다이돌핀이 생성되어 기쁨과 감동이 넘치는 기분을 느낄 수 있으며 이를 통해 행복한 삶을 살아갈 수 있다.

이 책은 1장에서 "나에게 여행은 '여행복'이다"라는 선언을 시작으로 여행을 준비하는 즐거움을 제시하고, 2장은 어떻게 하면 '50+ 액티브 시니어'들이 용기를 내어 자유여행을 떠날 수 있는지를 알려주어 자유롭게 세계 곳곳을 여행할 수 있도록 동기를 부여한다. 3장에서는 내가 경험한 다양한 세계 자유여행 체험 사례를 소개해 마음껏 여행을 즐기는 데 참고할 수 있게 한다. 4장에서는 앞에서 소개한 여행 사례를 바탕으로 시니어들의 로망인 한 달 이상 북미대륙 횡단을, 5장에서는 유럽·발칸반도의 아드리아해 일주 자동차 여행(Road Trip)을 거침없이 떠날 수 있는 자신감을 일깨워준다. 마지막 6장에서는 액티브 시니어들에게 참고가 될 만한 세계적인 트래킹 여행 코스를 소개해 넘치는 그들의 열정을 대신해 주고자 노력했다.

여행은 단지 세상의 새로운 풍경을 보고 아름답다고 외치는 것에서 그치는 게 아니다. 여행을 통해 내가 얼마나 행복한가를 느끼는 삶의 문제인 것이다. 모든 삶의 우선순위를 여행에 두고 나만의 여행 버킷리스트를 작성해 이를 기준으로 내가 가고 싶은 장소를 선정하고 나만의 여행 계획을 세우며 내가 좋아하는 방식으로 여행을 설계해 그 방식대로 실행하는 것이 여행복을 만들어 가는 방법이다.

이 책을 읽는 당신도 용기를 내어 다른 곳에서 느낄 수 없는 여행복을 경험해보길 바란다.

한경훈

1장 준비하기_여행은 두려움이 아닌 즐거움이다

2장 나도 자유여행 갈 수 있다! (일주일 이내)

3장 자유여행 이제 마음껏 즐겨라! (10일 이상)

4장 미국 · 캐나다 횡단 자동차 자유여행

5장 유럽 · 발칸반도 자동차 자유여행

6장 발길 닿는 대로 마음 가는 대로 트래킹 여행

1장

준비하기 여행은 두려움이 아닌 즐거움이다

NAME OF PASSANGER

FLIGHT

DATE

SEAT

"세계는 한 권의 책이다. 여행하지 않는 자는 그 책의 단 한 페이지만을 읽을 뿐이다."

– 성 아구스티누스

나에게 여행은 '여행복'이다

여행은 용기의 문제다

여행을 좋아하는 사람들은 대부분 "여행을 떠나고 싶으면 일단 짐을 싸서 떠나면 된다"고 말한다. 그러나 여행이 어디 옆집 아이 이름인가? 현실은 그렇게 녹녹하지만은 않다. 더구나 한창 일을 하는 직장인들은 아무 때나 일을 걷어치우고 한동안 여행지에 가 있기 어렵다.

막상 은퇴한 사람도 그렇게 쉽게 해외여행을 떠날 수 있는 건 아니다. 시간이 된다고 해서 나만 훌쩍 떠날 수 있는 것이 아니기 때문이다. 아들 녀석이 취업 문제로 밤낮없이 고민하고 있는데 부모라는 사람이 생각도 없이 해외여행을 떠난다고 설쳐대면 아들이 원망하지 않을까 하는 괜한 염려 때문에 선뜻 얘기 꺼내기조차 쉽지 않다. 딸자식이 곧 시집을 가서 혼수 장만도 부족한 형편에 그 돈으로 해외여행을 떠나는 게 정상으로 보일까? 더구나 배우자와 함께 가지 않는 여행이라면 이 또한 눈치 보이고 설상가상으로 자금조달마저 원활하지 않을 것이다.

그러나 분명 여행은 돈의 문제가 아니라 용기의 문제다. 나와 동시대를 살아온 사람들은 오직 가족의 생계를 위해 스스로를 희생하며 욕구를 억제하고 앞만 보고 바쁘게 살아왔다. 이제 와서 이에 대한 보상을 바라는 것은 아니지만 이제는 조금 여유롭고 자유로워질 수 있는 자격을 어느 정도 갖춘 시기라는 생각이 든다.

행복하려면 여행을 자주 떠나라

유난히 힘든 인생을 살아온 우리 세대는 그동안 딱 짜인 틀 속에 갇혀서 견고하게 굳어버린 경직된 사고를 좀 유연하고 말랑말랑하게 만들기 위해서라도 이제 자신을 잠깐 내려놓고 여행을 떠날 필요가 있다. 대자연의 광활한 품에 안겨서 마음껏 호연지기의 회포를 풀어보고 편안한 휴식을 통해 세상에 집착했던 현실적 자아를 좀 놓아주는 연습을 해보는 것이다.

행복을 주는 최고의 활동은 여행이다. 서울대학교 행복연구센터장인 최인철 교수는 이렇게 말했다.

"여행은 행복의 뷔페다. 여행은 사람이 행복을 느끼는 모든 활동, 즉 먹고, 놀고, 대화하고, 즐기는 모든 행위가 복합적으로 포함된 행복의 종합선물세트다."

이분의 강연을 듣고 나서 지금까지 내가 실행해온 여행을 통해서 얻은 행복한 삶이 틀리지 않았다고 확신하게 되었다. 그때부터 나는 여행에서 얻은 경험과 체험을 통해 삶의 행복을 체감하며 지금도 여행에 미쳐서 살아가고 있다.

'여행복'을 부탁해!

여행을 하면 마치 천국에 온 듯한 영혼의 행복감을 자주 체험하는데, 이것을 '여행복(여행 × 행복)'이라고 정의한다. '여행복'을 '여행+행복'이 아닌 '여행×행복'으로 표현한 이유는 여행을 하더라도 행복하지 않거나 행복하더라도 여행을 하지 않으면 여행이 주는 참된 행복을 느낄 수 없기 때문이다. 여행은 단지 세상의 새로운 풍경을 보고 아름답다고 외치는 것에서 그치는 게 아니라 내가 그 여행을 통해서 얼마나 행복한가를 느끼는 것이다. 결국 여행복은 여행을 통해서 얻은 영혼의 행복이다.

여행복을 영어로 표현하자면 여행의 'travel'과 넘치는 영혼의 행복을 의미하는 'bliss'가 합성된 'traveliss'라고 말하고 싶다. 물론 영어사전에는 없는 단어다. 'bliss'를 우리나라 말로 번역하면 'happiness'와 마찬가지로 '행복'이다. 그러나 'bliss'는 단순히 생활의 만족한 상태나 기쁜 감정에서 생긴 'happiness' 정도가 아니라 지금껏 이 세상에서 느껴보지 못한 특별한 감동과 전율을 느끼는 최고의 행복감을 말한다.

따라서 여행을 하면 평소 일상생활에서 얻는 행복(happiness)보다 몇 배나 큰 완벽한 행복(bliss)을 얻을 수 있으며, 이러한 체험을 자주 함으로써 항상 기쁘고 감사하는 마음이 넘치는 행복한 삶을 살아갈 수 있다고 믿는다.

TV 프로그램 〈냉장고를 부탁해〉를 보면 유명한 요리사들이 주인공의 냉장고에 들어 있는 식재료를 가지고 주어진 시간 안에 주인공의 입맛을 사로잡는 요리를 만들어내는지를 경쟁한다.

여행도 이와 마찬가지라고 생각한다. 여행 재료는 이미 태초부터 하나님께서 이 땅에 창조해놓으셨다. 다만 여행자가 그 재료를 가지고 얼마나 맛있고 행복한 여행을 만들어내는가가 여행의 성패를 좌우하는 본질인 것이다.

모든 삶의 우선순위를 여행에 두고 나만의 여행 버킷 리스트를 작성해 이를 기준으로 내가 좋아하는 스타일의 여행을 하는 것이 '여행복'을 만들어가는 방법이다. 진정한 여행가는 여행을 통해 행복해지는 방법을 안다.

나만의 여행을 연출하는 방법

여행은 한 편의 연극을 연출하는 것

여행을 떠난다는 것은 마치 한 편의 연극을 연출하는 것과 같다. 각본 없는 연극이 없듯이 여행에도 각본이 필요하다. 바로 여행 계획서가 그 역할을 한다. 다만 다른 점이 있다면 내가 그 연극의 주인공이면서 동시에 연출자가 되는 것이다. 주인공이 각본대로 연기를 잘할 수 있으려면 훌륭한 각본에 의한 연출이 필요하듯이 나만의 멋진 여행을 위해서는 여행을 떠나기 전에 먼저 계획을 잘 세워야 한다.

해외로 장기간 자유여행을 떠난다고 생각해보자. 먹는 것, 자는 것, 그리고 어느 것 하나 익숙하지 않은 불편한 환경부터 내 돈을 내가 쓰기도 쉽지 않은 해외에서 지내야 한다. "아니 내 돈을 가지고 내가 여행을 가는데 그냥 놀면 되지 귀찮게 무슨 계획을 세우냐?"라고 하는 사람들도 있을 것이다. 더구나 은퇴한 이후에 젊은이들이 배낭여행을 떠나는 것처럼 무작정 해외로 자유여행을 떠난다는 것은 고생의 첩경이 될 것이 자명하다.

그러나 적어도 내가 꼭 가고 싶은 여행지를 선택해서 내 방식대로 자유로운 여행을 즐기고 싶다면 내가 여행을 직접 설계하고 계획해서 여행하는 것이 당연하다. 여행 계획을 세우기 위해서는 육하원칙에 따라 여행의 목적에서부터 하나하나 따져보아야 한다. 여행의 이유와 목적을 뚜렷하게 세우면 '누구랑 갈 것인가?', '언제 갈 것인가?', '어디로 갈 것인가?', '어떻게 갈 것인가?' 하는 나머지 문제들이 자동으로 연결되어 풀린다.

누구랑 갈 것인가?

일반적인 시니어들은 자기 삶의 방식에 대한 자존감이 강하고 자신을 타인에게 내보이는 것을 싫어하는 배타성이 있다. 자신의 고정관념을 희생해가면서까지 마음이 불편한 타인들과 여행하는 것을 좋아하지 않을 것이다.

오랜 죽마고우나 학창시절의 교우 또는 평생 업무적으로 생업을 같이한 파트너하고도 쉽사리 여행을 떠나려고 하지 않는 묘한 감정선 같은 것을 가지고 있다. 심지어 어떤 사람은 배우자하고 같이 여행을 떠나느니 차라리 안 가겠다는 사람도 있다.

따라서 평소에 자신이 좋아하고 마음이 통하는 사람, 함께 여행을 가면 내가 행복해질 것 같은 사람과 여행을 떠나면 좋을 것이다. 여기에서 한 가지 더 추가하자면 가능하면 가치관이나 생활 방향이 같은지를 봐야 한다. 동행자가 이에 잘 부합한다면 여행 중에 갈등이 없고 갈등이 생기더라도 그것을 최소화하여 해결할 수 있을 것이다.

언제 갈 것인가?

여행 시기는 여행지의 날씨나 계절, 가성비나 여행하기에 좋은 최적의 성수기, 비성수기 등을 구별해서 자신이 편한 시기나 형편에 맞는 때에 가면 크게 문제가 되지 않는다.

만일 호주에 간다면 나라의 위치가 지구의 남반구에 있기 때문에 우리나라와 계절이 반대임을 생각해야 한다. 따라서 겨울철에 그곳으로 간다면 눈 내리는 화이트 크리스마스 대신 해변에서 수영복을 입고 파도타기를 하는 산타클로스 할아버지를 만날 수 있다.

여름방학 때나 연말연시에 유명한 관광지를 방문한다면 비수기에 가는 것보다는 비용이 많이 들 것이며 관광객이 많아서 혼잡할 뿐만 아니라 숙소를 구하거나 입장권을 끊기조차 어려운 상황이 발생할 수 있다.

어떤 지역은 우기와 건기로 구분되어 있어 우기와 건기 때 볼 수 있는 것들이 확연히 다르다. 남미의 볼리비아에 있는 세계적으로 유명한 우유니 소금사막을 건기에 가면 바닥이 육각형 모양으로 갈라져 있는 소금밭을 구경할 수 있다. 하지만 우기에 가면 온 사막에 비가 내려서 하늘이 마치 거울에 비친 것처럼 믿기 어려운 환상적인 광경을 감상할 수 있다. 이렇듯 여행 시기나 계절에 대한 간단한 지식을 사전에 습득해서 시간 계획을 수립한다면 보다 즐겁게 여행할 수 있다.

어디로 갈 것인가?

여행 장소 선정은 곧 자신의 여행 목적과도 연관되며 자신의 여행 성향과도 깊은 관련이 있다. 요즘 들어서 젊은이들처럼 환경이 열악한 오지나 험지에서 모험을 즐기거나 활동량이 많은 과격한 액티비티를 체험하는 여행을 선택하는 액티브 시니어(Active Senior)들이 부쩍 늘어나고 있다. 그러나 일반적인 시니어들은 가능하면 편안하고 안전한 곳을 찾아서 여행하기를 바란다.

나도 가끔은 아직도 내가 젊다는 생각만으로 험한 오지를 찾아가서 모험을 즐기는 여행을 하고 싶을 때가 있다. 그래서 3,500m가 넘는 고산지대를 등산하거나 하루에 15~20km를 걷는 트래킹 여행도 한다. 하지만 될 수 있으면 여행 인프라가 잘 발달되어 있는 곳이나 세계적으로 잘 알려진 관광지를 찾아가는 여행을 주로 한다. 왜냐하면 앞으로도 오랫동안 더 많은 곳을 안전하게 여행하고 싶기 때문이다.

가슴이 떨리는 곳에 가자

여행 장소를 선정할 때 내 마음이 끌리는 곳을 선택하는 것이 좋다. 가령 '여행'이라는 단어를 생각만 해도 떠오르는 곳, 오래전부터 언젠가는 기회가 되면 꼭 가겠다고 버킷 리스트에 적어두고 이곳 이야기만 나오면 가슴이 떨리는 곳 말이다. 이미 여행지를 결정해두고 안내 책자를 공부하며 떠나는 날짜만 손꼽아 기다리는 곳이 있다면 망설임 없이 그곳을 선택하면 된다. 어느 정도 몇 군데 장소에 대한 확신이 섰다면 이미 다녀온 선행자들의 이야기를 들어보고 최종적으로 목적지를 확정하는 방법이 바람직하다.

멀고 힘든 곳은 한 살이라도 젊을 때 가자

나는 몇 년 전부터 향후 10년간 해마다 두 곳씩 가더라도 시간이 부족할 정도로 수많은 여행지를 버킷 리스트에 기록해놓고 차례대로 실행에 옮기고 있다. 멀고 가기 어려운 곳은 한 살이라도 젊을 때 다녀오고, 나이가 들어갈수록 가중될 신체적인 어려움을 고려해 가까운 일본이나 중국, 동남아국가 등은 뒤로 미루어놓았다.

다음은 내가 여행지를 선정할 때 주로 사용하는 방법이다.

- **1단계** : 버킷 리스트에 적혀 있는 우선순위에 따라 여행지를 선정하고, 그곳을 중심으로 주변의 볼거리를 선정한다. 이때 여행사에서 판

매하는 패키지상품을 참고하면 매우 효과적이다. 패키지상품은 대개 핵심 관광지 위주로 일정을 편성하므로 내가 가고 싶은 곳과 유사한 패키지상품을 골라 여행 기간이나 이동 경로를 고려하여 꼭 방문해야 할 장소들을 점찍어 놓는다.

- **2단계** : 여행 국가와 장소가 결정되면 해당 국가 관광청 홈페이지, 여행 책자, 여행 블로그 등을 꼼꼼히 검색한다. 해당 국가와 여행지에 대한 역사나 관광명소에 얽힌 이야기 등을 미리 공부해두면 알찬 여행이 될 뿐만 아니라 현지에서 생길 수 있는 예상치 못한 실수나 시행착오를 줄이는 데도 큰 도움이 된다.
- **3단계** : 구글이나 네이버 등 포털사이트와 여행 블로그 등 다양한 자료를 검색하여 보다 완벽한 여행 준비를 한다. 생생한 현지 정보와 여행 후기 등을 꼼꼼히 살펴보고 맛집이나 숙소, 현지인들이 즐겨 찾는 숨은 명소 등을 챙긴다.
- **4단계** : 위 세 단계를 거친 다음 나만의 여행에 적합한 장소를 확정하여 동선을 그려가며 여행 경로를 짠다.

어떻게 갈 것인가?

여행의 목적과 동행자, 목적지가 정해지면 어떻게 갈 것인지 결정해야 한다. 우리나라는 어느 나라로 여행을 가든 해외로 나가기 위해서는 배를 타거나 항공기를 이용해야 한다.

항공권의 경우 통상 4개월 이전에 예약하는 것이 유리하다. 해외여행을 전문으로 하는 패키지여행사나 항공권 구매를 대행해주는 회사(스카이스캐너, 트립어드바이저, 익스피디아, 마이리얼트립, 인터파크투어 등)가 해당 여행지 항공권을 미리 확보해두었다가 여행사 고객용 좌석을 확정하고 남은 좌석을 일반인들에게 파는 시기와도 어느 정도 일치한다. 이 시기는 항공사에서 고객 확보를 위해서 여러 가지 할인행사를 시행하는 시기이기도 해서 잘만 선택하면 아주 저렴하게 항공권을 구매할 수 있다.

항공권은 항공사 홈페이지에 들어가서 회원 가입한 후 예약을 하거나 축적된 마일리지를 이용하여 구매할 수 있다. 또한 여행사나 항공권 구매 대행사 홈페이지에서 구매할 수도 있다. 앞에서 언급한 구매 대행사 홈페이지에 들어가면 각 항공사와 여행사, 구매 대행사들의 제반 항공권을 일일이 직접 비교해서 최저가 항공권을 알려주기 때문에 이를 참고해 저렴한 항공권을 찾으면 된다.

숙소 예약은 어떻게 할까?

아무리 멋진 곳을 구경하고 맛있는 음식을 먹었더라도 잠자리가 불편해 아침에 일어나서 상쾌한 기분이 들지 않으면 왠지 여행이 재미없게 느껴진다. 특히 시니어들은 종일 여행으로 지친 몸을 편안하게 쉬고 잠을 잘 자야 다음 날 또 하루의 여행을 진행할 수 있다.

숙소는 여행을 떠나기 전부터 신중하게 선택해야 한다. 숙소의 형태는 호텔, 모텔, 에어비앤비, 게스트하우스, 캠핑카, 텐트, 통나무집, 한인 민박 등 다양하다. 자신의 여행 형태나 방법에 가장 적합하고 편리한 숙소를 정하면 된다.

예약은 숙박 앱(호텔스닷컴, 부킹닷컴, 에어비앤비 등)이나 해외여행 종합 앱(스카이스캐너, 익스피디아, 트립어드바이저 등)을 이용하는 것이 편리하다. 해외여행 종합 앱에서는 항공권과 연계하여 숙소를 예약할 수 있다. 어떤 앱은 이용하는지는 중요하지 않다. 자신의 숙박 형태나 여행 취향에 맞는 숙소를 고르는 데 편리하고 신뢰할 수 있는 앱이면 된다.

나는 40일간의 유럽·발칸반도 자동차 자유여행을 하면서 여행지의 분위기와 지형적인 특성을 고려해 일부러 호텔, 에어비앤비, 임대 아파트, 민박, 통나무집 등 다양한 형태의 숙소를 정했다. 이때 주로 이용한 숙박 앱은 부킹닷컴과 에어비앤비 두 가지였다.

참고로 미국이나 캐나다에서 캠핑카를 이용하거나 통나무집에서 숙박하며 가족 단위의 자유여행을 하고 싶다면 '코아(KOA Campgrounds, koa.com)'라는 숙박업소를 추천한다. 미국·캐나다 지역을 횡단하는 자동차 자유여행을 할 당시 여러 번 이용했던 곳이다. 북미 전국망의 캠핑 체인으로 북미 지역 유명 관광지마다 지점이 있다. 각종 시설도 잘 구비되어 있고 비용도 호텔보다 저렴하며, 야외에서 바비큐를 즐기는 등 색다른 낭만을 즐길 수 있다. 주로 국립공원 경계선 부근이나 자연경관이 좋은 곳에 자리 잡고 있다. 캠핑카 주차장, 통나무집, 텐트를 칠 수 있는 캠프촌이 함께 있으며, 화장실이나 샤워 시설은 공동으로 사용한다.

만약 일주일 정도 여행을 떠난다면 숙소를 한국에서 미리 예약하는 것이 편리하다. 기간이 긴 자유여행은 가끔 여행 경로를 변경할 때가 있고 갑

미국 옐로스톤 국립공원 지역의 통나무집 숙소

작스러운 상황으로 숙소를 바꿔야 할 때가 있다. 이런 때에 대비해서 애매한 경우에는 예약을 변경하거나 취소할 수 있는 옵션을 선택하여 예약하는 것이 좋다.

외국어, 두려워하지 마라

보통 시니어들은 해외 자유여행을 얘기하면 “말이 통해야 여행이고 뭐고 할 것이 아닌가?”라고 볼멘소리를 내뱉는다. 동행자 중에 언어문제를 해결해줄 적임자가 없으면 자유여행을 포기하고 차라리 패키지여행을 택하고 만다. 물론 언어 소통이 잘되면 좋지만 나는 이제까지 언어가 안 돼서 해외여행을 그만하고 중간에 돌아왔다는 사람을 본 적이 없다. 이는 언어가 여행을 포기할 만큼 심각한 문제는 아니라는 방증이기도 하다.

실제로 여행 중에 그렇게 어려운 언어를 사용하지 않는다. 가정에서 할아버지와 어린 손자가 소통하는 데 문법적으로 어려운 문장이나 고급 언어를 사용하지 않아도 원활하게 의사소통할 수 있는 것처럼 여행에서도 마찬가지다. 영어권이 아닌 나라에서 온 여행자도 약 1,500단어와 24개 문장만으로 쉽게 의사소통을 할 수 있는 영어를 글로비시(Globish, Global과 English의 합성어)라고 하는데, 이 정도만 소화하고 여행을 떠난다면 세계 어디에서도 소통에 문제가 생기지 않을 것이다.

솔직하게 갑질하라

여행에도 상업적인 측면이 있기에 ‘갑’과 ‘을’이 있다. 여행지에서 ‘갑’은 여행자다. 각종 서비스를 제공하는 ‘을’인 현지인은 ‘갑’인 여행자의 상황과 수준을 고려해 대안을 제시하기 마련이다. 그리고 '갑'의 허락을 얻은 후에야 구체적인 서비스를 실행에 옮긴다. 이는 동서고금을 막론하고 과거부터 지금까지 지켜져 온 불문율과 같은 것이다.

해외여행에서 서툰 외국어 실력으로 이설프게 현지인의 말을 알아들은 것처럼 행동했다가 낭패를 보는 경우가 종종 있다. 차라리 현지인에게 "나는 언어 문제가 있으니 당신이 알아서 좀 해달라"고 솔직하게 말하면 그는 손짓, 발짓까지 동원해 당신의 의중을 살펴 최선을 다해 도와줄 것이다.

다른 방법도 있다. 언어 번역기나 통·번역 앱(구글 번역, 파파고, 말랑말랑 지니톡, 만통 등)을 활용하면 쉽게 해결이 된다. 지난번 이탈리아 여행 중에 영어를 할 줄 모르는 숙소 호스트를 만났는데 서로 소통이 되지 않아서 체크인을 할 수가 없었다. 그래서 누구의 제안이랄 것도 없이 서로가 스마트폰 구글 번역 앱을 사용하여 문자를 교환하고 음성으로 대화를 나누었다. 우리는 아무런 문제없이 서로 소통할 수 있었으며 다음 날 하룻밤을 자고 아침 식사 때는 즐거운 대화를 나누며 식사를 마친 후 포옹까지 하고 무사히 여행을 마칠 수 있었다. 현재 구글 번역 앱은 세계의 104개 언어를 지원하고 있으며 앞으로 세계 모든 나라의 언어를 지원할 예정이라고 한다.

언어번역기 및 통번역 모바일 앱

여행계획서 짜는 법

해외 자유여행을 하기 위해서는 반드시 여행계획서를 사전에 수립해야 한다. 여행계획서를 미리 작성해놓지 않으면 현지에서 닥치는 여러 가지 상황과 갑작스러운 위기에 유연하게 대처하지 못하고 당황하게 된다.

여행계획서는 말 그대로 여행을 떠나기 전에 사전 준비에서부터 여행을 실행하는 데 필요한 모든 행동계획을 구체적으로 명시해놓은 여행참고서다. 일정한 틀이 있는 것이 아니고 여행자 개인의 각 여행 형태에 따라 기록이 필요한 항목을 선택하고 자신이 보기 편한 형식을 정하여 작성하면 된다.

세부 일정계획 세우기

나는 자유여행을 할 때마다 사전에 여행계획서를 수립한다. 여행계획서 맨 앞장에 여행 국가 일반현황, 여행지, 여행 기간, 동반자, 여행 콘셉트 및 개략적인 전체 일정을 기록하고 여행지를 대표하는 사진이나 지도 등을 첨부한다. 그리고 세부 일정계획은 여행 일자(일차), 일자별 여행지, 일정별 이동에 필요한 교통편(항공편, 렌터카, 기차/지하철/버스, 배/페리 등) 예약 현황,

출발·도착 정보 및 이동 경로, 일자별 숙소 명칭 및 주소(필요시 호스트 이름 및 전화번호), 예약확인서에 명시된 예약번호 및 전화번호, 결제수단(현금 또는 카드) 및 결제 여부 등을 기록해 종합 참고 철을 만든다.

세부 일정계획표

일자	국가 (도시/장소)	주요내용(여행/이동/숙소)	예약사항	비고(예산)
5. 14 (1일차)	• 출국(인천공항) • 크로아티아(자그레브 공항)도착	• 항공편: Air France – 인천(09:05) → 파리(14:10): AF267 – 파리(15:15) → 자그레브(17:10): AF1560 • 렌터카: 폭스바겐 골프(자동+네비, 풀보험) 자그레브공항(셔틀) 인수. 05.14. 17:00~6.11 17:00 • 숙소(2박): 자그레브, MAKISIMER, Zagreb – Petrova Ulice 69, Zagreb, Croatia	• 온라인 투어 (AP – LGMK2) #0573490640989(나) #0573490640992(처) • Rentalcars.com (#784876081) +82120236423 • Air B&B *Sinttija (Hmcf9p4asc) +385 98 405 609	₩2,555,600 ₩903,341 (현지 결제 보증금 €800) ₩86,362
5. 15 (2일차)	• 크로아티아(자그레브)	• 자그레브 시내 여행 – 자그레브 대성당, 성마르카 교회, 예리치치 공장, 스톤 게이트 등 • 여행 중 필요한 용품 및 취사도구 등 쇼핑		
5. 16 (3일차)	• 크로아티아(자그레브, Rastoke, 플리트비체 국립공원)	• 자그레브 숙소 → Rastoke 마을 → 플리트비체국립공원 • 플리트비체국립공원 투어(15:00~19:00) • 숙소(2박): 폴리트비체국립공원(예제르체), Rade Guest House – Jereroe 17, Jereroe 53231, Croatia	• Booking.com (2093205885, #30661) +385 53 774 063	₩127,218 (€100)

여기에나 여행 중 발생될 수 있는 위험 상황에 대비한 비상계획(Plan-B), 긴급연락처, 해당 국가 대사관 또는 영사관 연락처, 여행 시 교통편이나 숙소 예약 관련 애로사항 문의를 위한 해당 업체 24시간 서비스센터 전화번호 등을 기록한 자료를 추가하면 좋다. 여행 종합 참고 철은 바인더 형태로 만들어서 필수자료 이외에도 현지에서 확인이 필요하거나 제출하기 위해서 준비한 항공권(e티켓), 교통편(기차/버스/페리 등) 티켓 예약 및 발행확인서, 송장(invoice)이나 바우처, 여권 사본, 중요한 메일 사본 등을 인쇄하여 같이 철해두면 현지에서 매우 편리하게 이용할 수 있다.

여행 계획을 세우기 어렵다면 스투비 플래너(Stubby Planner)나 트리플(Triple), 세이브트립(SaveTrip) 앱을 이용해 여행 경로나 일정표를 손쉽게 작성할 수 있다.

스투비 플래너

85만 개가 넘는 유럽 자유여행계획 통계자료를 분석하여 여행자에게 적합한 여행지와 머무를 기간을 추천해준다. 지도와 시뮬레이션 기능을 활용하여 여행 경로와 일정을 짤 수 있다. 자신이 직접 여행계획을 세우기 힘들 경우 맞춤 여행을 의뢰하면 여행 경로 제작, 맞춤 여행 및 숙소 추천, 일정표 작성 등을 지원해준다.

트리플

여행을 떠나고자 하는 도시를 중심으로 일정별로 세부적인 여행 경로를 짜는 데 매우 유용한 앱이다. 주요 관광지를 추천해주고, 가는 방법과 길찾기, 각종 관광 정보, 맛집 정보와 항공권이나 호텔 예약까지 연결해서 추천해준다.

세이브트립

스마트폰으로 여행 일정을 날짜별로 기록하거나 일기를 쓰는 것이 가능하다. 또한 여행 중에 필요한 체크리스트를 작성하여 사진과 함께 노트할 수 있는 기록장이 있으니 수첩이나 필기구를 준비할 필요가 없다. 여행 중에 사용한 비용을 현지 환율까지 적용해서 정리해주는 여행 예산 및 비용관리 기능이 있어서 여행 후에 총비용을 파악할 수 있다. 세이브트립 외에도 다양한 앱이 있으니 마음에 드는 것을 찾아 이용하면 된다.

세이브트립 : 여행 일정 및 비용관리 앱

여행 경로 및 숙소 정하기

여행 경로를 짜는 일은 여행지를 이동하는 교통수단과 자신의 여행 스타일에 따라 다르게 작성한다.

대중교통을 이용하는 경우

대중교통을 이용한다면 동선을 줄이기 위해 기차역이나 버스정류장과 가까운 곳에 숙소를 정하고 그곳에서부터 움직일 수 있는 교통수단을 고려해 이동 경로를 짜면 된다. 이때 방문지의 대중교통수단을 먼저 살펴보고 기차(지하철), 버스, 트램, 배 등이 어디에서 출발해 어디까지 갈 수 있는지, 가능한 목적지와 배차시간, 첫차와 막차 시간, 요금 등을 반드시 확인해야 한다. 그렇지 않으면 불필요한 이동 시간으로 인해 여행의 질을 떨어뜨릴 수 있다.

대중교통수단은 자신의 의지와는 상관없이 언제든지 변동될 수 있기 때문에 항상 비상계획을 세워서 대비해야 한다. 이때 중요한 점은 숙소로 복귀하는 시간을 여유를 두고 잡아야 한다는 것이다. 복귀 시간이 너무 늦어진다면 안전을 위해서 중간에 숙소를 정하는 방안을 고려해야 한다.

렌터카를 이용하는 경우

렌터카를 이용한다면 상대적으로 여행 경로나 숙소를 정하기가 수월하다. 내 마음대로 이용할 수 있는 교통수단이 있으므로 그만큼 다양한 여행 경로를 선정할 수 있는 것은 물론 한적하고 경치가 좋은 외곽에 가성비 좋은 숙소를 고를 수 있다.

렌트를 하더라도 여행지 인근 공영주차장(garage)에 주차해놓고 대중교통을 이용하거나 걸어서 이동하는 게 좋다. 여행지 주변에 마땅히 주차할 장소를 찾지 못해 헤매다 오히려 낭패를 보기도 하고, 도로변에 주차하면 문제가 생길 수도 있다.

렌트 비용은 어느 나라, 어느 도시에서 빌려서 어디에 반납하느냐에 따라 달라진다. 대여 장소는 국제공항이나 항구가 도심이나 외곽보다 편리하다. 비용은 조금 더 비싸지만 짐이 많다면 구태여 도심까지 가서 빌릴 필요는 없다. 대여 장소와 반납 장소가 다르면 차량을 이동하는 데 드는 추가 비용(drop charge)을 내야 하고, 반납 장소가 멀리 떨어져 있거나 다른 국가라면 비용이 더 든다.

그리고 렌터카 업체마다 가격 차이가 있다. 대형 렌터카업체(Hertz, AVIS, Europcar, Alamo, Budget, enterprise, dollar, Thrifty 등)는 세계 각지에 지점이 있어 입국할 때 국제공항이나 항구에서 손쉽게 픽업할 수 있고, 사고 발생 시 응급대처도 용이하다. 차량의 종류가 많고 관리상태도 좋다. 반면 중소 로컬업체(Sixt, greenmotion, Goldcar 등)는 대형 렌터카업체보다 비용은 저렴하나 지점 또는 주차장이 적어 인수와 반납 시 다소 불편을 감수해야 한다. 보험 약관을 잘 확인해 사고 예방을 철저히 한다면 로컬업체를 이용해도 큰 문제는 안 된다.

렌터카를 인수할 때는 차량 상태를 꼼꼼히 살펴보고 파손 부위는 사진을 찍어서 반납할 때 대조하는 지혜가 필요하다.

참고로 세부 이동 경로를 짤 때 '구글 지도' 앱을 이용하면 목적지를 쉽고 정확하게 찾아갈 수 있다. 게다가 우리말로 길을 안내해주는 내비게이션 역할까지 해주므로 이보다 더 유용한 도구는 없다.

마음에 드는 숙소 고르는 법

좋은 숙소를 얻기 위해서는 시간과 노력을 투입해야 한다. 똑같은 비용으로도 숙소의 종류에 따라서 얼마든지 비용을 절감하고 마음에 드는 숙소를 얻을 수 있다.

가령 편안하고 포근한 잠자리만을 원하면 비용을 더 지급하더라도 호텔이 가장 좋다. 그러나 거실과 주방시설이 있는 숙소에서 친구들이나 가족들과 함께 음식 재료를 준비하여 요리해서 오붓한 저녁을 해먹고 싶다면 콘도형이나 에어비앤비가 적합하다. 다른 여행객들과 어울려서 식사도 같이하고 여행 정보도 주고받으며 소통하고 싶다면 게스트하우스나 민박을 선택하면 좋다. 교통 편의를 고려해 기차역이나 버스정류장과 가까운 곳에 숙소를 정하고 싶다면 접근성이 좋은 모텔이나 아파트 형태의 도시형 숙소가 유리하다.

여기에서 주의할 점은 가정집이나 아파트를 빌려주는 에어비앤비나 민박의 경우 숙소를 찾아가기 힘들 수 있으므로 반드시 정확한 주소와 호스트 전화번호, 숙소 주변의 지도 등을 사전에 잘 알아보는 것이 바람직하다. 특히 독립된 가정집은 문제가 되지 않으나 여러 세대가 모여 있는 아파트형 숙소는 입구를 정확하게 찾을 수 없거나 한 사람의 주인이 여러 채의 아파트를 임대 관리하는 경우 문제가 발생했을 때 애로사항이 생길 수 있으니 유의해야 한다.

해당 숙소에 대한 여행객들의 후기를 끝까지 읽어보고 장단점을 확인하는 것도 필요하다. 특히 에어비앤비나 민박의 경우 호스트에 대한 평을 꼼꼼하게 살펴보는 것이 좋다. 예전에 슬로베니아 블래드 호수 주변의 에어비앤비 숙소를 이용한 적이 있다. 시설과 주변 환경도 좋았지만 무엇보다 여행객들의 후기가 좋아서 선택했는데 정말 만족스러웠던 곳이었다.

Tip 구글 지도 활용하기

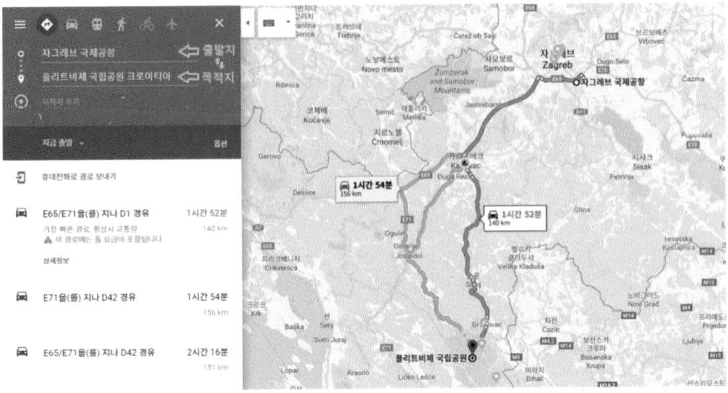

구글 지도 앱 주메뉴 맨 왼쪽 위의 '찾기(화살표 모양)', '추천이동수단(교통수단별 표시)'을 누르고 출발지와 목적지를 입력하고 검색하면 지도에 자세한 이동 경로와 거치는 도로명, 예상 소요 시간과 주행거리가 명시된다. 여행 시 이동하는 경로가 많으면 '목적지 추가' 기능(⊕표시)을 이용해 여러 경유지를 차례대로 추가하면 모든 경로가 표시되므로 전체적인 경로를 한눈에 파악할 수 있다. 우회도로까지 명시되므로 돌발상황이 발생해도 잘 해결할 수 있다.

〈자동차로 길 찾기〉 〈기차/버스로 길 찾기〉 〈걸어서 길 찾기〉 〈택시로 길 찾기〉

여행계획을 세우면서 이동경로를 예측해보거나 최종 목적지를 결정할 때도 유용하다. 또한 모르는 길을 찾아갈 때도 매우 효과적이다. 출발점에서 찾아가고자 하는 목적지의 주소나 명칭을 입력한 후 '추천이동수단'을 선택하고 검색하면, 사용자의 위치에서 이동하는 방향과 경로 및 예상 소요시간을 표시해준다. 이때 선을 따라서 이동하면 자동으로 남은 거리와 도착하기까지 소요시간이 명시되어 아주 편리하게 길을 찾아갈 수 있다.

짐 꾸리는 법

가방은 비우고 머릿속은 채우고

일반 패키지여행은 먹고, 자고, 이동하는 일을 해당 여행사와 가이드가 다 해결해주므로 여행자가 고민할 필요가 없으며, 뭘 별도로 준비해갈 필요도 없다. 그러나 자유여행은 모든 것을 자기가 해결해야 한다. 그래서 이에 알맞은 짐 꾸리는 방법이 필요하다.

일반적으로 여행 짐 꾸리기는 여행의 형태나 기간, 계절에 따라 방법이 달라진다. 자유여행 특성상 여행 중에 스스로 의식주를 해결해야 하므로 가방을 가볍게 하고 다니는 것이 좋다. 반면에 여행 정보와 여행 방법 등 채워가야 하는 자료나 지식은 많을수록 유리하다. 그래서 자유여행일 때는 '가방은 가볍게, 머릿속은 가득 채우고'라는 나름의 원칙이 필요하다.

지난 유럽·발칸반도 자동차 자유여행 때 출국 전에 준비했던 준비물 목록과 꾸려갔던 짐 내용물을 소개하고자 한다. 40일간의 여행이라서 보통 때보다는 좀 더 많은 물품이 필요했다. 국제선 위탁 수화물의 허용범위(항공사별로 다름)와 기내 수화물 범위 내에서 꼭 필요한 준비물은 충분히 챙겨 갔다.

나는 한 가지라도 빠트리지 않도록 항상 모든 준비물을 방에 펼쳐놓고

유럽·발칸반도 자동차 자유여행(40일) 준비물 체크리스트

해외여행 필수품	• 여권(복사본, 사진 2장), 항공권(e티켓), 신용카드(VISA/마스터), 달러/유로화/스위스프랑, 신분증, 운전면허증/국제운전면허증 ※ 렌터카/페리/숙소 예약확인증, 바우처, 융프라우VIP패스 할인쿠폰 • 지갑/명함, 여행계획(플랜B 포함), 여행가이드북, 수첩, 필기구 • 해외여행용 앱(오프라인용 지도/자료 로딩): 구글맵/번역/G메일, 에어비앤비, 부킹닷컴, 익스피디아, Rentalcars.com, Save Trip, Currency, Air France, Ulber, 마이리얼트립, 온라인투어, 날씨 등
전자기기 및 예비품	• 카메라, 휴대폰/유심칩(3개), 충전기(휴대폰/카메라/노트북), 멀티탭(3공)/유럽용어댑터 • 예비 배터리(카메라/휴대폰), 카메라 메모리카드, USB(32G), 시계(여행용), 셀카봉 ※ 자동차 네비게이션용 충전케이블/거치대, 휴대폰고리(도난 방지용)
여행용 가방	• 캐리어(화물용/기내용), 배낭 2개(30L), 크로스백, 복대 ※ 위탁/기내 수화물: 23Kg/10Kg 준수(캐리어 외부 벨트) • 자물쇠(TSA 공인제품), 지퍼백, 파우치(각종 용품별 분류 패킹)
신발	트래킹화/워킹화, 슬리퍼(기내/호텔), 샌들
모자	카펠로(등산용), 비니(트래킹용), 베이스캡
의류	가볍고 기능성 있는 옷, 트래킹 날씨 고려한 옷 • 상의: 윈드자켓, 경량패딩, 조끼, 티셔츠(긴팔/반팔), 등산복, 운동복 • 하의 : 겨울용(기모)바지, 등산복, 청바지(청/흑), 반바지, 수영복, 운동복 • 속옷 : 5벌(상/하) • 양말 : 트래킹용(5켤레), 일반용(5켤레)
트래킹 용품	• 머리두건(3), 목폴라/버프, 스포츠타월, 선크림, 립밤, 장갑, 우의/우산, 마스크 • 물티슈, 컵(등산용), 헤드랜턴, 무릎/발목보호대, 스틱, 오프너, 과도, 가위(小)
안경	선글라스, 평시용, 안경집(박스), 안경끈(2)
세면도구	치약/칫솔, 면도기(크림), 로션/스킨, 핸드크림, 헤어스틱, 손톱깍이, 빗
식료품	초/고추장, 김가루, 참기름, 커피, 누룽지, 쥐포, 컵라면, 즉석밥
의약품	진통제, 지사제, 소화제, 피부약, 비타민C, 영양제, 파스, 밴드, 붕대
기타	선물/기념품(전통부채/책갈피)

체크리스트와 대조해가며 짐을 챙긴다. 이 중에서도 '해외여행 필수품'과 '전자기기 및 예비품'은 반드시 출발 전에 중복 체크를 하여 빠트리지 않도록 유의할 필요가 있다. 이것들을 챙기지 않으면 현지 여행지에서 굉장히 불편하고 구매하기도 힘들다.

유럽·발칸반도 자동차 자유여행(40일) 준비물

해외여행 필수 준비물

해외여행의 필수품이란 챙기지 않으면 여행을 할 수 없게 되거나 분실했을 때 그로 인한 피해가 거의 여행을 망치게 되는 수준의 것들이다. 이러한 품목은 여행 전에 반드시 반복 체크를 해야 한다.

이에 해당하는 것은 여권(복사본, 사진)/비자, 항공권(e티켓), 렌터카 및 숙소 예약확인서 또는 바우처, 신용/체크카드, 현지 교통카드, 유심카드, 현지 화폐, 운전면허증(국제운전면허증), 전자기기(스마트폰, 사진기, 노트북 등), 보조 및 예비품(배터리, 메모리카드, USB, 멀티탭, 현지 전기 어댑터/플러그 등)이다. 이외에도 자신의 여행 성격이나 건강상태에 따라서 필요한 상비약이나 구급용 의약품 가방 등의 물품을 추가하면 된다.

자동차여행 필수품 챙기기

현지에서 렌터카를 빌려서 자동차여행을 할 경우는 여행지나 목적지를 안내해주는 내비게이션 시스템이 필요하다. 과거에는 목적지의 주소를 수동으로 입력하는 고정형 또는 설치형 내비게이션이 필요했는데 요즘은 스마트폰 하나면 만사 해결이다. 구글 지도 앱을 이용하면 세계 어느 나라든지(중국은 제외) 자유롭게 자동차여행을 할 수 있다. 출국 전에 반드시 방문할 여행지에 대한 즐겨찾기를 해두고 오프라인 상태에서도 구글 지도를 이용할 수 있도록 준비하자. 구글 지도에 들어가서 왼쪽 위 메뉴의 '오프라인 지도'를 클릭하여 원하는 장소의 지도를 다운로드 받으면 된다.

스마트폰 차량 거치대, 시가라이터 단자 연결잭, 스마트폰과 연결할 USB 케이블이 필요하다. 현지 렌터카 회사에서는 내비게이션 외에는 부수 장비를 대여해주지 않으므로 출국 전에 준비해가는 것이 좋다. 차량용 거치대는 통풍기에 설치하는 것이 편리하다. 시가잭은 USB-C 타입의 고속충전기 3포트용 단자가 좋다. 하나는 내비게이션용, 다른 두 개는 동승자 스마트폰과 예비 배터리 충전용으로 사용하면 된다.

자동차여행 필수품

짐 꾸리기 유의사항

시니어 여행자들의 경우 자유여행을 위한 짐을 꾸릴 때 특별히 유의할 사항이 있다. 앞서 언급한 해외여행 필수품보다 더 중요한 사항일 수도 있다.

첫째, 건강 체크 및 상비약 챙기기

출발 전에 건강 체크를 하여 상비약을 챙기고, 응급처치에 필요한 비상 약품을 꼭 챙겨야 한다. 현지에서 상비약이 떨어져서 구매해야 할 경우를 대비해서 한국에서 영어로 된 처방전을 준비해가는 지혜도 필요하다. 장기간 복용이 필요한 약은 대량이라서 마약이나 불법 약품으로 의심받아 입국 심사 시 문제가 되는 경우가 있으니 이에 대비해야 한다. 특히 남미의 안데스산맥이나 네팔의 히말라야산맥 등 고산지대를 갈 때는 고산병 예방약을 챙기고, 지병이 있으면 반드시 출국 전에 의사의 처방을 받고 예방약을 챙겨가는 것이 좋다. 참고로 고산병은 체력에 상관없이 갑자기 닥쳐오므로 미리 준비하는 것이 좋다.

둘째, 현지 기후에 적응하기 위한 준비

겨울철 또는 기온이 급격하게 변화하는 지역을 방문하거나 그곳에서 트래킹을 할 때는 겨울용 장갑과 모자, 방한복(고어텍스), 담요 또는 보온기기(온수 매트, 핫팩) 등을 준비하자. 시니어는 평소보다 더 심한 추위를 느끼고, 급변하는 기후환경에 제대로 적응하지 못하는 경우가 많다. 아르헨티나의 '페리토 모레노 빙하(Perito Moreno Glacier)' 위를 걷는 빙하 트래킹은 65세 이상의 시니어 여행자에게는 허용되지 않는다.

셋째, 고산지대/장거리 트래킹 준비

고산지대를 등산하거나 장거리 트래킹을 할 경우, 현지 지형에 적합한 등산화/트래킹화를 준비하고, 발목이나 무릎 부상에 대비하여 발목/무릎 보호대(고급)를 준비한다. 현지에서 신체적으로 문제가 생기지 않도록 한국에서 충분한 운동을 통해서 체력을 단련해야 한다.

넷째, 현지 음식에 적응 못할 경우 대비하기

현지 음식을 먹어 보고, 독특한 취향의 요리도 도전해보는 것도 자유여행의 재미 중의 하나다. 그러나 입에 맞지 않은 음식으로 인해서 식사를 제대로 하지 못하거나 체력이 고갈되어 고생하기도 한다. 이럴 때에 대비하여 입맛을 돋을 수 있는 양념(고추장, 참기름, 깨소금 등)과 밑반찬(김치, 김, 깻잎, 장아찌 등), 간편식(즉석밥, 라면, 건어물/육포 등)을 챙겨가는 것이 좋다.

다섯째, 적절한 여행 복장 갖추기

여행지에서 입을 옷은 지나치게 많이 가져가면 안 된다. 수화물 무게를 초과해 비용이 추가되고 이동하는 데도 불편하다. 겉옷은 용도별로(평상복, 등산복(또는 방한복), 간편한 자켓 등) 1벌씩, 티셔츠나 남방은 2~3벌, 속옷은 3~4벌 정도 준비하면 된다. 부족하면 현지 특색에 어울리는 저렴한 옷을 사 입으면 된다. 어떤 사람은 일부러 헌 옷을 가져가서 입고 버리는 방법을 이용하기도 한다. 멋있고 화려한 옷보다는 추위나 위험으로부터 자신을 보호하는 기능성 위주로 준비하는 것이 현명하다. 자신만의 세련되고 멋진 모습을 꾸미는 것은 좋으나, 지나치게 화려한 복장 때문에 우리나라 여행객들이 소매치기의 주된 타깃이 되는 경우가 종종 있으니 한번 생각해볼 일이다.

비용, 생각보다 많이 들지 않는다

패키지여행보다 더 비싼 자유여행?

패키지여행은 돈만 내면 여행사가 다 알아서 먹여주고, 재워 주고, 여행도 시켜준다. 그리고 여행 가기 전에 뭐가 있는지 고민하지 않아도 유명한 곳은 다 구경시켜주기 때문에 패키지여행이 속 편하고 여러 여행사 간의 경쟁으로 저렴하기까지 하다고 말하는 사람들이 많다.

그러나 자유여행과 패키지여행을 단순히 비용만을 가지고 비교할 수는 없다. 나는 여행(旅行)하는 것과 관광(觀光)하는 것의 차이는 사전적인 의미보다는 개념적인 차이가 있다고 본다. 흔히 얘기하는 관광객(tourist)과 여행자(traveler)의 관점도 다르다. 패키지여행이 단순히 관광(sightseeing)에 중점을 두어 풍경을 보고 즐기는 여행을 한다면 자유여행은 자신이 원하는 곳을 자유롭게 다니며 새로운 사람을 만나고 또 다른 세상을 통해 새로운 인생의 가치를 만들어내는 과정이라 생각한다.

"인생은 여행이고, 인생이라는 각 시기는 또 하나의 짧은 여행이 되어 긴 여행이 완성된다."

– 하비 맥케이

여행의 본질은 단순히 보고 싶은 곳을 찾아서 점찍고 오기보다는 일상에서 벗어나 새로운 곳에서 또 다른 나를 발견하고 그곳에서 소중한 체험을 통해서 삶의 에너지를 충전하여 행복을 창출하는 것에 목적이 있다. 여행복을 만끽할 수 있는 자유여행이 재정적으로 부담스러워 계속 고민하는 사람들을 위해 좀 더 저렴하게 여행할 수 있는 방법을 다음 내용에서 소개하겠다.

자유여행 비용 줄이기

자유여행 경비의 대부분은 교통비와 숙박비가 차지한다. 지난번 유럽·발칸반도 자동차 자유여행 당시 전체 비용의 40%가 교통비였고 30%가 숙박비였다. 나머지 30%를 가지고 먹고 즐기며 탐방하고 선물까지 샀다. 그러면 이미 답이 나온 셈이다. 자유여행에서 교통비와 숙박비를 아끼면 저비용으로 여행을 할 수 있다는 결론이 나온다.

교통비 절약하기

출·입국 항공기를 예약하면서부터 이미 교통비와의 전쟁은 시작된다. 일등석보다는 비즈니스석, 비즈니스석보다는 이코노미석을 이용하는 것이 더 경제적이라는 것은 거론할 필요가 없다. '어떤 등급의 좌석을 이용할 것인가?' 하는 문제가 아니라 이코노미석을 이용하더라도 '어떻게 하면 좀 더 저렴한 가격으로 티켓팅을 할 수 있는가?' 하는 문제다.

흔히들 비수기에 여행을 떠나면 한가하고 비용이 덜 든다고 생각한다. 그래서 비교적 시간이 자유로운 시니어들은 학생들의 방학과 직장인들의 휴가기간인 7~8월과 12~2월은 피해서 3월, 6월, 9월에 여행을 가려고 한다.

그러나 좀 더 근본적인 절약법은 적어도 4~5개월 전에는 항공권을 예약하는 것이다. 세계 각국의 여행자들이 값싸고 좋은 항공기를 차지하려고 예약을 서두른다. 일찍 일어난 새가 먹이를 차지하듯이 부지런하면 이익이 따른다는 것은 어디에서나 통하는 법칙이다. 항공사들이 홍보 효과를 거두기 위해서 주기적으로 펼치는 각종 할인행사나 이벤트 상품을 노리면 생각보다 저렴한 항공권을 구매할 수 있다.

저가 항공사(LCC: Low Cost Carrier)를 이용하는 것도 한 가지 방법이다. 그러나 위탁/기내 수화물 허용범위 초과, 기내식 및 서비스 주문, 좌석 지정 등으로 추가비용을 부담할 수 있으므로 예약할 때 약관을 잘 살펴보고 결제해야 하는 등 각별한 주의가 필요하다.

대중교통을 이용할 때는 해당 여행지의 대중교통수단 인터넷 홈페이지에 들어가서 다양한 할인조건을 잘 살펴보고 할인 쿠폰을 꼭 챙기기 바란다. 특히 도시의 경우 대중교통수단을 연계해 모두 이용할 수 있는 종합교통카드를 구매하거나 하루 종일 시내 구경을 할 수 있는 일일 교통권을 예매하면 훨씬 저렴하게 대중교통을 이용할 수 있다.

숙박비 절약하기

숙소의 종류가 결정되면 위치나 접근성, 편의시설, 숙박조건과 가격 등을 비교해 미리 예약하라. 같은 숙소라도 예약 시기에 따라서 가격이 달라지기 때문에 마음을 결정했다면 일찍 예약하는 것이 좋다. 여행 일정이 확정적이라면 숙소의 환불 정책을 잘 살펴보고 선결제를 하거나 '환불 불가' 조건으로 예약하면 비용을 더욱 절감할 수 있다. 그러나 숙박 일자를 변경할 가능성이 있는 경우에는 비용을 조금 더 지불하더라도 취소 시 전액 환불 받을 수 있는 조건을 택하는 것이 좋다.

가끔 사이트에 올라온 숙소의 외형이나 가격만 보고 자세한 내용을 미처 확인하지 않고 예약했는데 방에서 담배 냄새가 난다든가 기차역 바로 옆이라서 소음으로 밤새 잠을 설치는 경우, 방이 6층인데도 엘리베이터가 없어서 짐을 들고 올라가야 하는 경우가 있다. 더욱 난감한 것은 자동차여행을 하는데 주차할 수 없거나 한참 떨어진 곳에 주차하고 언덕에 있는 숙소까지 짐을 끌고 가야 하는 예도 있다. 또한 예약 사이트에 명시된 금액과 현지에서 체크아웃할 때 금액이 다를 수가 있다. 지방세, 청소비, 주차비를 따로 계산하는 사례가 있으니 예약확인서를 잘 살펴봐야 한다.

환전 잘하는 법

많은 여행자들이 환전에 대해 매우 민감하다. 실제로는 환전으로 인한 비용 절감은 그다지 크지 않은데 괜히 잘못하면 엄청난 손해를 보는 것 같은 기분이 든다. 사실 환율은 여행을 떠나기 전 한국에서 환전할 당시보다 여행지에서 결제할 때 환율이 더 중요하다. 실제 내 통장에서 돈이 빠져나가는 시기의 환율에 따라서 최종 금액이 확정되기 때문이다.

신용카드의 경우 결제한 지 한 달이나 두 달 후에 수수료와 함께 결제되고 현지 화폐로 결제하느냐 한화로 결제하느냐에 따라 조금씩 결제 금액이 달라진다. 환전할 때는 가능하면 현지 화폐로 한 번만 하는 것이 가장 좋다. 우리나라 은행에서 취급하지 않는 화폐를 사용하는 나라가 있는데, 무조건 달러나 유로화로 환전했다가 다시 현지에서 그 나라 화폐로 환전하면 수수료가 두 배로 가산이 되어 손해다. 이럴 때는 현지 공항에 있는 ATM 기계를 이용해 현금을 뽑아서 사용하는 게 더 효과적이다. 환전수수료가 유난히 비싼 환전소나 은행도 있다. 그래서 환율을 우선으로 따져서 환전할 것인지, 환전수수료를 따져서 환전할 것인지 잘 따져보고 환전하는 것이 좋다.

환전 액수 때문에 고민하는 사람도 많다. 환전을 너무 많이 해서 여행이 다 끝나고 귀국할 때 외환이 지갑 안에 남아 있으면 왠지 여행을 잘못한 것 같은 기분이 들기도 한다. 가끔 에어비앤비나 민박 같은 숙소에서 현금 결제를 요구하는 곳이 있는데 이런 경우를 제외하면 그렇게 많은 현금이 필요하지는 않다. 너무 많은 현금을 지니고 다니면 분실이나 도난을 당할 위험이 있다. 개인의 소비성향이나 현지의 물가, 여행 기간 등을 고려해 적당한 금액을 환전하고 액수가 크면 되도록 카드를 이용하는 것이 좋다.

나는 특별히 위험한 지역이 아니라면 주로 신용카드를 이용해서 결제하고 대략 20달러 이내의 금액은 현금을 이용한다. 그리고 길거리나 시장에서 물건을 살 때는 되도록 현금을 사용하려고 노력한다. 카드 복제와 같은 불미스러운 사고를 미리 예방하는 차원일뿐더러 그들도 카드 수수료 한 푼이라도 아껴서 생계를 꾸려가야 하는 서민들일 것이기 때문이다.

해외에서 ATM 기계를 이용해 현금을 찾을 때는 반드시 체크카드를 이용해야 한다. 어떤 사람은 신용카드를 이용해 자신의 신용카드 등급이 VIP인데 왜 환전이 안 되느냐고 따지는 사람이 있다. 해외 은행에서 현금을 인출해주는 조건은 반드시 나의 카드와 연결된 계좌에 현금 잔액이 있을 때만 가능하다. 해외여행을 하다 보면 통상 VISA나 Master 카드만 있으면 결제가 가능한데, 체크카드인데도 ATM 기계에서 환전이 안 되는 경우가 종종 있다. 이런 경우는 해당 ATM 기계를 취급하는 은행이 American Express나 HSBC 등 특정 은행의 카드만 취급하기 때문이므로 다른 곳에 가서 환전하면 된다.

Tip 성수기에 저렴한 항공권 확보하는 방법

성수기 항공권은 비성수기에 비해 2~3배가량 비싼 경우도 있다. 하지만 성수기에도 저렴한 항공권을 확보할 수 있는 방법이 있다. 직항이 아닌 경유지를 선정해서 한 번 쉬었다 가는 항공권을 선택하는 것이다. 특히 각 나라의 국적 항공사(에어프랑스, 영국항공 등) 항공권은 그 나라 수도를 경유해서 가면 저렴한 경우가 많다.
외국 항공사와 제휴해 외국인들에게 저렴하게 항공권을 제공하고 자국에 여행객을 끌어들여서 공석을 메꾸기 위한 전략이기도 하다. 심지어 자신이 가고자 하는 목적지를 거쳐서 다른 곳까지 가는 항공권을 끊어서 자신의 목적지까지만 가고 나머지 구간은 버려도 되는 경우도 있다.
이때 한 가지 주의할 사항은, 경유지에서 비행기를 갈아타는 환승(transfer) 방법을 탑승 전에 꼭 알아두어야 한다는 것이다. 예를 들어 런던 히드로국제공항은 터미널이 5개인데, 대한항공은 터미널 4를 사용하고, 아시아나는 터미널 2를 사용한다. 그리고 파리 샤를 드골국제공항은 터미널이 3개인데, 이 중 터미널 2는 다시 6개의 구역(2A, 2B, 2C, 2D, 2E, 2F)으로 나누어진다. 대한항공은 터미널 2E를 사용하고, 아시아나는 터미널 1을 사용한다.
이처럼 자신이 타고 온 항공기가 몇 번 터미널에 내려서 다시 몇 번 터미널, 어느 탑승구(gate)에서 갈아타야 하는지 정확하게 알고 탑승시간에 맞춰서 대기해야 한다. 수화물을 어디에서 찾을 수 있는지도 발권 창구에서 반드시 확인해야 한다.
일부 중남미 국가나 아랍권 국가들은 정치적, 사회적으로 매우 불안한 상황에 있으며 여행객에 대한 치안도 보장되지 않는 곳이 많다. 따라서 위험 국가나 해외여행 경고지역을 경유할 때는 반드시 유의사항을 확인하고 떠나는 것이 좋다. 특정 나라를 거쳐서 오는 승객에게 입국을 거부하는 사례도 발생한다.

건강한 여행 체력 만들기

의욕을 앞세우지 말고 자신의 체력에 맞춰라

아무리 여행계획을 잘 세워 멋진 곳을 여행하더라도 건강이 받쳐주지 않으면 모두 소용이 없다. 건강한 몸이 즐겁고 행복한 여행을 충족시켜주기 때문이다. 자칫 의욕을 앞세워서 자신의 체력 수준을 넘는 무리한 여행지를 선정한다면 여행을 망치게 될 수도 있다.

친구들 5쌍 부부와 함께 환갑기념으로 남미여행 계획을 세울 때 적용했던 한 가지 사례를 소개한다. 안데스산맥에 자리한 3,500m가 넘는 페루나 볼리비아 고산지대를 여행하는 동안 고산증세에 대비해서 일주일에 하루씩 꼭 휴식일을 의도적으로 정했다. 이날은 가까운 재래시장에서 쇼핑을 하거나 숙소 주변을 산책하기도 하고 체력이 부치는 사람은 숙소에 남아서 휴식을 취하기도 했다. 한 달간의 힘든 여행이 끝나고 나서 친구들은 의아하게도 휴식일이 가장 기억에 남는다고 했다.

자유여행을 한다고 해서 대단한 체력이 요구되는 것은 아니다. 남들보다 힘이 세고 근육질의 몸을 만들어야 하는 것보다는 오히려 몸을 부드럽게 하고 가볍게 만드는 훈련이 필요하다.

여행을 위한 맞춤형의 건강한 신체를 만드는 요령은 간단하다. 무엇보다도 여행을 떠나기 전부터 꾸준히 건강을 관리해 아프지 말아야 한다. 자신의 체력이나 나이에 맞는 건강 유지 방법을 터득해 여행에 적합한 체형을 만들기 바란다.

스트레칭을 습관화하자

여행 중 몸이 유연하지 않으면 작은 충격에도 다치거나 상처를 입기 쉽다. 평소에 몸이 굳어 있는 사람들은 스트레칭을 통해 몸을 부드럽게 만들면 좋다. 나는 매일 아침 습관적으로 스트레칭을 하는데 건강 관리에 매우 효과적이다. 간단한 동작들이니 따라 해보기 바란다.

1. 침대에서 눈을 뜨자마자 양 팔다리를 위아래로 쭉 펴서 힘껏 기지개를 켠다. 이때 손끝을 펴서 몸이 최대한 늘어나는 것 같은 느낌을 받을 때까지 곧게 편다.
2. 양다리 무릎을 구부려서 양손으로 깍지를 끼고 무릎을 잡아당겨서 허벅지가 가슴팍에 닿도록 허리를 구부렸다 펴는 운동을 2~3회 반복한다. 이때 머리는 들고 양 발끝은 곧게 펴서 몸의 중심축인 목에서부터 허리, 발끝까지 일자로 펴지도록 유지한다.
3. 그대로 누운 채 엉덩이와 허리를 들어 올려서 위로 힘껏 드는 동작을 반복한다(그림 1).

1. 허리 들어 올리기 자세

2. 코브라 자세

3. 허리 통증 예방 스트레칭 자세

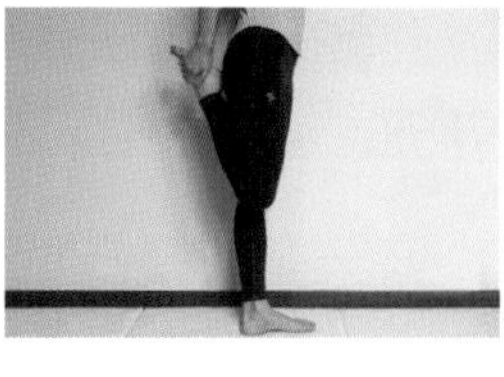

4. 누운 채 양 발끝을 펴고 양발을 교대로 위로 들어 올리는 동작을 반복해서 50회 정도 실시한다.
5. 양발 끝을 부딪치는 발끝치기를 300~400회 정도 해서 혈액순환이 잘되게 하고 몸에 활력을 불어넣는다.
6. '코브라 자세'로 엎드린 자세에서 팔을 곧게 펴서 상체를 들어준다. 이때 고개를 뒤로 충분히 젖혀주고 시선은 위를 향한다(그림 2).
7. 요가 매트에 앉아서 두 다리를 앞으로 곧게 펴고 양손으로 발끝을 잡고 당겨서 종아리 근육을 늘려주는 동작을 3~4회 실시한다.
8. 양손 끝으로 어깻죽지를 잡고 날갯짓을 하듯이 앞뒤로 8~10회 정도 회전한다. 고개도 함께 회전하여 목 근육을 충분히 풀어준다.
9. 일어나서 몸을 곧게 펴고 한쪽 다리를 뒤로 구부려 같은 쪽 손으로 발등을 잡고 뒤로 힘껏 젖히는 동작을 한쪽당 30초~1분씩 실시한다(그림 3). 이때 양 무릎은 붙여야 효과가 있다.

이 동작들은 신체의 중심을 항상 곧게 펴주어 자세를 바르게 하고 몸의 균형을 유지하도록 도와준다. 그리고 관절 주변의 근육이 굳어지는 것을 막아주며 유연성을 기르는 효과를 가져와서 부상을 예방해준다.

하지만 자신의 몸 상태를 고려하지 않고 너무 무리하면 오히려 역효과를 가져온다. 내가 나름대로 기준을 정해서 실천하고 있는 스트레칭의 7대 원칙을 소개하니 참고하기 바란다.

1. 매일 규칙적으로 꾸준하게 실시한다.
2. 처음에는 누워서, 다음에는 앉아서, 마지막은 일어서는 순서로 한다.
3. 무리해서 지나치게 힘을 주지 않고 적당한 자극을 가한다.

4. 스트레칭 중에도 호흡은 정상으로 유지한다.
5. 특정 부위보다는 온몸을 전체적으로 풀어준다.
6. 근육 운동을 겸해서 하면 더 효과적이다.
7. 남을 따라서 무리하지 말고 나에게 적합한 방법을 찾아서 한다.

트래킹 여행 기초체력 기르기

자유여행을 하면 아름다운 여행지나 풍경을 감상하기 위해 오랫동안 걷는 경우가 많다. 때로는 10km가 넘는 장거리를 걷기도 한다. 이에 대비해 기초체력을 길러야 하는데, 다음과 같은 동작을 매일 반복하면 발목이 튼튼해지고 종아리 근육이 발달해 걷기나 트래킹 여행에 크게 도움이 된다.

몸을 바로 세우고 양발을 어깨너비만큼 벌린 다음 뒤꿈치를 들어서 온몸을 위로 올리는 동작을 50~60회 정도 반복한다. 장딴지가 살짝 탄탄해지는 느낌이 들 때까지 계속하면 좋다.

여기에 한 가지 더 욕심을 부린다면 일주일에 한두 번쯤은 2~3시간 정도(5~10km) 가벼운 걷기 또는 둘레길 같은 산길을 걷기 바란다. 걷기 운동을 규칙적으로 하면 몸이 가벼워지고 건강한 체력을 유지할 수 있다. 나는 이런 운동을 가능하게 하는 주거 환경을 마련하려고 산등성이가 있는 동네로 이사를 했다.

두브로브니크 성곽 걷기

남미 파타고니아 트래킹 모습

건강한 식습관과 표준체중 유지하기

적당한 운동 못지않게 건강한 식습관을 들이는 것도 여행하기 좋은 체력을 유지하는 하나의 방법이다. 시니어들은 평상시 신진대사가 활발하지 못해 과식하거나 운동을 게을리하면 자칫 과체중이 되거나 비만해지기 쉽다. 건강한 식습관을 길러 체중을 관리하고, 적당한 근육량을 유지하여 지구력을 길러야 한다.

나는 여행에 필요한 건강을 유지하는 데 있어서 한 가지 절대적인 기준을 가지고 있다. 그것은 바로 몸무게 70kg 미만을 최적의 체중이라 믿고 꾸준히 유지하는 것이다. 이러한 기준을 정한 데는 나름대로 근거가 있다. 일반적으로 자신의 키에 적당한 몸무게를 표준체중이라고 하는데, 통상 다음과 같은 계산식을 이용하여 산출한다.

표준체중(50kg 이상인 경우) = (자신의 신장 − 100) × 0.9

위의 계산법을 이용했을 때 나의 경우 키 176.5cm에 적당한 표준체중은 68.85kg이다. 또한 내가 해외여행 중에 신체적으로 건강상태가 가장 좋았을 때의 체중이 항상 70kg 미만이었다는 것이 이 기준을 신뢰하게 된 결정적인 이유다.

과학적인 근거를 살펴보면 체중이 정상이거나 약간 과체중 정도의 몸무게를 유지하는 것이 건강 악화로 인한 사망 위험도를 낮출 수 있다고 한다. 사람마다 자신의 건강상태를 가늠하는 기준이 다를 것이다. 각자의 방법으로 일정한 체중을 유지하여 여행 중에 건강을 지켜야 한다.

여행 맛집 고르기

여행지에서 건강을 유지하기 위해서는 무엇보다도 식사를 잘해야 한다. 현지식에 적응하지 못해서 입맛을 잃거나 식사를 제대로 못하면 체력이 급격하게 떨어져서 많은 지장을 초래한다. 아무리 환상적인 경치를 보더라도 배가 고프거나 속이 불편하면 아무것도 눈에 들어오지 않는다.

따라서 여행 중에는 충분한 영양 섭취를 통해서 에너지를 충전해야 하며, 식당을 고르는 일에서부터 음식 메뉴를 선택하는 것까지 잘 알아보고 신중하게 결정해야 한다. 구태여 미슐랭 스타 수준은 아니더라도 여행을 떠나기 전에 인터넷을 활용해 여행지 주변의 맛집을 두세 곳 정도 검색해 두고 현지에 가서는 반드시 이전 고객들의 의견이나 댓글을 꼼꼼하게 살펴보고 결정하기 바란다.

또한 생소한 현지 음식을 마음껏 즐기기 위해서는 식도락 수준까지는 아니지만 평소 다양한 나라의 음식을 경험해보는 것도 필요하다. 여행을 떠나기 전에 그 나라의 독특한 음식 문화와 특별식 메뉴를 알고 떠나면 현지에서 음식을 고르는 요령이 생기고 몸에 좋은 음식을 챙겨 먹을 수 있는 안목도 생겨 건강을 지키고 즐거운 여행을 할 수 있을 것이다.

해외에서 맛집 찾아가기

미국에서 먹은 현지 저녁 식사

해외여행 중에 맛집을 고르는 별다른 비법이 따로 있지는 않다. 자신이 처해 있는 환경 속에서 입맛에 맞고 가성비 좋은 음식을 골라서 먹으면 된다.

우선 여행을 떠나기 전에 알아둔 여행지 주변 음식점 중 현 위치에서 손쉽게 찾아갈 수 있는 맛집을 확인해 방문하는 것이 간편한 방법이다. 나는 여행지와 숙소가 확정되면 트립어드바이저나 구글 지도와 같은 음식점 관련 여행 앱을 이용하여 미리 맛집을 찾아서 스마트폰에 저장해둔다. 가끔 피곤할 때 한국식당을 찾아가 입맛을 돋우는 것도 좋은 방법이다.

하지만 이렇게 할 수 없는 형편이라면 현지인에게 자신의 취향이나 음식 종류를 말하고 로컬 맛집을 소개받는 방법도 아주 유용하다. 나는 주로 이 방법을 많이 사용하는데 현지인의 정보이다 보니 지금까지 실패한 경우가 별로 없었다. 식성이 까다롭지 않은 사람이라면 시장이 반찬이라고 그냥 주변을 둘러보고 눈에 띄는 대로 사람이 많이 몰려 있는 집을 찾아가는 것도 괜찮은 방법이다.

메뉴 고르기

알아보지도 못할 만큼 현지 언어로 깨알같이 적힌 메뉴를 보고 생소한 음식을 고르기란 여간 어려운 일이 아니다. 사전에 현지 음식 공부를 하고 가면 좋겠지만 대부분 여행자는 그렇지 못하다. 사실 현지에서 오래 산 사람도 주문식 레스토랑에서 음식을 잘 시켜 먹기란 그렇게 쉽지 않다.

그래서 나는 가격이 만만치 않을 것 같고 메뉴 선택도 까다로울 것 같은 음식점은 현지인의 안내를 받아 가기 전에는 아예 들어가질 않는다. 어느 정도 내가 알고 있는 현지식에 대한 사전 지식으로 충분히 선택의 여지가 있으리라 판단되는 곳만 들어간다.

메뉴판이 영어로 되어 있다면 아주 생소한 음식을 제외하고 어느 정도 주문이 가능하다. 그러나 스페인어나 이탈리아어, 프랑스어, 아랍어 등으로 쓰인 메뉴판은 말 그대로 까만 것은 글씨요, 하얀 것은 종이다. 다행히 영어와 유사한 알파벳으로 적힌 음식은 대충 어림잡아 알아차릴 수 있지만 형태가 다른 나라의 말들은 가늠도 되지 않는다.

이런 상황에서도 체면 때문에 아는 척을 하며 엉뚱한 음식을 시켜서 낭패를 보는 사람이 간혹 있다. 외국에 나가서 서투른 언어를 잘하는 척하는 것만큼 어리석은 일은 없다. 어느 정도 알아도 잘 모르는 척해야 현지인들이 좋아하며 도움을 준다. 잘 모르는 상황에서는 웨이터에게 꼼꼼하게 물어보고 메뉴를 고르면 좋다.

통상 양식 코스 요리는 맨 처음 음료(drink, beverage)를 주문하면 이후 식전 빵이 나오고 애피타이저(appetizer), 주요리(main dish), 디저트(desert) 순으로 나온다. 애피타이저는 식전에 식욕을 돋우기 위한 것으로 간단한 수프나 샐러드 종류를 선택하면 되고, 주요리는 스테이크나 해산물 등 그 식당에서 꼭 먹어 보고 싶은 요리를 주문한다. 디저트는 커피나 아이스크림 등으로 마무리하면 무리가 없다.

그리고 점심시간이라면 어느 정도 규모가 있는 레스토랑은 대부분 그날의 주방장 특별(Special) 메뉴가 있다. 이것을 꼭 물어보고 특별히 내가 먹고 싶은 음식이 없으면 이 메뉴를 주문한다. 보편적으로 특별 메뉴는 주방장이 가장 잘하는 메뉴일 뿐만 아니라 대부분 손님에게 통하는 대표 음식을 내건다. 게다가 가격도 비싸지 않고 합리적이다.

식당 매너 지키기

우리나라만큼 식당에서 음식 주문하기가 쉬운 나라는 없을 것이다. 우리 민족의 염원이 '통일'이기 때문인가? 웬만하면 그 집의 대표 메뉴를 골라서 손들고 큰 소리로 "여기 김치찌개 5인분 통일!" 하면 끝난다.

하지만 외국에서는, 특히 미주나 유럽 등 서구 레스토랑에서는 절대 음식 서비스를 하는 종업원을 부를 때 손을 머리 위로 들고 큰 소리로 "Hey!"라고 부르면 안 된다. 종업원과 눈을 마주친 상태에서 살짝 손을 들어 신호를 보내면 알아서 온다. 식당에 들어가서도 입구에서 잠시 기다리다가 웨이터나 테이블 세터 등 종업원이 와서 자리를 안내해주면 가벼운 미소로 눈인사를 나누고 정해준 자리로 이동하면 된다. 그 자리가 마음에 들지 않는다면 다른 자리로 바꿔달라고 요청하면 매너를 잘 아는 사람으로 인식하여 정중하게 안내를 할 것이다.

가끔 외국 식당에서 인종차별을 받았다고 불평하는 사람들이 있다. 이는 서구 레스토랑의 매너를 잘 몰라서 입구에서부터 자신이 국내에서 하던 대로 무심코 그들 문화에 어긋나는 행동을 하다 보니 종업원이 자신을 무시하는 태도로 인식하여 오해가 발생하는 경우가 대부분이다.

서구 레스토랑에서는 일반적으로 마실 것을 먼저 주문받는다. 이는 손님이 메뉴를 고르는 시간을 주기 위한 것이다. 이때도 물이나 음료수 또는

프랑스 파리 노트르담대성당 주변 카페에서 만난 웨이터에게 선물 전달

주류를 주문하고 메뉴를 고르면 된다. 괜히 "물은 공짜 아닌가?" 하고 부질없는 질문을 하거나 손을 저으며 불쾌한 표정으로 응답하면 곤란하다. 손님과 종업원이 서로 즐거워야 맛있는 식사를 할 수 있다.

미국의 경우는 식사가 끝나고 종업원에게 15~20% 정도의 팁을 주는 것이 예의다. 어떤 경우는 아예 계산서에 포함되어서 나오기도 한다. 종업원들은 월급이 거의 없고 팁을 받고 일한다. 물론 팁을 줄 가치가 없을 만큼 무례했다거나 마음에 안 들었을 때는 안 줘도 되지만 이것도 그 나라의 문화이니 우리가 수용하고 자신의 인격을 높이는 의미에서 팁을 주는 것이 옳다고 생각한다.

유럽에서는 종업원에 대한 팁이 일반화되어 있지 않다. 그래서 나는 여행지에서 웃는 얼굴로 친절한 서비스를 제공한 종업원에게 고마움의 표시로 선물을 준다. 즐거운 식사를 마치고 선물을 건네주면서 서로 웃으며 사진도 찍고 한국인의 따뜻한 정도 알리는 두 마리 토끼를 잡는 효과를 거두는 좋은 방법이다.

외국인에게 주기 좋은 선물

나는 여행을 떠나기 전에 항상 한국을 대표하는 한국관광공사나 한국관광협회, 인사동 선물 가게 등에서 한국을 상징하는 선물을 준비해간다.

선물 종류로는 여행 중에 보관이 편리하고, 부피가 작으면서도 가볍고, 외국인들이 좋아할 만한 전통적인 물건 중에서 실용적이고 품위 있는 것을 구매한다. 그리고 훈민정음이 새겨진 종이 포장지와 색실을 이용하여 곱게 포장한다.

지금까지 외국인들에게 선물을 주어서 손해를 본 기억은 한 번도 없었다. 선물을 받은 사람은 매우 행복해하며 한국에 대한 애정을 표시하고, 더 친절하게 대해주었다. 돈으로 받는 팁보다 오히려 더 행복해하는 것 같았다.

유럽 여행 중에 준비해 간 선물(전통부채, 책갈피)

Tip 트립어드바이저를 이용한 맛집 고르기

트립어드바이저는 요리 종류, 식단 제한(채식주의, 할랄 등), 식사시간, 음식점 타입, 어린이 동반가족, 온라인예약, 영업시간, 배달, 테이크 아웃 등 주어진 필터 항목을 이용하여 자신에게 적합한 음식점을 고르는 데 유용한 사이트다.

다음 사진은 트립어드바이저를 이용하여 로마에서 한국식당을 고르는 방법을 순서대로 보여주고 있다. 맨 왼쪽 사진은 식사별(아침식사, 브런치, 점심식사, 저녁식사) 메뉴이며, 두 번째 사진은 음식/요리 종류별(이탈리아요리, 피자, 시푸드 등)로 선택하는 메뉴다.

한식을 먹고 싶으면 두 번째 사진 맨 오른쪽 위에 있는 '모두 보기'를 누른 다음 세 번째 사진처럼 요리 종류가 나오면 '한국' 항목을 선택할 수 있다. 그리고 맨 오른쪽 사진처럼 여러 한식당 중에서 고객들의 리뷰를 살펴보고 마음에 드는 곳을 고르면 된다.

이때 영업시간이나 예약 여부를 반드시 확인한 후 찾아가야 하며, 이렇게 선택한 음식점은 구글 지도와 연결되므로 지도를 따라 찾아가면 된다.

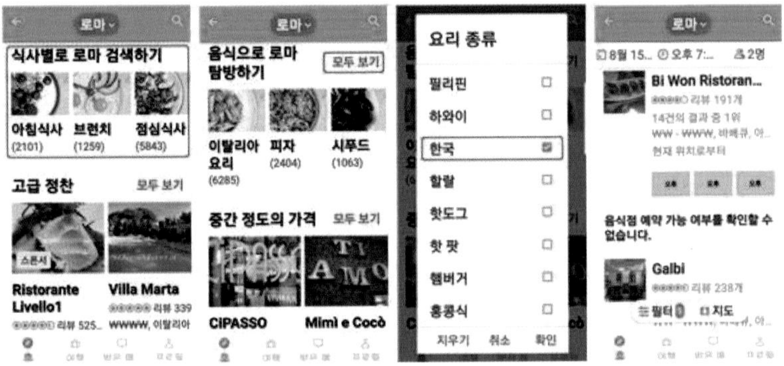

트립어드바이저(TripAdvisor)를 이용해 로마에서 한국식당 찾아가기

Tip 구글 지도를 이용해 맛집 찾아가기

현 위치에서 스마트폰의 구글 지도 앱을 켜고 주변의 탐색 기능을 활용해서 '음식점(레스토랑)' 메뉴를 누르면, 등록되어 있는 온갖 종류의 음식점들이 지도에 위치와 함께 표시된다. 이 중에 자신의 취향에 맞는 곳을 선택하여 전화를 걸어서 길을 물어보거나 '경로' 메뉴를 눌러서 주어진 지도의 점선을 따라서 찾아가면 된다.

다음 사진은 로마의 테르미니역(Termini Station)에서 'Eataly Roma'라는 이탈리안 레스토랑을 찾아가는 방법을 순서대로 보여주고 있다.

'Eataly Roma' 레스토랑을 찾아서 맨 왼쪽에 있는 '개요' 중에 '경로' 메뉴를 누르면, 맨 오른쪽 지도에서 목적지까지 도보로 최단 시간에 55분이 걸리며, 거리는 4.4km라는 것을 보여준다. 이때 교통수단별(자동차, 대중교통, 걷기, 우버 등)로 적합한 것을 선택해서 이용하면 어디든 찾아가지 못할 곳이 없다.

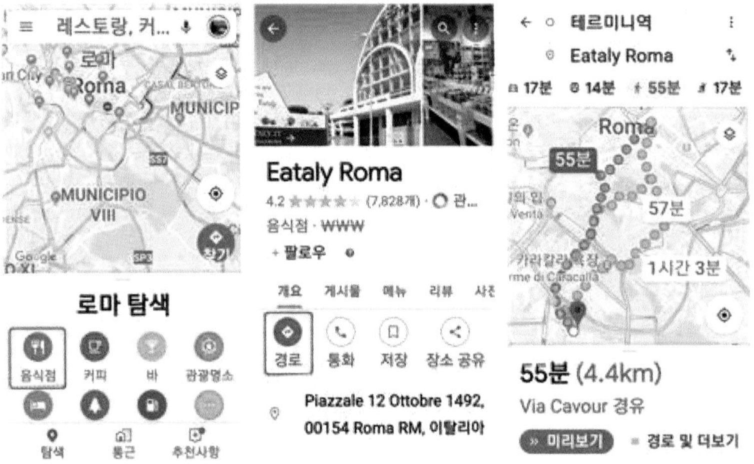

구글 지도를 이용해 로마에서 음식점 찾아가기

여행가기 전에 반드시 챙겨야 할 것들

여권과 비자(사증)

해외여행을 가기 위해서는 자신이 대한민국 국민이라는 증명서를 꼭 가지고 가야 한다. 이것이 바로 여권(passport)이다. 여권은 국내는 각 관할 시·군·구청, 해외 거주 국민은 재외공관에서 발급받을 수 있다. 여권 발급 및 사용에 대한 안내는 외교부 여권 안내 홈페이지(www.passport.go.kr)에 들어가면 자세하게 설명되어 있다. 해외로 나갈 때는 반드시 유효기간 만료일을 확인해야 한다. 만약 유효기간이 6개월 미만으로 남아 있다면 새로 갱신해야 한다.

해외에서 여권을 잊어버리면 신분증이 없이 돌아다니는 무국적자나 다름없게 된다. 활동에 많은 지장을 받을 뿐만 아니라 출입국이 불가능하다. 이 점에 유의해 무엇보다도 소중하게 보관하고 세심한 관리가 필요하다. 혹시 모를 분실에 대비해 여권 사본과 사진(2매)을 준비하면 좋다.

국가 간 이동을 위해서 원칙적으로 비자(사증)가 필요하다. 비자를 받기 위해서는 상대국 대사관이나 영사관을 방문하여 방문 국가가 요청하는 서류 및 수수료를 지급해야 하며 때에 따라서는 인터뷰도 거쳐야 한다. 법적인 절차에 따라서 장기간(5년 또는 10년) 복수 관광비자(B1/B2)를 받은 사람

미국 관광비자(B1/B2) 견본과 해외에서 주로 사용하는 신용카드(VISA, Master)

은 정해진 기간 내에 해당 국가 입국 및 여행을 자유롭게 할 수 있다.

사증면제제도란 이런 번거로움을 없애기 위해서 국가 간 협정이나 일방 혹은 상호 조치 때문에 사증 없이 상대국에 입국할 수 있는 제도를 말한다. 우리나라는 세계 약 180여 개 국가와 사증면제협정을 맺어서 일반 여행자는 15일~6개월(통상 90일 이내) 동안 무사증 입국이 가능하다. 소위 세계에서 '여행하기 좋은 여권 파워' 2위를 기록하고 있다. 그러나 일부 국가의 경우 사전에 전자여행 허가를 신청하도록 하여 심사 후 여행을 허가해주고 있으니 출국 전에 반드시 해당 국가 대사관을 통해서 확인이 필요하다.

참고로 미국은 90일 이내 사전 전자여행허가(ESTA)를 요구하고, 캐나다는 6개월 이내 무사증 입국이 가능하며 전자여행허가제(eTA)로 사전 등록이 필요하다. 필리핀은 단기 여행객에게 입국 시 출국 예약 항공권을 요구하기도 하며, 뉴질랜드는 2019년 10월부터 전자여행허가와 함께 국제방문객 보호 및 관광세(IVL)를 요구한다.

신용카드와 여행자보험

여권이 여행자의 국적과 신분을 말해준다면 신용카드는 그 사람의 금융 신용도를 대변해준다. 외국인에게 숙소를 제공하거나 상품을 팔 때도 그 사람의 신분을 확인하고 신용을 확인한 후에 결제하기 때문이다. 신용카드는 국제적으로 신용도가 높은 비자와 마스터 두 가지를 준비하는 것이 좋다. 이 중에서도 카드 업체별로 해외여행에서 항공 및 숙박 시설 이용 시 마일리지 적립에 유리한 카드가 있으므로 이를 고려해 선택하면 좋다.

여행자보험은 꼭 가입하고 가길 권한다. 요즘 들어 해외에서 각종 안전 사고나 자연재해로 인해서 큰 사고가 발생하는 사례가 많아지고 있다. 해외여행 중에 불의의 사고를 당하면 신체적으로나 금전적으로 엄청난 피해를 보게 되므로 이에 철저히 대비하는 것이 현명하다.

일부 시중은행에서 환전 시 우대회원들에게 발행해주는 기본적인 보험으로는 좀 부족하다. 보험회사의 약관을 잘 살펴봐서 여행 시 발생할 수 있는 다양한 사고나 위험한 상황을 따져보고 크게 부담이 되지 않는 범위 내에서 여행자보험을 반드시 가입하기 바란다. 참고로 다급하게 공항에 도착해서 가입하면 상대적으로 가격이 비싸므로 최소한 출국 며칠 전에는 잊지 말고 꼭 처리하는 것이 좋다.

통신 방식 선택하기

우리나라는 세계 제1위의 IT 강국으로 국내에서 다른 사람과 전화 통화를 하거나 정보를 주고받는 데 전혀 불편함이 없이 지낼 수 있다. 그러나 해외에 나가보면 사정이 다르다. 일부 국가에서는 아직도 3G 휴대전화를 주로 사용하고 와이파이도 도심의 일류호텔 외에는 잘 터지지 않는 곳이 많다. 심지어 중남미의 쿠바나 발칸반도의 보스니아 헤르체고비나의 경우 그 나라의 와이파이 카드를 별도로 구매해서 사용해야 통신이 가능하다.

해외에서 흔히 쓰는 통신 방식은 로밍, 유심칩, 인터넷 중계기(와이파이

도시락, 포켓와이파이 등)를 이용하는 것이다. 이 세 가지 통신방식의 장단점을 잘 비교해서 자신에게 적합한 방법을 이용하면 해외에서 소통은 물론 데이터 이용도 무리 없이 원활하게 할 수 있다.

로밍하기

여행 중에도 사업 관련 업무로 인하여 한국과 수시로 통화를 해야 하는 사람은 출국 전에 미리 통신사에 전화해 해외 로밍을 해서 가는 것이 좋다. 하지만 장기간 해외여행을 가는 경우는 비용이 만만치 않다.

여행 국가 유심칩 사용하기

자신의 스마트폰 유심칩(SIM Card)을 빼내고 해외에서 자유롭게 전화통화나 데이터 사용이 가능한 유심칩으로 바꿔 끼운 후 사용하는 방법이다. 사용할 전화통화 횟수나 시간, 데이터 사용량, 사용 기간 등에 따라 가격이 다르므로 자신의 여행 기간이나 목적에 따라 적절한 유심칩을 선택해서 사용하면 된다.

유럽의 경우 사용 가능한 국가와 용도에 따라 유심의 종류가 아주 다양하니 장단점을 잘 따져보고 골라 쓰면 아주 편리하게 이용할 수 있다. EU유심, EE유심, Three유심, KPN유심 등이 있다.

유심은 현지에서만 구매가 가능한 것이 아니라 인천공항에서도 세계 각국의 유심을 받을 수 있다. 출국 전에 예약해 챙겨가면 현지에서 통신사를 찾아헤매거나 언어 소통의 어려움 등 문제가 생기지 않으니 시간과 수고를 아낄 수 있다.

다만 유심칩을 바꾸면 해외에서 한국 전화번호를 사용할 수 없다는 점에 유의해야 한다. 따라서 한국에서 걸려온 전화는 받을 수 없게 된다. 하

유럽 Three유심칩과 스위스통신사(Swiss Com)의 유심칩

지만 카카오톡이나 문자 메시지는 얼마든지 송수신할 수 있다. 그리고 교환한 한국 유심칩은 여행이 끝나고 귀국해서 다시 사용해야 하므로 해외에서 여행하는 동안 잘 보관하였다가 귀국 시 다시 바꿔 끼워야 한다. 쓰지 않는 구 핸드폰을 하나 더 가져가서 외국 유심칩 전용 통신수단으로 사용하는 사람도 있다.

인터넷 중계기 이용하기

국가별 이동통신사의 3G/4G/LTE 신호를 와이파이로 바꿔주는 인터넷 서비스로, 기지국 역할을 하는 다양한 형태의 작은 중계기를 가지고 다니면 여러 사람이 동시에 서비스를 이용할 수 있는 방식이다.

여러 명이 함께 팀을 이루어 여행을 갈 때 유용하게 쓰인다. 사전에 예약하면 공항에서 기기를 대여할 수 있으며, 유심칩을 바꿀 필요가 없어서 한

포켓 와이파이 형태

국 전화번호를 그대로 유지하면서 해외에서 통화할 수 있는 장점이 있다.

그러나 중계기를 사용하기 때문에 기기를 가지고 다니는 사람 주변에서만 서비스를 받을 수 있고, 배터리를 항상 충전해서 사용해야 한다는 단점이 있다. 또한 여러 사람이 동시에 사용하면 대용량 파일을 전송하거나 자료를 내려받을 때 원활한 서비스가 이루어지지 않는 경우가 종종 있다.

전원 플러그와 어댑터

해외여행에서 의외로 놓치면 안 되는 물품이 바로 전원 플러그와 어댑터다. 사전에 준비해가지 않으면 여행을 하는 데 막대한 지장을 초래한다. 전기를 공급하는 전원은 국가별로 전원의 특성인 전압이나 주파수 등이 다르므로 전원 단자인 콘센트(소켓)와 플러그 모양, 크기도 각각 다르다. 따라서 자신의 스마트폰, 노트북, 카메라 등 전자기기를 충전하거나 이용할 때 우리나라의 전원과 다른 콘센트에 연결하기 위한 플러그나 어댑터가 필요하다.

미국의 경우 전압 100~110V, 주파수 50~60Hz의 전기를 사용하는 'Type A'에 해당하는 나라로 우리나라와 비교했을 때 전기 콘센트와 플러그가 다르다. 따라서 미국에서 우리나라 전자기기를 사용하려면 이를 전

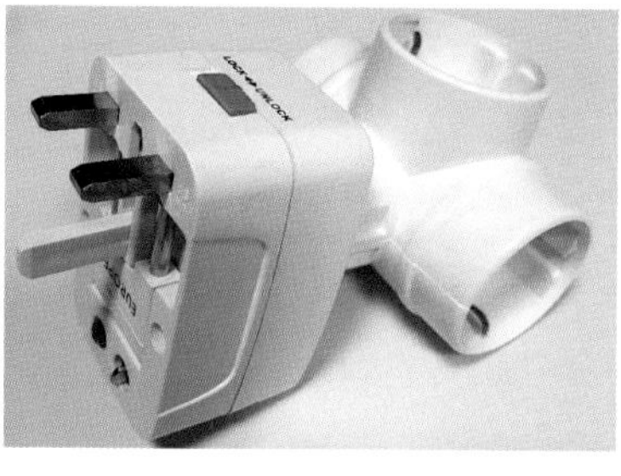

해외여행용 멀티 어댑터와 플러그

환해주는 어댑터나 플러그가 있어야 한다.

따라서 여행하기 전에 반드시 해당 국가의 전원 특성과 플러그 형태를 확인해 이에 맞는 플러그나 어댑터를 준비해서 가야 한다. 시중에 대부분 국가의 전원뿐만 아니라 고속충전 USB까지 연결할 수 있는 해외여행용 멀티 어댑터와 플러그가 판매되고 있으니 하나쯤 준비해두면 해외여행 시 아주 유용하게 쓰인다.

스마트폰 앱

요즘은 해외여행에 필요한 각종 스마트폰 앱이 잘 나와 있다. 해외 자유여행을 하는 데 필수적인 도구가 되어가고 있는 스마트폰 앱의 이용방법을 익히고 떠난다면 훨씬 수월하고 편리한 여행이 될 것이다.

해외여행 필수 스마트폰 앱

지도 찾기·내비게이션	Google Maps
여행계획	Trip.com, Triple, Stubby Planner 등
항공권	Skyscanner, Expedia(호텔 연계), TripAdvisor 등
호텔/숙소	Airbnb(가정집), Booking.com, TripAdvisor(+음식점), Hotels.com 등
렌터카	Rentalcars.com
교통(택시)	Uber, Grab(동남아)
통역·번역	Google 번역, papago(동남아), 만통, Genie Talk 등
환전	Currency
날씨	Yahoo Weather
일정 정리 및 비용관리	SaveTrip
가이드 투어	Myrealtrip
액티비티	Myrealtrip, Klook
메일	Gmail
SNS	Facebook, Instagram, wechat, 카카오톡

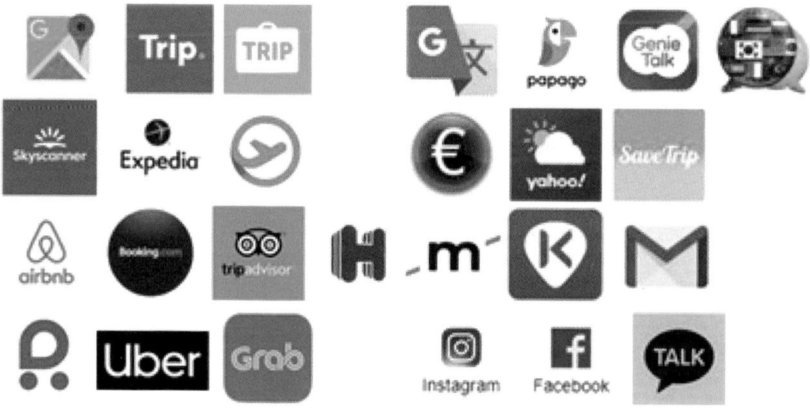

2장

나도 자유여행 갈 수 있다!

(일주일 이내)

NAME OF PASSANGER

FLIGHT

DATE

SEAT

이제부터는 그동안 내가 다녀온 세계여행 체험을 통해 얻은 여행 지식과 정보를 바탕으로 시니어들이 자유여행을 하는 데 필요한 요령과 방법을 소개하고자 한다. 용기를 내어 자유여행을 결심했다면 이제 본격적인 자유여행을 즐기러 떠나보자!

가까운 아시아부터 즐겨보자

자유여행의 두려움을 없애자

누구나 처음으로 해외 자유여행을 떠나겠다고 마음먹으면 설렘에 앞서 막연한 두려움이 밀려온다. 인천공항에서 출국장을 통과하는 것을 시작으로 낯선 타국의 공항에 도착해서 외국어로 진행되는 입국 통관절차, 도착하자마자 그 누구의 도움도 없이 생소한 지리적 환경을 극복하면서 숙소를 직접 찾아가야 하는 압박감 등 해외여행 경험이 부족한 사람들은 거의 공포 수준의 두려움에 몹시 긴장하게 된다.

이러한 첫 자유여행의 두려움을 제거하는 좋은 방법은 가까운 나라를 선정해 일주일 이내 짧은 기간의 여행을 직접 계획하여 실행해 옮겨보는 것이다. 우리나라 사람들에게 익숙하고 여행 기반도 비교적 잘 갖춰져 있는 아시아권의 나라를 방문해보는 것이다.

거듭 강조하지만 여행은 돈이 아닌 용기의 문제다. 더구나 직접 실행을 통해서 얻어지는 경험을 쌓아야 하는 기술의 문제기도 하다.

초보 여행자는 한 치라도 실수하면 안 된다고 생각한다. 더구나 해외에서 문제가 발생하면 어떻게 해결할 것인가 하는 걱정이 앞설 뿐만 아니라 그에 대처할 수 있는 아무런 경험이 없으므로 더욱 두려움을 갖게 된다.

자유여행을 즐기는 사람은 여행을 시작할 때 늘 자신이 수립한 여행계획이 100% 완벽하다는 확신을 갖고 출발하지는 않는다. 다만 벅차오르는 마음으로 비행기 안에서 여행계획을 몇 번씩 검토해보며 여행지에서 보낼 행복한 시간을 상상하며 미소를 짓는다. 설령 계획대로 되지 않더라도 비상계획을 실행하면서 얻어지는 또 다른 경험과 예상치 못한 상황을 더 오래도록 기억하며 즐거워한다.

따라서 자신이 직접 여행계획을 수립해 가까운 곳부터 무작정 떠나보는 용기가 필요하다. 그것이 한두 번 쌓이다 보면 해외여행에 대해 두려움도 차츰 사라지고 어느덧 자신이 일정 수준의 여행가 반열에 올라와 있는 모습을 발견할 것이다. 이로 인해 자유여행에 자신이 생겨 비로소 제대로 된 여행을 즐기게 된다.

먼저 동남아시아로 떠나보자

두려움을 극복하고 용기를 내어 난생처음으로 해외 자유여행을 떠나기로 했다면 신중하게 여행지를 선정해야 한다.

길어도 일주일 이내에 다녀올 수 있는 가까운 곳, 한국 사람들이 평소에 자주 찾으면서도 패키지여행에서는 결코 맛볼 수 없는 나만의 자유로운 여행이 가능한 곳, 어느 정도 언어소통에 문제가 없고 자유여행을 통해 곳곳을 둘러보면서 그곳의 독특한 문화와 역사를 배울 수 있는 곳이면 좋다.

보통 한국인들이 많이 찾는 곳은 일본과 중국이다. 이 두 나라는 패키지여행을 통해 누구나 쉽게 다녀올 수 있으며 이미 많은 사람이 다녀온 경험이 있는 곳이다. 좀 더 새로운 문화를 접하고 색다른 경험을 하고 싶다면 동남아시아에 속한 나라 중의 하나를 선정하는 것이 좋다.

말레이시아를 지배했던 포르투갈, 네덜란드, 영국, 일본 병사 동상(좌) 말레이시아 믈라카 강변(우)

동남아시아는 인도차이나반도를 중심으로 베트남, 태국, 라오스, 캄보디아, 미얀마, 말레이시아, 인도네시아, 싱가포르, 필리핀 등 지리적으로 적도지방을 중심으로 한 열대지역의 나라들이다. 교통의 요충지로서 여러 나라의 침략을 받아 식민지배의 역사가 있으며 다양한 문화의 영향으로 혼합된 문화가 발달한 문화의 백화점과도 같은 곳이다.

또한 세계적으로 유명한 휴양지가 곳곳에 개발되어 있어서 휴식을 취하거나 가족들과 일주일 정도 여행하기에 아주 좋다. 게다가 문화나 언어권이 영어나 중국어를 기반으로 한 나라가 많아서 어느 정도 친근감이 느껴진다.

역사와 문화의 공존, 말레이시아 문화 탐방

첫 번째 자유여행은 동남아시아 나라 중에 영어를 공용어로 사용해 언어 소통 문제가 비교적 해결이 가능하고 물가가 상대적으로 싼 말레이시아를 대상 국가로 선정했다.

그중에서도 말레이시아의 역사와 문화를 대표적으로 잘 나타내는 수도 쿠알라룸푸르(Kuala Lumpur)와 세계열강의 식민지배 문화의 흔적이 그대로 남아 있어서 세계문화유산으로 지정된 믈라카(melaka)를 여행지로 선정했다. 멀리 유럽까지 가지 않아도 가까운 곳에서 세계의 다양한 문화를 접할 수 있는 말레이시아만의 독특한 문화를 배우고 체험하고자 했다.

말레이시아는 유라시아 대륙의 최남단에 있는 말레이반도를 비롯해 베트남과 필리핀 남쪽에 있는 남중국해를 끼고 동과 서로 나누어져 있으며 태국, 싱가포르, 인도네시아, 브루나이와 국경을 맞대고 있다. 특히 지정학적인 요충지인 믈라카 해협은 인도양과 남중국해를 잇는 동서양의 중요한 해상무역 교통로로서 말레이반도를 따라 형성되어 있다.

말레이시아는 역사적으로 네 나라의 식민지배를 받은 국가로서 특별한 문화와 역사의 이야기들을 깊이 간직하고 있다. 16세기 초 대항해시대를 맞이해 해양강국이 된 포르투갈이 최초로 말레이반도를 점령한 이후 포르

쿠알라룸푸르 거리에 즐비한 유럽풍 건물

투갈의 국력이 약해지면서 새로운 해양강국으로 부상한 네덜란드가 말레이시아를 점령했고 이후 약 100년 동안 말레이반도를 다스렸다.

그 뒤 1800년대 초에 산업혁명에 성공해 뒤늦게 식민지 경쟁에 뛰어든 영국이 약 130년 동안 지배했다. 이때 영국은 주석과 광산 산업에 필요한 노동력 공급을 위해 또 다른 식민국가인 인도와 중국 노동자들을 말레이시아에 유입시켰다. 이때 유입된 사람들이 말레이시아에 정착하면서부터 말레이계, 인도계, 중국계 등 다양한 민족이 모여 살게 되었다.

세계무역이 발달하면서 믈라카 해협에 대한 강대국들의 치열한 쟁탈전은 이후에도 계속되어 제2차 세계대전 중에 동남아시아에 진출한 일본이 약 4년간 말레이시아를 지배했다.

이러한 파란만장한 역사적 배경을 가진 탓에 언어나 문화도 다양하고, 여러 나라의 건축양식과 다양한 종교 사원이 어우러진 독특한 모양의 건축물로 가득하다. 마치 아시아에 유럽을 갖다 놓은 것처럼 묘한 매력이 있다.

여행계획 세우기

여행을 좋아하는 사람들 간에 정보를 교류하고 친목을 도모하는 '여행대학'을 통해서 알게 된 자유여행 마니아 8명이 한 팀이 되어 말레이시아 여행계획을 세웠다. 4박 5일 동안 두 개의 도시를 둘러보는 것으로 결정했으

말레이시아 관광청에서 만든 여행안내서

며, 말레이시아의 무더운 날씨를 고려해 3월 초에 떠나기로 했다.

적도 지역에 있는 말레이시아 쿠알라룸푸르의 날씨는 3월 평균 최저기온이 23℃, 평균 최고기온은 33℃로 우리나라 여름 기온과 비슷하다. 평균 강수일수는 약 14일로 비교적 비가 자주 내리는 편이다. 그나마 이때가 말레이시아 자유여행에 적합한 시기라고 판단해 결정했다. 한여름인 6~8월은 무척 더울 뿐만 아니라 성수기인 여름방학 시즌이라서 이곳으로 영어연수교육을 오는 학생들 때문에 항공권도 비싸고 여러 가지로 제약이 많다.

여행에 필요한 각종 정보와 여행지에 대한 자료는 말레이시아 관광청의 공식 인터넷 사이트(https://www.tourism.gov.my)를 활용했다. 한글로 된 여행안내서가 여행목적별, 지역별, 관광명소별로 설명이 잘되어 있어서 필요한 자료는 충분히 구할 수 있었으며 인쇄도 가능했다.

항공권은 동남아시아의 저가 항공사로 유명한 에어아시아를 통해서 3개월 전에 미리 저렴하게 예약을 했다. 대신에 수화물을 추가하거나 기내식을 신청하든지 자신이 직접 좌석을 선정하면 개별적으로 별도의 요금을 지급했다.

숙소는 스마트폰 앱을 이용해 쿠알라룸푸르와 믈라카 도심에 위치하면서도 주요 여행지로 이동이 편리하고 저렴한 가격의 3성급 호텔을 예약했다. 통신수단은 출국 전에 인터넷 사이트를 이용해 말레이시아를 포함한 동남아

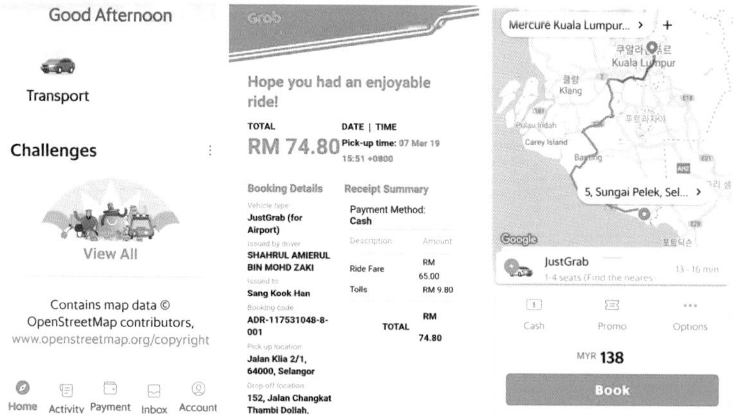

그랩 택시 앱 활용 모습

용 유심칩을 단체로 구매했다. 4일간 4GB, LTE 데이터용으로 충분했다.

현지 이동 시 교통수단은 동남아시아에서 일반화되어 있는 그랩(Grab)을 주로 이용했다. 최근에 동남아시아 택시의 형태를 선도적으로 일대 혁신한 그랩은 호출방식의 차량 공유 및 배송 서비스를 제공하는 인터넷 앱이다. 다시 말하면 '동남아시아의 우버(Uber)'라고 할 수 있다.

그랩 택시는 앱 사용 수수료가 있어서 일반 택시와 비교하면 조금 비싼 편이지만 바가지요금이 없으며 스마트폰으로 사전에 목적지를 입력하고 호출하면 가는 거리에 따라 요금을 미리 제시해준다. 운전자의 신원과 주행 기록이 저장되어 안전할 뿐만 아니라 언어소통이 잘 안 되는 상태에서 일일이 요금을 흥정할 필요가 없다. 요금을 계산할 때 카드를 등록하도록 안내하는데 간단한 절차만으로 입력할 수 있고 현금으로 요금을 지급해도 문제가 되지 않는다.

실제로 말레이시아 여행 중에 그랩 택시를 이용해보니 스마트폰에 운전자와 예약자, 차량 종류, 픽업 시간, 예상 가격, 출발지와 도착지가 지도로 표시되어 신뢰할 수 있었으며 운전자들이 대체로 깔끔하고 친절한 서비스를 제공해 어느 교통수단보다도 편리하고 안전했다.

1~2일 차, 쿠알라룸푸르 둘러보기

쿠알라룸푸르공항에 도착해서 숙소가 있는 쿠알라룸푸르 시내까지 거리는 약 60km로 자동차로 50분 정도를 가야 한다. 우리 일행은 두 대의 택시를 호출해 숙소까지 이용했다.

쿠알라룸푸르는 말레이시아의 수도로 말 그대로 말레이시아의 문화와 역사를 한눈에 구경할 수 있는 최고의 도시다. 대표적인 관광명소는 다음과 같은 장소들이 있다.

- 페트로나스 트윈타워(Petronas Twin Towers)
- KLCC(Kuala Lumpur City Centre) 쇼핑몰과 아쿠아리움
- KL(Kuala Lumpur) 타워 전망대
- 말레이시아 왕궁(Malaysian Royal Palace)
- 메르데카 광장(Dataran Merdeka)
- 박물관(국립박물관, 국립섬유박물관, 국립경찰박물관)
- 쿠알라룸푸르 시티 갤러리
- 술탄 압둘 사마드 빌딩, 센트럴 마켓

쿠알라룸푸르 페트로나스 트윈타워 전경(좌)
시티 갤러리에 있는, 쿠알라룸푸르 건물들을 천사 날개 모습으로 형상화한 독특한 작품(우)

이외에도 종교 사적으로 세인트 메리 대성당(St. Mary Anglican Cathedral), 티안호우 불교 사원(Thean Hou Temple, 천후궁), 자멕 이슬람 사원(Masjid Jamek) 등이 공존하며, 쿠알라룸푸르 근교의 힌두 사원과 바투 동굴(Batu Caves) 등 수많은 볼거리가 있다.

말레이시아의 랜드마크이자 우리나라 건설회사가 한쪽 빌딩을 건설해 유명해진 88층의 초고층 '페트로나스 트윈 타워(451.9m)'는 쿠알라룸푸르의 야경을 더욱 빛낸다. 공원 분수대 계단에 앉아서 고개를 들어 이 빌딩을 쳐다보자 왠지 우리나라가 자랑스럽게 느껴지며 어깨가 으쓱해졌다.

다음 날은 쿠알라룸푸르의 중심지인 메르데카 광장에 있는 유명한 박물관들과 세인트 메리 대성당 등 역사적인 유적들을 둘러보았다. 유럽에 가보지 않고도 마치 유럽에 와 있는 것 같은 기분이 들 정도로 유럽풍의 건물들이 즐비해 흥미로웠다. 특히 도시의 건축물들이 역사를 계승하고 개성을 중시하는 디자인을 적용하고 있다는 느낌을 받았다. 식민시대의 잔재를 지우려고 애쓴 우리나라의 모습이 떠오르면서 이들의 역사관이나 과거를 되돌아보 인식이 우리와 다름을 알 수 있었다.

저녁에는 말레이시아 사람들의 음식 문화를 알아보기 위해서 수많은 길거리 음식과 식당들이 몰려 있는 잘란알로(Jalan Alor) 야시장 거리를 찾았다. 각종 길거리 음식을 파는 가게들과 포장마차들로 가득한 그곳에서 몇가지 음식들을 사 먹으며 즐거운 시간을 보냈다. 가격도 싸고 싱싱한 재료

쿠알라룸푸르의 잘란알로 야시장 거리

를 사용했는지 맛도 좋았다.

3~5일 차, 세계문화의 집합체 믈라카

말레이시아의 본격적인 역사, 문화 탐방은 구도시 전체가 유네스코의 세계문화유산으로 지정된 믈라카에서 시작됐다. 말레이반도 남서부 해안에 위치한 믈라카주(州) 주도인 믈라카는 동서양의 활발한 무역으로 유명한 항구 도시이며, 믈라카 해협을 지나는 해상교통로의 요충지다.

또한 세계열강들의 격전장으로 여러 번에 걸쳐서 주인이 바뀌면서 극심한 아픔을 겪으면서 부가적으로 독특한 문화와 수많은 역사적 유적을 남겼다. 믈라카 박물관에 들어가면 식민지배를 했던 포르투갈, 네덜란드, 영국, 일본 4개 국가의 국기와 병사들의 동상을 볼 수 있다.

네 나라의 식민지배를 받으면서 다양한 종교를 수용해 곳곳에 천주교, 이슬람교, 불교, 힌두교, 도교, 유교 사원들이 공존하는 이곳은 음식 문화 역시 토착민들과 통치 국가들의 것이 서로 섞이면서 발달해 다채롭고 풍부한 식도락을 즐기는 사람들에게는 천국이다.

믈라카의 매력은 바로 이러한 다양한 문화에서 비롯된다. 도착하기 전까지는 그다지 큰 기대를 하지 않았는데 막상 거리를 돌아다니다 보니 내내 신기하고 놀라움에 감탄사를 연발하게 된다.

믈라카의 대표적인 관광명소로는 다음과 같은 장소들이 있다.

- 네덜란드 광장, 예수 교회(Christ Church Melaka)
- 스타더이스(Stadthuys, 역사 민족 박물관)
- 성 바울 교회(St. Paul's Church)

- 산티아고 성문(A Famosa)
- 술탄 왕궁(Sultanate Palace)
- 타밍 사리 전망대(Taming Sari Tower)
- 바바&뇨냐 헤리티지 박물관(Baba Nyonya Heritage Museum)
- 존커 스트리크(Jonker Street)
- 믈라카 강 선셋 크루즈 등

특히 마치 뱀의 형상을 하고 도시 중심을 흐르는 믈라카강을 따라 양쪽 강변으로 즐비하게 늘어선 다양한 모양의 건물들과 건물의 벽면에 그려진 형형색색의 아름다운 벽화들은 쉴 틈도 없이 연신 카메라 셔터를 작렬하게 만든다. 믈라카강을 따라 석양이 질 무렵 리버 크루즈를 타고 강가의 야경을 감상하면 마치 유럽 이탈리아의 베네치아를 연상하게 되는 묘한 매력에 빠져들게 된다. 양쪽 강변에 자리 잡은 주택들의 벽에 그려진 벽화들은 언뜻 보면 아르헨티나 부에노스아이레스의 탱고의 발상지인 보카(Boka) 지구에 예술가들이 그려놓은 그림을 연상하게 한다.

생선이나 닭으로 우린 매콤한 국물을 이용해 만든 쌀국수인 릭사(laksa)가 유명하다. 락사는 15세기 이후부터 말레이반도에 이주해온 중국인과 현지인 사이에서 탄생한 후손인 페라나칸(Peranakan)이 중국식 국수에 현지의 음식 문화를 접목해 만든 것으로 추정된다. 락사는 타마린드 즙을 넣고

말레이시아 믈라카 강변 벽화와 아름다운 야경

위 왼쪽부터 시계방향으로 망고 첸돌, 비빅 하우스 첸돌, 13개 주의 커피를 맛볼 수 있는 칼란데 아트 카페의 커피와 굴라 멜라카 커피

만들어 새콤한 맛이 나는 아쌈 락사(assam laksa)와 코코넛 밀크를 넣은 부드러운 락사 르막(laksa lemak)으로 분류된다.

후식으로는 망고, 두리안 등 각종 열대과일의 특유한 맛을 가미하여 얼음을 갈아서 만든 '첸돌(Cendol)'이라는 빙수가 유명하다. 값도 싸고 무더운 열대기후를 견디며 여행하는 여행객들에게 시원한 청량제 같아 인기가 많다. 우리도 입맛을 돋우는 첸돌 맛집을 찾아다니며 더위를 식혔다.

믈라카에는 말레이시아의 13개 주에서 나는 모든 커피를 한꺼번에 맛볼 수 있는 'Calanthe Art Cafe'와 커피에 우유 거품을 얹고 그 위에 흑설탕을 뿌려서 만든 'Gula Melaka Coffee'를 파는 'Casa Del Rio River Cafe'가 유명하다. 믈라카에 가면 이 두 곳을 꼭 방문해 특별한 경험을 해보기 바란다.

초록의 샹그릴라, 중국 윈난성

윈난성은 어디?

중국 윈난성은 인구가 약 4,742만 명, 면적이 39.4만km²로 크기가 한반도의 거의 두 배에 가까우며 중국 남서부에 위치해 베트남, 라오스, 미얀마 등과 국경을 맞대고 있다. 행정구역은 8개 시, 8개의 소수민족자치주로 구성되어 있다. 성도는 쿤밍(곤명)시다.

윈난성에는 우리나라 국립공원에 해당하는 '국가5A급여유경구'인 쿤밍시 석림풍경구, 리장시 위룽쉐산(옥룡설산)경구가 있다. 또한 리장고성과 윈난 삼강병류보호구(云南三江幷流保護區), 윈난 석림을 주요 부분으로 하는 중국남방카르스트가 유네스코 세계유산으로 지정되었다. 서쪽으로는 티베트자치구까지 뻗어 있는 위룽쉐산을 따라서 형성된 차마고도(茶馬古道)를 걸어보는 트래킹이 백미다.

특별한 여행 목적과 준비물

나는 '돌청(돌아온 청춘)'이라는 이름으로 오래전부터 마음이 잘 맞고 여행을 좋아하는 학교 동기 부부 5쌍과 여행 동호회를 결성해 해마다 해외여행을 다니고 있다.

중국 윈난성 여행은 3장에 나오는 한 달 기간의 남미여행을 준비하기 위해 내가 제안한 트래킹 여행이었다. 페루나 볼리비아 등 안데스산맥을 오르내리는 고지대 적응훈련과 남쪽 파타고니아 W트래킹 등에 대비해 미리 여행 연습을 해볼 필요가 있었기 때문이다.

여행 일정과 세부계획은 중국 현지에 밝은 트래킹 전문여행사의 도움을 받아서 우리가 원하는 여행지와 경로를 구상해 작성했다. 여행비자 또한 비용을 조금 지급하더라도 전문 여행사를 통해 단체 비자로 신청해 쉽게 발급받았다.

항공권은 요즘 평가가 좋아진 중국 동방항공을 이용해 저렴한 가격으로 4개월 전에 예약했고 숙소는 현지 여행 여건을 잘 아는 단골 여행사에 위탁해 사전 예약했다. 또한 중국어 소통과 안전한 산악 트래킹을 위해서 베테랑급 현지 가이드도 미리 지정해두었다.

여행 준비물도 여느 자유여행 때와는 달리 좀 더 신경 써서 준비했다. 고지대 적응을 위한 고산병 치료제, 발목·무릎 보호대, 등산용 배낭, 등산화, 등산복, 모자, 장갑 등 고산 트래킹에 대비한 물품들로 가득했다. 주로 산악이나 오지를 여행하기 때문에 음식물도 신경 써서 준비했다. 라면, 누룽지, 미숫가루, 김치, 깻잎, 고추장, 참기름 등 밑반찬을 포함한 다양한 음식을 준비했다. 마치 에베레스트 등반을 가는 수준이었다. 심지어 일행 중 한 명은 윈난성이 남쪽에 위치해 겨울에도 영하 이하로 떨어지지 않는 기후임에도 보온용 핫팩과 보온기구를 지참하기도 했다. 실제로 해발고도 5,596m인 위룽쉐산의 트래킹은 평균 약 2,500~3,500m 높이의 산길을 걷는 것이라서 겨울용 등산복이 필요했다.

윈난성은 지형적인 특성 때문에 천혜의 자연경관을 자랑하는 곳이다. 특히 쿤밍시 석림풍경구와 리장시 위룽쉐산경구는 경치가 빼어나서 우리의 마음을 사로잡았다.

이 중에서 석림은 규모가 큰 카르스트 지형으로 제1차 유네스코 세계지질공원으로 지정될 만큼 경관은 물론 지질학적으로도 아주 유명한 쿤밍의 대표적인 관광지다. 우리가 방문했던 대소석림은 끝이 뾰쪽한 각양각색의 검은 돌들이 마치 숲을 이루는 듯하다고 해 붙여진 이름답게 기이한 모습이 탄성을 자아내게 했다. 약 2시간여의 트래킹 동안 조금도 지루하지 않고 신비로운 광경에 놀랄 뿐이었다.

석림 관광을 마친 후 한 시간 반을 이동해 중국 최대의 종유동굴인 구향동굴을 찾았다. 구향동굴은 거대한 크기를 자랑하기도 했지만 그 내부는 이제까지 본 어느 동굴보다도 화려했다. 그러나 동굴 내부에 지나치게 많은 색 조명을 설치해 인공적인 빛을 연출하는 부분이 눈에 좀 거슬렸다. 자연 그대로의 신비스러운 모습을 유지해도 충분히 아름다운 곳이라고 판단되는데 중국인들의 생각은 조금 다른 것 같아서 아쉬움이 남았다.

구향동굴에서 나온 다음에는 쿤밍 북쪽의 원모지역에 있는 토림(土林)을 가보기로 했다. 장동건이 출연한 영화 〈무극〉의 촬영지로도 잘 알려진 곳이다. 장기간에 걸친 유수와 바람의 침식으로 인해 우뚝우뚝 솟은 사암 기둥들이 성벽같이 형성된 독특한 지형으로, 마치 미국의 브라이스 캐니언(Bryce Canyon)의 모양을 닮아서 아주 흥미로웠다. 브라이스 캐니언의 사암 기둥이 붉은색이라면 이곳 토림의 기둥은 약간 노란색을 띤 베이지색이라는 것이 달랐다.

이후 리장고성으로 이동했다. 1996년 윈난성 지역에 발생한 대지진으

쿤밍시에 있는 대소석림과 구향동굴

로 세상에 알려지기 시작한 리장은 유네스코 세계유산으로 등록되었으며, 윈난성 북서부에 있는 소수민족 나시족의 왕도다. 리장고성이나 대리시의 대리고성은 독특한 소수민족의 전통문화와 어우러진 고풍스러운 도시의 아름다운 풍경이 밤낮으로 세계의 인파를 끌어들이고 있다.

리징고성에서는 거장 장예모 감독이 연출한 〈인상여강〉을 관람했다. 자연 그대로를 활용한 거대한 무대에서 펼쳐지는 이 쇼는 평범한 사랑을 주제로 한 이야기지만 수백 명의 화려한 군무와 장대한 스케일은 관중을 완전히 압도하고도 남았다.

사암 기둥들이 성벽처럼 보이는 독특한 토림(위)
장예모 감독이 연출한 〈인상여강〉 공연 모습(아래)

4~6일 차, 위룽쉐산과 호도협, 차마고도 트래킹

윈난성의 위룽쉐산은 항상 만년설이 구름에 덮여 있어 신비감이 넘치는 명산이다. 특히 중국의 소수민족 나시족이 신성시하는 설산으로, 아직도 그들의 믿음 때문에 해발 5,596m의 주봉까지는 등정이 허락되지 않고 있다. 이 산은 히말라야산맥의 일부로 해발 4,500m 지점까지 케이블카가 연결되어 있어 일반인들이 비교적 쉽게 고산을 체험할 수 있다. 이곳에서는 해발 3,240m의 운삼평에서 참나무 원시림으로 둘러싸인 산길을 따라 트래킹이 가능하다.

운삼평 반대편으로 셔틀버스로 이동한 다음 리프트를 타고 올라가면 해발 3,600m 지점에 넓은 대평원인 모우평이 나오는데 이곳에서 위룽쉐산 주봉을 바라보며 약 3시간 정도의 트래킹을 했다. 윈난성에서 가장 유명

모우평 트래킹(좌) 호도현 트래킹 중 머문 중도객잔(우)

한 트래킹 루트는 해발 5,596m인 위룽쉐산과 5,396m인 하파설산 사이를 흐르는 진사강을 따라서 기나긴 차마고도가 시작되는 호도협 트래킹이다. 차마고도는 말 그대로 중국 윈난성과 쓰촨성에서 나는 차와 티베트의 말을 교환하던 높고 험준한 옛길이란 의미다.

중국에서 가장 긴 강인 양쯔강이 이곳을 흐르면서 '진사강'으로 이름이 바뀌고 위룽쉐산과 하파설산 사이의 틈을 오랜 세월 동안 따라 흐르면서 약 16km의 길이, 높이 2km에 달하는 깊고 험한 협곡을 만들었다. 이곳이 바로 호도협인데 호랑이가 이 협곡을 뛰어넘었다는 전설이 전해져 내려온다.

우리는 호도협의 정기를 받으며 대자연이 안겨준 진정한 힐링과 위로를 에너지 삼아 더없이 벅찬 기쁨을 만끽하며 트래킹을 했다. 가파른 절벽 중간으로 어렵게 바위를 깎아서 만든 좁고 험준한 길은 약간 위험해 보였지만 생각보다 어렵지는 않았다. 걷는 내내 옆으로 보이는 위룽쉐산의 장엄한 모습을 바라보면서 마치 신선이 된 기분으로 들뜬 상태로 발걸음을 옮겼다. 지금 이곳에서 트래킹을 하고 있다는 것이 믿기지 않을 만큼 말로 표현할 수 없는 행복한 기분이 솟구쳐 올랐다.

호도협 트래킹 길을 따라가면 마방과 말이 쉬어가는 객잔(客棧)이 몇 군데 있다. 트래킹 중에 이곳에 들러 위룽쉐산의 아름다운 모습을 바라보며 차를 한잔하는 것도 또 다른 재미다. 우리는 중도객잔(中道客棧)에서 하룻밤

운남성의 절경 중호도협에서

을 머무르면서 피곤한 몸을 쉬이고, 아침에 일어나서 해가 떠오르는 위룽쉐산의 위용을 만끽했다.

우리는 가파른 절벽 길을 따라 한참을 내려가서 호도협의 협곡 중에서도 가장 물살이 거센 중호도협(中虎跳峽)에 도착했다. 경사가 가파르고 험한 오르막길이라서 쉽게 도전하기 어려운 코스지만 반드시 거센 물살이 흐르는 강바닥까지 내려가서 호연지기를 만끽하기를 권한다. 이곳에서 보낸 시간은 3박 4일간의 트래킹으로 지친 몸과 마음을 한꺼번에 씻어내는 최고의 힐링 시간이었다.

7~8일 차, 소설 속의 유토피아 샹그릴라를 찾아서

샹그릴라(Shangri-La)는 제임스 힐튼의 《잃어버린 지평선》에 나오는 가공의 장소다. 티베트의 쿤룬산맥 서쪽 끝자락에 있는 숨겨진 장소에 소재하는 신비롭고 평화로운 계곡, 영원한 행복을 누릴 수 있고 외부로부터 단절된 히말라야의 유토피아로 묘사되었다. 이 소설이 인기를 얻으면서 이 말은 지상 어딘가에 존재하는 천국을 가리키는 보통명사가 됐다.

중국은 2001년 윈난성의 중뎬 지역을 샹그릴라로 개명해 관광객 유치에 나섰다. 샹그릴라는 윈난성 북서쪽에 있는 티베트의 경계에 위치하고 있으며 해발고도 4,000m가 넘는 고산지대로, 도착하자마자 머리가 띵하고 호흡이 약간 불편해지는 정도의 고산증세를 느끼기 시작했다. 갑자기 날씨가 쌀쌀해진 상태에서 고산증세까지 겹쳐서 몸 상태가 그다지 좋지 않았다. 이곳은 꽃이 피는 봄이나 여름철에 방문해야 한다는데 초겨울 무렵에 찾아서 그런지 소문처럼 감동적인 아름다운 경치를 접하기가 쉽지 않아 아쉬웠다.

다음 날은 티베트의 포탈라궁을 모방해 소포탈라궁으로 불리는 송찬림사를 찾았다. 지붕이 온통 금박이라 멀리서 보아도 그 화려함을 금방 알아차릴 수 있을 만큼 아름다운 윈난성 최대의 불교사원이다. 티베트 불교의 독특한 문양과 짙은 갈색의 벽장식을 두른 건물은 경건하고 중후한 느낌을 주었다. 사원 아래 호수 가운데 있는 조그마한 섬에는 이들의 장례 풍습인 조장(鳥葬)을 하는 시설이 갖춰져 있었다.

마지막 일정으로 티베트 마을을 견학했다. 이곳은 지리적으로 티베트와 인접해 있어서 인종도 같고 종교적으로나 생활 문화적으로 티베트 문화를

송찬림사의 전경

많이 받아들여서 닮은 곳이 많았다. 우리가 찾은 마을의 가정집도 티베트 불교를 믿는 농부 부부가 사는 집이었는데 실내장식이 마치 불교 사원에 들어온 기분이 들 정도로 화려했다. 방 안에 난로가 있어서 아주 따뜻했으며 따뜻한 차와 다과를 내어주어서 이들의 소박한 정을 느낄 수 있었다.

윈난성 여행은 오기 전부터 가졌던 호기심만큼이나 아주 독특하고 다양한 경험을 안겨준 매우 기억에 남을 만한 여행이었다. 어쩌면 이런 여행이 바로 자유여행의 묘미를 만끽할 수 있는 좋은 예가 아닌가 싶다. 차마고도 트래킹을 하면서 대자연의 경이로움과 아름다움을 맛보았고, 리장과 샹그릴라 마을을 둘러보며 특이하면서도 생소한 이민족의 문화를 접하면서 다양한 인간의 삶의 방식을 체험했다.

샹그릴라 티베트 마을의 한 가정집

소중한 경험, 하와이 가족 여행

오랜 공직생활을 하다 보니 항상 꽉 짜인 일정 속에서 하루하루가 바쁘게 돌아가고, 해외여행 비용도 만만치 않아서 대령 계급이 되어서도 가족 모두가 함께 해외여행을 가는 기회를 한 번도 갖지 못했었다.

그런 중에 마침 주어진 보직이 한국과 미국 간에 하와이와 서울을 서로 교차 방문하면서 양국의 입장을 조율하는 국가 간 공식실무회의를 주관하는 위원장 직책을 맡게 되었다.

그해 봄 첫 번째 미국 방문 때 미국 측 파트너가 나와 인사를 하면서 "한국 측 대표자가 하와이에 출장을 오면서 왜 혼자 왔냐?"고 물었다. 나는 한동안 그 말이 무슨 뜻인지 알지 못해 당황스러웠다. 사실 우리나라 공직자들은 그 당시만 해도 눈치가 보여서 가족과 해외 출장을 가는 것은 감히 상상조차 하지 못했다. 그러나 미국 사람들은 해외 출장 때 부인이나 가족을 대동하는 것을 보통으로 여기고 있었으며 더구나 세계적인 휴양지인 하와이는 당연히 동행하는 것으로 인식하고 있었다.

그해 가을에 미국 측 파트너가 서울을 방문했는데, 그는 나의 상관과 만나는 자리에서 대뜸 "장군님, 다음 하와이 회의 때는 한 대령 부부를 공식으로 초청하고 싶습니다. 허락해주십시오"라고 정식으로 건의했다. 놀랍게도 나의 상관도 웃으면서 그의 건의를 흔쾌히 허락했다.

드디어 다음 해 5월 하와이에서 열린 한·미회의 때 우리 가족 5명 모두가 공식 참석자로 미국 측의 초청장을 받았다. 우리 가족은 일주일간의 공식회의를 모두 마친 금요일 저녁에 하와이에 도착해 미국 측 주관으로 진행되는 만찬 자리에 참석하게 되었다. 부인과 둘째, 셋째 아이는 한국에서 그리고 당시 미국 유학 중이던 첫째 딸은 LA에서 하와이로 건너왔다. 이로써 꿈만 같던 하와이 가족 여행이 성사된 것이다.

하와이 자유여행 어떻게 하지?

처음으로 가족 해외여행을 하게 되니 행복한 마음에 들떠서 뛸 듯이 기뻤지만, 막상 자유여행을 하려고 하니 무엇을 어떻게 해야 할지를 몰랐다. 하와이에 오기 직전까지도 회의 준비에 바빠서 여행 계획 같은 것은 짤 시간이 없었다.

이미 하와이를 두 번이나 방문했지만 회의장과 숙소만 오가다가 피곤한 몸을 이끌고 한국행 비행기를 타고 귀국하기 일쑤였다. 가끔 저녁 시간에 여유가 생기면 와이키키(Waikiki) 해변에 있는 유명한 한국식당에 가서 생맥주에 저녁 식사 정도 하고 오는 것이 유일한 하와이 분위기를 느끼는 낭만이었다.

이 사실을 안 미국 측 파트너는 커다란 하와이 지도를 펼쳐 보이며 주요 여행지를 하나하나 친절하게 안내를 해주었다. 그는 오히려 내 휴가 기간이 짧다며 아쉬워하기까지 했다. 통상 하와이를 구경하려면 최소 2주 이상의 휴가 기간을 잡아서 오아후섬을 비롯해 부근에 있는 마우이섬, 카우아이섬, 하와이섬 등 다른 섬들까지 섭렵하는 것이 일반적이라고 한다. 히

와이는 크고 작은 8개의 섬으로 이루어져 있다. 우리나라에서 하와이까지는 비행기로 약 9시간이 소요된다. 이번 하와이 여행은 나의 공식 출장길에 이어서 휴가를 내어 온 가족이 함께 모인 여행이라서 6일간 하와이제도의 섬 중에 세 번째로 크며 하와이를 대표하는 관광지인 오아후섬만을 둘러보기로 했다.

낭만의 오아후섬 둘러보기

오아후섬은 면적이 약 1,600km^{2}로 우리나라 제주도와 크기가 비슷하며, 하와이 인구의 3분의 2 이상이 살고 있어서 인구밀도가 높은 섬이다. 세계적인 휴양지로 알려진 와이키키 해변이 있는 호놀룰루시가 주도이며, 아

하와이 오아후섬 일주도로

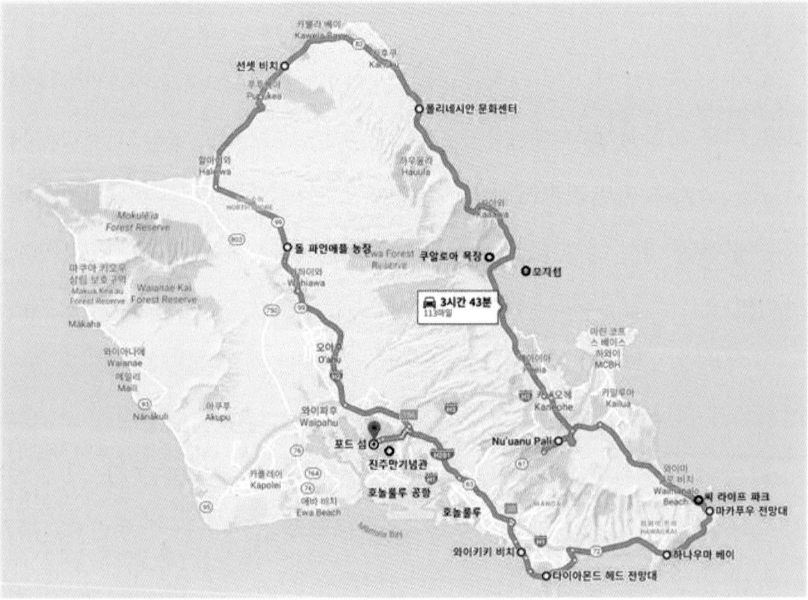

Tip 안전한 자동차여행

안전한 운전을 위해서 유념할 것은 운전석이 우리나라와 다르게 오른쪽에 있는 나라(영국, 호주, 뉴질랜드, 일본 등)를 여행할 때는 반드시 렌트하자마자 한가한 곳에서 가벼운 운전 연습을 한 후 주행할 것을 권한다.

유럽은 자동차 기어가 수동(stick)인 경우가 대부분이다. 우리나라에서 자동(auto)으로 운전하던 습관 때문에 처음부터 수동으로 운전을 배운 사람을 제외하고는 운행 중에 문제가 생기거나 언덕길을 오를 때 시동이 꺼져서 당황하는 사례가 빈번하게 발생한다. 그래서 예약을 미리 서둘러서 비용은 조금 비싸더라도 자동(auto) 기어로 된 자동차를 빌리길 바란다.

자동차여행 중에는 교통법규나 규정 속도를 꼭 준수해야 한다. 특히 건널목에서 보행자 우선 보호 원칙을 반드시 지켜야 한다. 교통위반을 하면 렌터카라 할지라도 여행이 끝나고 반납을 할 때 범칙금이나 벌금이 부과된다. 안전하고 기분 좋은 자유여행을 위해서라도 가능하면 이를 지켜서 운전하는 것이 바람직하다.

일부 여행자들이 렌트비용을 절약하기 위해서 최소한의 보호 조건으로 보험을 드는 경우가 간혹 있다. 만일 사고가 나면 전체 여행 일정에 지장을 초래할 뿐 아니라 사고 수습에도 해당 국가의 도로교통법이나 사고처리 관련법을 잘 모르기 때문에 많은 어려움이 따를 수 있다. 자차 부담과 도난 부담금, 유리창·휠 및 타이어 손상 보상, 차량 열쇠 분실 등 자동차 여행 중에 발생할 수 있는 모든 위험에 대비한 풀 커버(full cover) 보험 상품을 구매하길 권한다.

름다운 해안을 따라 곳곳에 관광지가 즐비해 세계인들의 사랑을 듬뿍 받는 곳이다. 또한 해안가 도로가 잘 발달되어 있어서 자동차여행을 하기에 아주 좋은 조건을 갖추고 있다. 우리는 오아후섬의 해안을 만끽하고 싶어 렌터카를 대여해 오아후섬 전체를 여행했다.

오아후섬을 자동차로 일주하면서 돌아본 바다 쪽의 유명한 관광지는 다음과 같다.

- 호놀룰루 와이키키 해변(Waikiki Beach)
- 다이아몬드 헤드 전망대(Diamond Head Lookout)

- 하나우마 베이(Hanauma Bay)
- 마카푸우 포인트(Makafu'U Point) 씨 라이프 공원(Sea life Park),
- 누우아누 팔리 전망대(Nu'uanu Pali Lookout)
- 쿠알로아 목장(Kualoa Ranch)
- 중국인 모자섬(China Man's Hat Island)
- 선셋 비치(Sunset Beach)
- 폴리네시안 문화센터(Polynesian Culture Center)

대부분 동쪽의 해안가를 따라 아름다운 관광지들이 몰려 있어서 3~4일이면 충분히 둘러볼 수 있다. 무엇보다도 하와이 하면 떠오르는 와이키키 해변을 비롯해 다이아몬드 헤드, 하나우마 베이, 마카푸우 포인트, 씨 라이프 공원, 선셋 비치 등 바닷가를 따라서 펼쳐지는 이색적이고 아름다운 경

하와이 오아후섬의 아름다운 해변

하와이 진주만 기념관과 폴리네시안 문화센터

치를 감상하는 것이 여행 포인트다.

내륙 북쪽에는 파인애플 농장으로 유명한 돌 농장(Dole Plantation)이 있다. 이곳에서 우리는 현지에서 직접 재배한 맛있는 파인애플을 맛보며 미로의 숲속을 거니는 등 즐거운 시간을 보냈다.

하와이 여행에서 특별히 기억에 남는 곳은 태평양전쟁 당시 일본군의 기습적인 공격으로 인해 초토화가 되었던 치욕적인 현장을 그대로 보존하고 있는 진주만 기념관(Pearl Harbor Memorial)이다. 미국인들이 역사상 최초로 외부로부터 공격을 당한 비참한 역사를 잊지 않고 길이 계승하기 위해서 격침된 미 해군 군함 미주리호(USS, BB-63)를 바다에 수장된 상태 그대로 전시하고 있으며, 그 위에 당시 전사자들의 이름을 모두 새겨놓아 생생한 기록을 전하고 있었다.

진주만의 아픔을 둘러본 우리는 폴리네시안 문화센터로 자리를 옮겼다. 폴리네시안 문화센터는 남태평양상에 있는 폴리네시아 여러 섬의 다양한 문화를 한눈에 볼 수 있는 곳으로 가족들과 함께 갈 수 있는 좋은 관광지다. 이곳에서 펼쳐지는 하와이, 통가, 사모아, 타히티, 아오테아로아(뉴질랜드), 피지 등 6개 부족이 각각 펼치는 독특한 전통공연과 원주민들의 춤사위가 오래도록 멋진 추억으로 남아 있다.

하와이 전통문화 즐기기

하와이에서 빼놓을 수 없는 문화 체험은 전통공연인 '루아우(Luau)'를 즐기는 것이다. 이 공연에서는 하와이 원주민들이 손님을 맞이하는 파티 때 차려 먹는 특별한 음식이 나온다.

땅속을 깊게 파서 만든 화덕인 '이뮤'에 돼지고기인 칼루아 포크와 토란의 일종인 타로 잎으로 싼 각종 육류 또는 생선, 타로 가루로 만든 포이 등의 음식을 넣고 바나나 잎사귀와 달궈진 용암석으로 덮은 다음 약 8시간 동안 익혀서 먹는다. 돌로 익힌 음식이라서 기름기가 쏙 빠진 상태로 아주 부드럽고 담백했다. 루아우 공연은 하와이의 유명 호텔이나 폴리네시안 문화센터 등에서 주로 디너쇼로 이루어지기 때문에 가격은 좀 비싸지만 온 가족이 함께 즐길 수 있는 문화 체험이므로 강력히 추천한다.

자식에게 다양한 경험을 물려줘라

하와이는 여러 가지 독특한 문화와 많은 볼거리로 인해 세계의 다른 여행지보다 가족이 함께하며 즐겁게 지낼 수 있는 최적의 여행지다. 부모들은 아름다운 해변이나 공원에서 자유롭게 휴식을 즐길 수 있고, 아이들은 다양한 해양스포츠가 있는 바닷가에서 마음껏 뛰어놀 수 있다. 그리고 가족 모두가 함께 즐길 수 있는 각종 쇼나 공연이 다양하게 펼쳐진다.

우리 가족은 하와이 여행을 통해서 가족이 가장 소중하다는 평범한 진리를 다시 한 번 인식하게 되었으며 그동안 잘 느끼지 못했던 서로에 대한 따뜻한 사랑을 알게 되었다. 집에서는 편안한 환경 속에서 엄마가 해준 밥을 먹다가 자유여행을 하면서 갖가지 음식을 먹어보고 집밥의 고마움과 양질의 우수성을 깨닫게 되었고, 여행 중에 서로에게 불편한 상황이 발생하더라도 이해하고 도와주며 양보하는 마음을 배우게 되었다.

하와이 가족 여행을 통해서 아버지로서 자식들에게 이러한 경험을 자주 해볼 수 있도록 기회를 제공해주고, 자유여행을 통해 산지식을 스스로 터득할 수 있도록 환경을 마련해주어야 한다는 지혜를 얻었다.

마지막으로 이 세상의 부모님들에게 이렇게 권하고 싶다. 가능하면 아이들과 가족 자유여행을 자주 떠나고, 함께 행복한 추억을 경험하는 시간을 많이 가져보기 바란다.

3장

자유여행 이제 마음껏 즐겨라!

(10일 이상)

NAME OF PASSANGER

FLIGHT

DATE

SEAT

그동안 체력도 기르고 외국에 대한 자신감도 어느 정도 생겼을 것이다. 이제 본격적으로 10일 이상의 비교적 장기간의 자유여행에 도전해 새로운 세상을 경험해보자!

미국 본토 자유여행에 도전하다

골드러시의 땅 미국 서부를 가다

미국은 크게 동부, 서부, 중부지역으로 나누며 이 중에서도 서부는 서쪽에 있는 13개주를 가리키는 말로 보통 '아메리칸 웨스트(American West)'라고 부른다. 19세기 말 1850~1890년의 미국을 흔히 서부개척시대라 정의한다. 당시 금광 개발을 위해 수많은 사람이 노다지를 캐기 위해서 서부로 이주했으며 카우보이, 총잡이, 무법자, 아메리카 원주민, 황금 등으로 대표되는 시대를 말한다.

나는 젊은 청년 시절에 미국 유학을 다녀온 경험이 있다. 그러나 황금의 땅이라고 부르는 미국 서부지역은 라스베이거스와 그랜드캐니언에 잠깐 들렀던 기억이 전부였으며 그 외의 다른 지역은 여행할 기회를 얻지 못했다. 마침 미국 캘리포니아 LA 대학에서 유학 중이던 큰아이의 방학 기간을 이용해 온 가족과 함께 자유여행을 하게 되었다.

12박 13일간의 서부 자동차여행을 계획했는데, 여행지 간의 거리가 너무 많이 떨어져 있어서 1차, 2차로 구분해 다녔다. 1차 서부여행은 라스베이거스와 유타주, 애리조나주 지역을 도는 것이었고, 2차 서부여행은 요세미티국립공원과 태평양연안 1번 도로를 달리는 것이었다.

라스베이거스와 유타주, 애리조나주

타임머신을 타고 서부 개척시대로

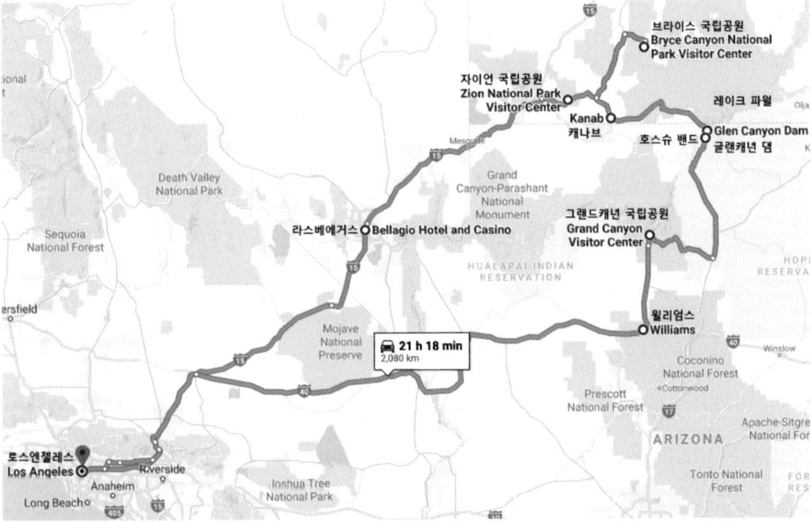

1차 여행 경로는 LA에서 출발해 라스베이거스, 자이언(Zion) 국립공원, 브라이스 캐니언 국립공원(Bryce Canyon National Park), 글랜 캐니언 댐(Glen Canyon Dam)과 파월 호수(Lake Powell), 호스슈 벤드(Horseshoe Bend), 그랜드 캐니언 국립공원(Grand Canyon National Park), 윌리엄스(Williams) 마을을 거쳐서 다시 LA로 돌아오는 것으로 정했다.

이동 간 교통수단은 큰아이가 미국에서 유학하는 동안 타고 다니던 폭스바겐을 이용하기로 했다. 작은 소형차지만 힘이 좋아서 우리 가족 5명이 타고 다녀도 전혀 불편하지 않았다.

캘리포니아에서 유타주와 애리조나주를 돌아오는 약 2,000km가 넘는 무리한 일정이라서 가능하면 점심은 이동하는 중간에 휴게소나 피크닉 장소에서 주로 먹었다. 자동차 트렁크에 아이스박스를 싣고 그 안에 간식이나 샌드위치 도시락, 음료수 등을 보관했다가 틈나는 대로 꺼내 먹었다. 여행 중에 머무를 숙소는 미리 인터넷을 이용해 예약해두었다. 5명이 모두 한 방에 잘 수 있는 킹사이즈 트윈베드나 투룸 형식의 가족실을 주로 이용했다.

1~2일 차, 환상의 도시 라스베이거스

첫 번째 방문지는 유흥과 도박의 도시 라스베이거스였다. LA에서 4시간 30분을 달려서 도착한 이곳은 아이들이 특히 좋아했다. 우리가 묵은 숙소는 최고급 호텔로 대형 연못에서 펼쳐지는 환상의 분수 쇼로 유명한 벨라지오(Belagio) 호텔이었다. 방문할 당시 마침 할인행사를 하고 있어서 평상시 가격의 반값에 묵을 수 있었다. 라스베이거스는 다른 지역의 호텔 등급이나 규모와 비교하면 상대적으로 가격이 저렴한 편이다. 가끔 호텔 홈페이지에서 실시하는 할인이벤트를 눈여겨보았다가 일찍 예약하면 가성비

미국 라스베이거스 벨라지오 호텔과 프리몬트 거리에서 펼쳐지는 영상쇼

좋은 숙소를 잡을 수 있다.

시내 중심가인 스트립(Stripes) 거리에 있는 대형 호텔들은 대부분 식사 가격이 저렴해 호텔 레스토랑에서 가족이 만찬을 즐겨도 그렇게 부담스럽지 않다. 우리는 파리스 호텔의 뷔페(Le Village Buffet)를 이용했다. 그 당시 최고의 뷔페식당으로 인정받았던 이곳은 70가지 이상의 다양한 메뉴를 자랑하며 가격도 저렴해 사전 예약을 하지 않으면 입장이 불가할 정도로 인기가 많았다.

이틀간의 라스베이거스 여행은 아이들에게 새롭고 환상적인 세계를 접하게 해준 좋은 기회였다. 시내 중심가의 대형 카지노 호텔에서 무료로 공연하는 각종 쇼와 극장에서 공연하는 뮤지컬, 마술쇼, 이벤트 쇼 등 당시 우리나라에서는 볼 수 없는 멋진 무대들이 인상적이었다.

무엇보다 기억에 남는 것은 구도심 지역의 프리몬트 거리(Fremont Street)에서 펼쳐지는 화려한 멀티미디어 영상 쇼였다. LG전자에서 2004년부터 도로 위에 천장을 덮고 대형 전광판을 설치해 환상적인 디스플레이 쇼를 공연하고 있었다. 화려한 퍼포먼스도 멋있었지만 은근 한국인의 자부심이 느껴졌다. 최근에는 막대한 예산을 들여서 전구를 모두 LED로 교체해 더욱 선명하고 화려한 쇼가 진행되고 있다.

유타주 자이언 국립공원 도로와 셔틀버스

3일 차, 자이언 국립공원

두 번째 방문지는 라스베이거스에서 동북쪽으로 약 250km, 자동차로 약 2시간 30분 거리에 있는 자이언 국립공원이었다. 이곳은 1919년에 유타주 최초로 국립공원으로 지정되었다. 이곳을 자이언 국립공원이라고 명명한 유래는 19세기 미국 동부 뉴욕주에 근거를 두고 창립한 모르몬(Mormons)교 신자들이 개신교의 박해를 피해서 서부로 이동하다가 유타주에 피난처를 정하고 '시온', 즉 '하나님의 나라'라고 부르면서 붙여진 이름이다.

자이언 국립공원은 공원 중심을 가로지르는 버진강이 오랜 세월 동안 흐르면서 침식작용을 일으켜 1,000m가 넘는 수직 협곡을 만들어 붉은색, 분홍색, 하얀색 등 다양한 색깔의 거대한 사암 암벽들이 길 양쪽으로 다채로운 형상을 연출하고 있어서 더욱 아름다웠다. 더구나 주변의 자연색과 조화를 이루기 위해서 공원 입구에 다다르기 전부터 진입로를 붉은색 아스팔트로 포장해놓아서 아주 이색적이었다.

이곳에는 여러 개의 트레일이 있는데 그중에서도 자이언 국립공원의 환상적인 전경을 감상하기 위해서 해발 1,765m의 거대한 수직 절벽을 오르는 엔젤스 랜딩 트레일(Angels Landing Trail)과 자이언 국립공원을 남북으로 흐르는 버진강 협곡 사이를 걷는 내로우 트레일(Narrow Trail)이 유명하다.

공원 내부로는 자동차를 몰고 들어갈 수 없으며 셔틀버스를 타고 움직여야 한다. 셔틀버스는 공원 입구에 있는 여행자 안내소(Visitor Center)에서 출발해 계곡을 따라 9개의 유명한 장소에 들른 후 다시 공원 입구로 되돌아온다. 여름철 성수기에는 공원 내 주차장이 부족해 공원의 남서쪽 약 2.7km에 있는 스프링데일(Springdale) 여행자 안내소 주차장에 주차하고 셔틀버스를 타고 공원으로 들어와야 한다.

많은 사람이 자이언 국립공원을 찾는 이유는 단순히 장엄한 협곡만을

브라이스 캐니언 국립공원의 장관

구경하기 위함이 아니다. 대부분은 그곳에서 2~3일간 머무르면서 트래킹을 한다.

자이언 국립공원과 브라이스 캐니언 국립공원 중간에 있는 캐나브(Kanab) 마을에서 숙박하면 아주 편리하다. 캐나브는 그랜드 캐니언 노스 림(North Rim)과도 가깝다. 주변에 여러 관광명소와 다양한 액티비디를 즐길 수 있어 인기가 많다. 우리 가족은 동네 초입에 있는 유럽풍의 아름다운 숙소에 머무르면서 좋은 추억을 쌓았다. 가정집 같은 편안한 분위기에 아침 식사도 깔끔하고 맛있었다. 특히 저녁에 손님들에게 다음 날 조식 메뉴를 물어본 뒤 이튿날 그 메뉴대로 준비해주는 주인장의 각별한 배려와 친절한 모습이 지금도 미소 짓게 한다.

4일 차, 브라이스 캐니언 국립공원

브라이스 캐니언 국립공원은 자이언 국립공원에서 북동쪽으로 약 137km, 자동차로 약 1시간 54분 거리에 있는 신비스러운 곳이다. 1928년에 국립공원으로 지정되었으며 초기 정착자였던 에비니저 브라이스의 이름을 따서 명명했다.

브라이스 캐니언에는 오렌지색, 백색, 황색 등의 빛깔을 띠는 사암과 흙으로 된 대규모의 돌기둥 수만 개가 있다. 이 기묘한 첨탑 모양을 한 돌기

파월 호수와 글렌 캐니언 댐, 엔텔로프 캐니언

둥들이 특히 일출과 일몰 때 영롱한 햇빛을 받아 빛나는데 이 광경을 보기 위해서 수많은 관광객이 몰려든다. 이곳에는 13개의 전망대가 있는데 그 중 일출과 일몰 감상에 적합한 선라이즈 포인트(Sunrise Point), 선셋 포인트(Sunset Point) 등이 인기 있다. 그 밖에도 크고 작은 여러 개의 협곡과 아름다운 산책길이 많아 트래킹 장소로도 유명하다.

이곳은 원래 태곳적 바다였는데 바다 밑에 있을 때 토사가 쌓여서 형성된 암석이 지각변동으로 인해 지상으로 우뚝 솟아오른 후 오랜 세월 동안 빗줄기와 흐르는 물에 의해서 다시 본래의 토사로 변해 흘러내려 가는 과정에서 비교적 단단한 암석만 침식되지 않고 남아 기묘한 모양의 수많은 첨탑이 생긴 것이다.

이것을 효과적으로 감상하는 방법은 첨탑 아래로 내려가 트래킹을 하는 것이다. 보통 걸음으로 약 1~2시간 정도면 충분히 다녀올 수 있는 코스가 많다. 협곡 아래로 내려가서 돌기둥 사이를 걸어가면서 경치를 감상하는 '선셋 투 선라이즈(Sunset to Sunrise) 트레일', '여왕의 정원(Queen's Garden) 트레일' 등이 유명한 코스다. 공원 입구 여행자 안내소에서 출발해 곳곳의 주요 전망대를 순회하면서 운행하는 셔틀버스를 이용하면 아주 편리하게 둘러볼 수 있다.

파월 호수는 그랜드캐니언으로 유입되는 콜로라도강 북쪽의 엄청난 토사의 흐름을 막기 위해 유타주와 애리조나주 경계에 댐을 건설하면서 생겨난 인공호수다. 호수의 길이는 무려 299km, 면적은 658km^2, 둘레는 3,220km로 또 하나의 인공호수인 그랜드캐니언 남서쪽에 있는 미드 호수(Mead Lake)보다 훨씬 더 크다. 이렇게 큰 파월 호수를 만들어낸 글렌 캐니언 댐은 1966년에 완공되었으며 높이 220m의 거대한 콘크리트댐이다. 캐나브 마을에서 그랜드캐니언의 노스림(North Rim)을 지나 이 지역의 거점인 페이지(Page) 마을로 가는 US-89번 도로 길목에 있다.

파월 호수는 하얀색과 베이지색, 붉은색 등을 띠고 있는 협곡의 바위들과 오묘한 색깔의 조화를 이뤄서 마치 달나라 같은 신비한 풍경을 자아낸다. 큰 기대를 하지 않고 무심코 찾았다가 눈앞에 펼쳐지는 기가 막힌 풍경에 한참 동안 입을 다물 수 없었다.

호수에서는 각종 수상 스포츠와 낚시를 즐길 수 있으며, 보트를 타고 무려 96개나 되는 소협곡을 구석구석 둘러보는 재미가 있다. 여름 휴가철에 주거용 보트인 하우스 보트(House Boat)를 대여해 한두 달 정도 기거하며 휴가를 보내는 사람들이 많다고 한다.

우리는 레이크 파월 리조트(Lake Powell Resort)가 있는 와입(Wahweap)에서 유람선 티켓을 끊어 신비하고 아름답기로 유명한 엔텔로프 캐니언(Antelope Canyon) 지역을 보트를 타고 구경했다. 지금도 그때의 감동을 잊을 수가 없어서 이쪽으로 여행하는 사람들을 만나면 꼭 들러보라고 강력 추천하고 있다.

글렌 캐니언 댐에서 남쪽으로 페이지 마을을 지나 US-89번 도로를 따라 약 10km만 내려가면 말발굽 모양을 닮은 호스슈 벤드가 나타난다. 도로

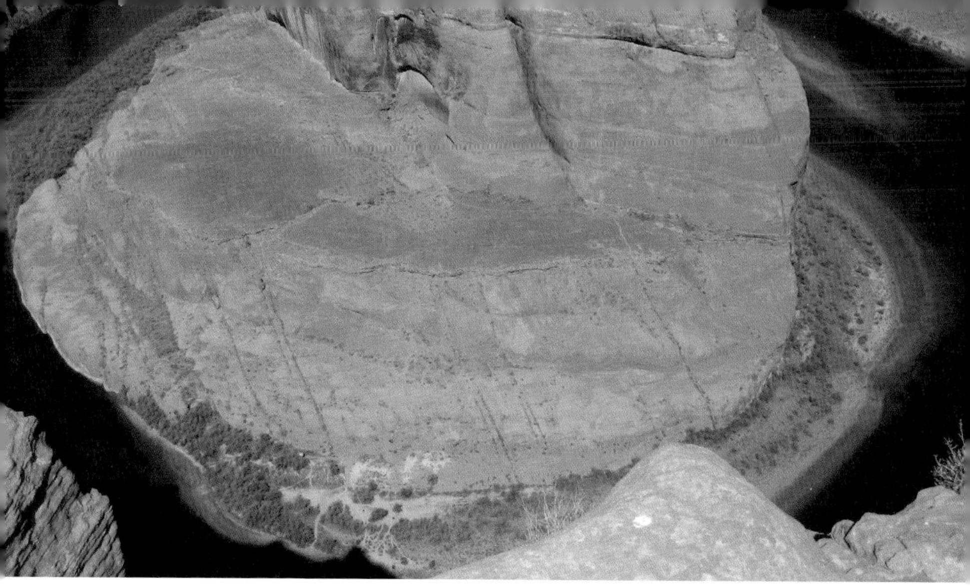

호스슈 벤드의 아름다운 경관

변에 안내 간판도 없어서 그냥 지나칠 수 있으니 놓치지 않도록 유의해야 한다. US-89번 도로변의 입구에 있는 주차장에서 전망대까지 약 1km 정도의 사막 같은 길을 걸어가야 한다. 중간에 나무 그늘이 없어 조금 힘들었지만 전망대에 도착해서 멋진 풍경을 보자 한순간에 피로가 싹 가시고 탄성이 저절로 터져나왔다.

우리가 방문했을 때가 8월 중순이라서 40도에 가까운 뙤약볕을 쪼이며 그곳까지 걸어갔는데 큰애가 갑자기 현기증을 일으켜서 길가에 주저앉았다. 그런데 채 5분도 안 되어서 어디선가 공원관리소 의료진이 나타나서 응급조치를 해주었다. 지나가는 여행객이 신고해서 출동했다고 했다. 너무나 감사하면서도 한편으로는 이들의 철저한 안전의식을 깨달았다.

5~6일 차, 그랜드캐니언 국립공원

미국 서부를 대표하는 여행지 하면 많은 사람들이 단연 그랜드캐니언을 첫째로 손꼽는다. 우리는 캐나브(Kanab) 마을을 출발해 US-89번 도로를 따

그랜드캐니언의 장엄한 모습. 그랜드뷰포인트(좌)와 리판포인트(우)

라 글렌 캐니언 댐을 향해 가는 중간에 이미 그랜드캐니언 북쪽의 노스림을 둘러보고 왔다. 통상적으로 그랜드캐니언 하면 남쪽의 사우스림(South Rim)을 일컫는다. 그랜드캐니언은 1979년 유네스코 세계자연유산으로 지정된 거대한 협곡이다. 융기된 지각 위에서 약 6백만 년 동안의 지질학적 활동과 콜로라도강에 의한 침식으로 깎여 있는 협곡의 깊이는 최대 약 1,500m, 너비가 500m~30km, 길이가 무려 445km(276.5마일)에 이른다.

그랜드캐니언 국립공원으로 들어가는 입구의 여행자안내소는 세 곳이 있다. 북쪽의 노스림 입구와 남쪽의 사우스림 입구 그리고 몇 년 전에 협곡 위에 아슬아슬한 유리 다리인 스카이 워크를 설치해 유명해진 서쪽의 후알라파이(Hualapai) 인디언 거주지역에 있는 웨스트 림(West Rim) 방문객센터다. US-89번 도로를 타고 동쪽에서 진입할 때는 이곳의 원주민인 푸에블로 인디언들이 쌓아놓은 탑 모양의 데저트 뷰 포인트(Desert View Point) 전망대 입구로 들어가도 된다.

그랜드캐니언은 워낙 면적이 넓어서 주로 경비행기나 승용차를 이용해 여행하는 것이 유리하다. 그러나 무료로 운행하는 셔틀버스를 이용하면 아주 경제적이면서도 편리하게 여행을 할 수 있다. 사우스림의 그랜드캐니언 빌리지(Grand Canyon Village)를 중심으로 4개의 루트로 셔틀버스가 다닌다. 3월 1일부터 9월 30일까지는 성수기로 정해 별도로 운행한다.

파란색 루트(Blue Route) – 빌리지 루트(Village Route)

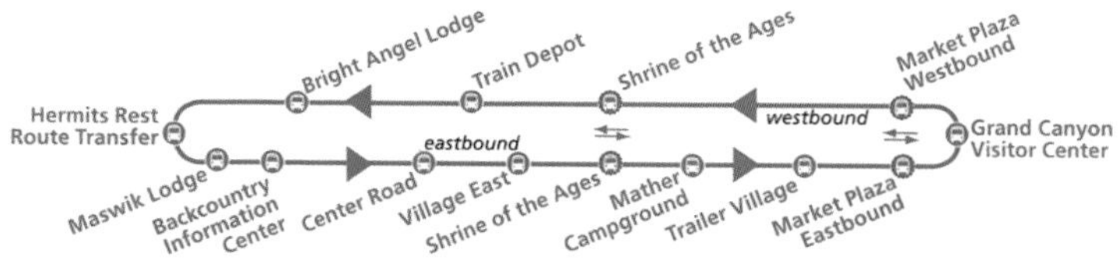

왕복 50분이 소요되며, 그랜드캐니언 여행자안내소에서 출발해 빌리지 내의 각종 시설이나 호텔, 주차장, 안내소 등을 순환한다.

빨간색 루트(Red Route) – 허밋 레스트 루트(Hermits Rest Route)

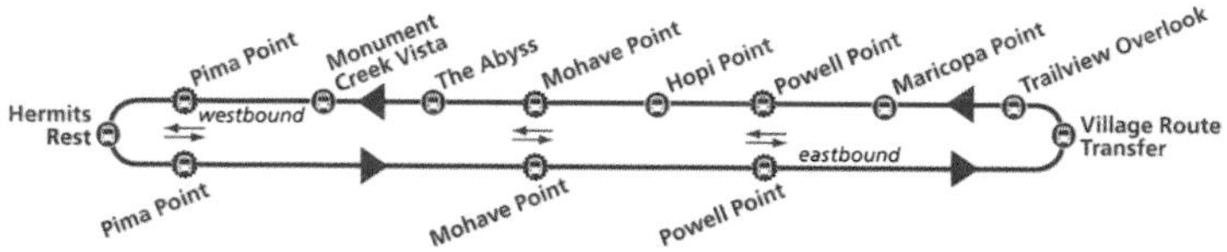

성수기에만 운행되는 인기 있는 루트로 왕복 80분이 소요되며, 그랜드캐니언 빌리지에서 서쪽으로 8곳의 뷰 포인트를 돌아오는 코스다.

오렌지색 루트(Orange Route) – 케이밥/림 루트(Kaibab/Rim Route)

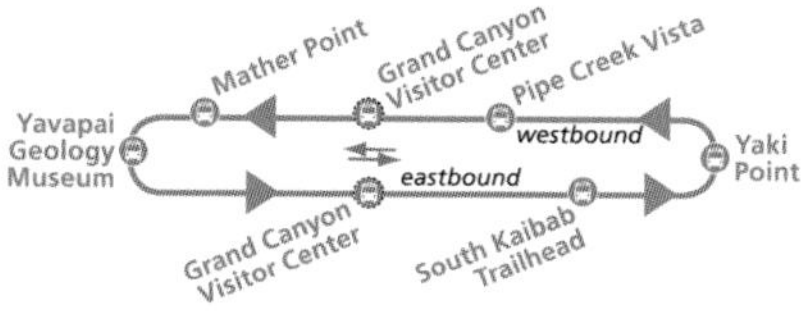

왕복 50분이 소요되며, 캐니언 뷰 정보 플라자(Canyon View Information Plaza)에서 출발해 사우스림에서 노스림까지 건너가는 케이밥 트레일의 시작점인 야키 포인트(Yaki Point)까지 운행한다. 기상 조건이나 계절에 따라 운행

시간과 간격이 다르니 사전에 잘 확인해봐야 한다.

보라색 루트(Purple Route) – **투사얀 루트**(Tusayan Route Park & Ride)

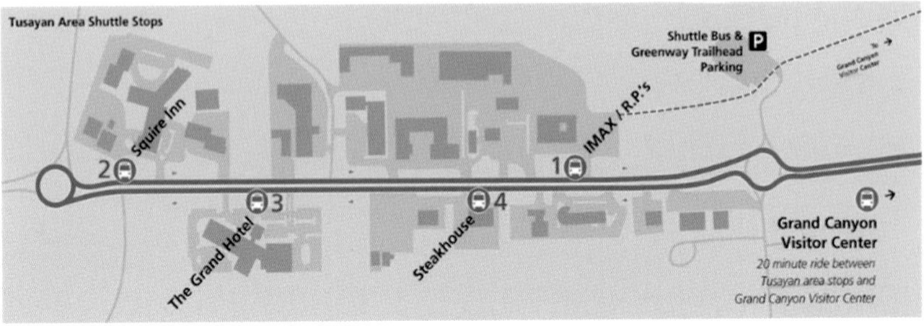

성수기에는 그랜드캐니언 빌리지 내의 숙소나 주차장이 혼잡해서 남쪽으로 약 10km 정도 떨어진 투사얀 마을에 주차하고 빌리지로 오는 여행객을 위해서 운행한다.

그랜드캐니언 국립공원은 한 해 관광객 수가 약 500만 명이 넘는다. 총

관광 포인트 이름	설명
마더 포인트(Mather Point)	사우스림에서 가장 많이 찾는 포인트
야바파이 포인트(Yavapai Point)	마더 포인트 바로 옆에 있음
룩아웃 스튜디오(Lookout Studio)	절벽 끝에 지어져 있고 기념품 가게가 있음
그랜드 뷰 포인트(Grandview Point)	그랜드캐니언에서 가장 높은 뷰 포인트
모란 포인트(Moran Point)	그랜드 뷰 포인트에서 약간 동쪽에 위치하고 있음
야키 포인트(Yaki Point)	마더 포인트 동쪽에 있으며 케이밥 트레일이 시작되는 지점
데저트 뷰 포인트·워치타워 (Desert View and Watchtower)	동쪽 입구에 있는 전망대 타워
리판 포인트 Lipan Point)	콜로라도강과 그랜드캐니언의 전체 흐름을 볼 수 있음
피마 포인트(Pima Point)	허밋 레스트 바로 이전에 있는 포인트로 사진 찍기 좋은 곳

* 대부분 여행객은 상위 4개 관광 포인트를 주로 관람한다.

길이가 무려 445km인 거대한 그랜드캐니언을 당일치기로 하루에 다 구경하기란 불가능하다. 관광 목적으로 오는 여행객들은 대개 2~3개 정도의 포인트만을 잠깐 보고 돌아가서 "그랜드캐니언은 크기만 하지 볼 게 없더라!"라고 혹평을 하는 경우가 많은데 이는 극히 잘못된 평가다. 이런 경우를 방지하기 위해 1박 2일 정도의 일정으로 여행할 때 효과적으로 볼 수 있는 주요 관광 포인트 9개 정도를 간추려서 표로 정리하였다.

7일 차, 추억의 길, 루트 66번 국도

1850~1890년 사이 미국의 서부개척시대에 일확천금을 노리고 금광을 찾아서 동부에서 서부로 이주한 개척자들이 초기에 만든 도로가 바로 루트 66번 국도(US Route 66)다. 이 도로는 동부 지역 시카고에서 서남부 지역의

루트 66번 국도 주변의 경관

LA까지 장장 3,945km에 달하는 미국 최초의 대륙 횡단도로로 개척정신의 혼이 담겨 있다. 지금도 도로 주변의 몇몇 도시에서는 서부영화의 한 장면을 재현하며 당시 옛 추억을 되살리는 총잡이 쇼를 공연하기도 한다.

우리는 그랜드캐니언의 장엄한 모습을 구경하고 플래그스태프(Flagstaff)를 지나 LA로 돌아오는 길에 숙소로 묵었던 윌리엄스 마을에서 루트 66번 도로와 만나는 행운을 맞이했다. 마치 타임머신을 타고 과거 서부개척시대로 돌아온 듯한 기분이 들었다. 길가에는 당시의 호텔이나 레스토랑이 그대로 재현되어 있었고 모든 건물에 '66번'이 새겨져 있어서 매우 흥미로웠다.

요세미티국립공원과 태평양연안 1번 도로

파도가 넘실거리는 태평양 해안을 달리다

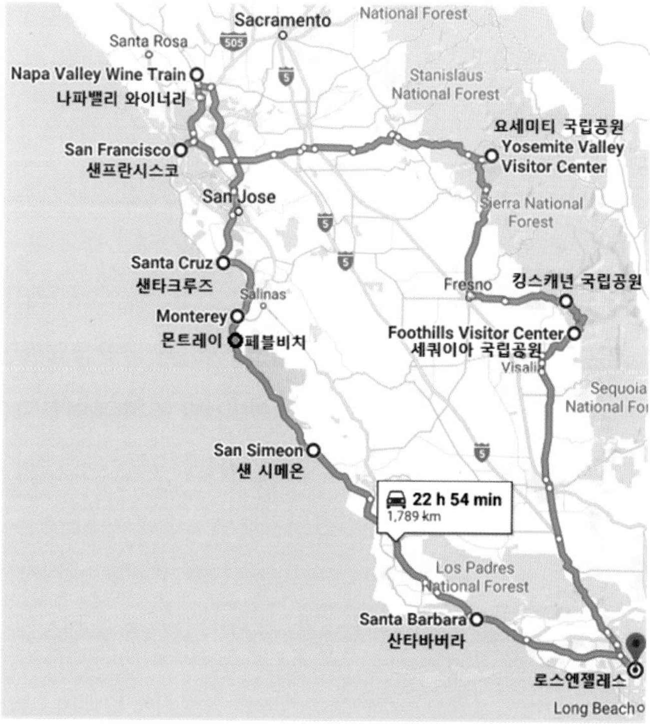

2차 서부여행 경로는 5박 6일 동안 LA에서 출발해 세쿼이아(Sequoia) 국립공원, 킹스 캐니언(King's Canyon) 국립공원, 요세미티 국립공원(Yosemite

National Park)을 구경하고, 샌프란시스코(San Francisco)와 나파 밸리 와이너리(Napa Valley Winery), 샌타크루즈(Santa Cruz)를 거쳐, 태평양 연안 1번 도로(PCH: Pacific Coast Highway)가 시작되는 몬트레이(Monterey)에서 페블비치(Pebble Beach)와 샌시메온(San Simeon), 샌타바바라(Santa Barbara)를 지나서 LA로 다시 돌아오는 경로를 택했다.

오래전부터 미국을 방문할 때마다 태평양연안도로를 따라서 파도가 넘실거리는 태평양 해안가를 시원하게 달려보고 싶었다. 마침 이번에 꼭 그 소원을 이루고 싶어서 캘리포니아주의 해안 위주로 2차 자동차여행을 감행하게 되었다.

미국 서부의 중심지역인 캘리포니아주는 동쪽에 약 700km의 남북으로 길게 뻗어 있는 시에라 네바다 산맥이 자리하고 있으며, 서쪽으로는 해안을 따라 코스트산맥과 태평양이 있어서 기후가 온화하며 아름다운 풍경을 자랑하는 살기 좋은 지역이다.

동쪽 경계선인 시에라 네바다 산맥을 따라 여러 군데의 국유림과 함께 거대한 숲의 띠를 이루고 있는 지역이 바로 세쿼이아 국립공원과 킹스 캐니언 국립공원, 그리고 요세미티 국립공원이다. 이 지역의 아름다운 대자연과 끝없이 펼쳐지는 숲속의 향연을 즐기기 위해 북쪽을 향해서 힘차게 페달을 밟았다.

1일 차, 세쿼이아/킹스캐니언국립공원

세쿼이아 국립공원은 LA에서 북쪽으로 약 330km, 자동차로 약 3시간 35분 거리에 있다. 시에라 네바다 산맥의 서쪽 사면을 따라 북쪽에 있는 요세미티 국립공원을 시작으로 킹스 캐니언 국립공원과 남쪽의 세쿼이아 국립공원이 연속으로 이어져서 거대한 세쿼이아 나무숲을 형성하고 있다. 세쿼이아국립공원과 킹스캐니언국립공원은 미국 국립공원관리청에서 공동으로 관리되고 있으며 두 공원은 1976년에 유네스코 생물권 보호구역으로 지정되었다.

LA에서 CA-65번 도로를 따라 비살리아(Visalia)를 거쳐 198번 도로를 타고 세쿼이아국립공원의 풋힐(Foothills) 여행자안내소에 도착했다. 입구에서부터 울창한 숲의 향연이 계속해서 펼쳐지고 하늘을 찌르는 듯한 거목 세쿼이아 나무의 기세는 단숨에 우리를 압도하고도 남았다. 눈앞에 전개되는 놀라운 대자연의 아름다운 풍경을 접하게 되자 갑자기 행복한 마음에 도취되어 나도 모르게 길옆에 차를 세워두고 고개를 들어 거목 사이를 뚫고 보이는 파란 하늘을 한참 동안 쳐다봤다. 새로운 세계를 만난 듯이 경이로운 모습에 저절로 힐링이 되는 기분이었다.

세쿼이아 국립공원의 센티넬 거목과 셔먼 장군 나무

끝없이 펼쳐진 수십 미터 높이의 세쿼이아 원시림에서 풍겨오는 피톤치드의 짙은 향기가 거친 호흡을 가볍게 만들어주었다. 영혼을 치유하는 진정한 힐링 여행이 무엇인지를 실감할 수 있었다. 높이가 무려 83m, 지름이 약 10m나 되는 '셔먼 장군(General Sherman)' 나무를 비롯해 수명이 2천 년을 넘었다는 '센티넬(Sentinel)' 거목은 이곳이 얼마나 잘 보존되고 오래된 자연의 숲인가를 말해주는 징표이기도 하다.

2일 차, 요세미티국립공원

두 번째 방문지인 요세미티국립공원은 1984년 유네스코 세계자연유산으로 지정되었으며, 1년에 약 450만 명이 찾는 캘리포이나주를 대표하는 국립공원이다. 세쿼이아국립공원에서 캘리포니아주의 중남부 도시인 프레즈노(Fresno)를 거쳐 CA-41번 도로를 타고 북쪽으로 올라가면 국립공원의 남쪽 입구인 마리포사 그로브(Mariposa Grove)가 나온다.

우리는 요세미티 국립공원 전체를 한눈에 조망할 수 있는 최고의 전망대인 글레이셔 포인트(Glacier Point)를 찾았다. 이곳에 가려면 배드거 패스(Badger Pass)를 지나게 되는데 험한 고갯길이어서 매년 5월경에야 출입할 수 있다.

글레이셔 포인트에 올라가서 바라본 요세미티국립공원의 전경은 정말 놀라울 만큼 아름답다. 이곳이 왜 유네스코 세계자연유산으로 지정되었는지 그 이유를 충분히 짐작할 수 있다. 요세미티를 대표하는 랜드마크인 하프돔(Half Dome)과 엘 캐피탄(El Capitan), 요세미티 밸리와 요세미티 폭포(Yosemite Valley & Falls), 버널 폭포(Vernal Fall) 등 광활하게 펼쳐지는 경이로운 대자연의 모습이 진정한 '여행복'을 느끼는 감동으로 다가왔다.

요세미티 면사포 폭포

글레이셔 포인트에서 내려와 요세미티 밸리로 가는 길목에 또 하나의 감동과 마주했다. 높이 약 1,000m에 달하는 거대한 석회암 바윗덩어리 엘캐피탄과 면사포 폭포(Bridalveil Fall)를 배경 삼아 전개되는 환상적인 터널뷰(Tunnel View)를 만난 것이다.

최종 목적지인 요세미티 밸리에 도착해서는 이곳에서 가장 인기 있고, 높이가 739m로서 세계에서 6번째로 높은 요세미티 폭포를 찾았다. 우리 가족은 아름다운 폭포의 모습에 반해 펄쩍 뛰며 폭포를 배경으로 인생 최고의 장면을 남겼다.

저렴한 여행을 즐길 수 있는 샌프란시스코 GO 카드

3~5일 차, 샌프란시스코

낭만의 도시 샌프란시스코를 떠올리면 가수 스콧 매켄지가 부른 '샌프란시스코에 가면 머리에 꽃을 꽂으세요(San Francisco: Be sure to wear some flowers in your hair)'라는 1960년대 히피 문화를 대표하는 노래가 제일 먼저 생각난다. 젊은 시절 좋아했던 노래이며, 샌프란시스코 시내로 접어들자 나도 모르게 콧노래를 흥얼거리게 되었다.

샌프란시스코에는 20여 개 이상의 유명 관광지 입장권 또는 각종 투어

캘리포니아 샌프란시스코의 아름다운 모습

를 묶어서 저렴하게 여행할 수 있는 '샌프란시스코 GO 카드'가 있다. 1일권부터 5일권까지 여행 기간에 따라 자유롭게 선택할 수 있다. 피셔맨스 워프(Fisherman's Wharf)의 피어(Pier) 95에서 유람선을 타고 금문교(Golden Gate Bridge) 밑을 돌아서 영화 〈빠삐용〉의 배경 무대가 되었던 난공불락의 알카트라즈섬(Alcatraz Island) 감옥을 거쳐오는 크루즈 여행(Golden Gate Bridge Cruise)을 비롯해 시티투어 버스, UC버클리 식물원, 익스플로라토리움(Exploratorium), 나파 밸리(Napa Valley) 와이너리 투어, 샌프란시스코 공원과 미술관 등 여러 가지 여행지와 액티비티를 골라서 마음껏 둘러볼 수 있는 가성비 최고의 투어 카드다.

우리는 3일권을 구매하고 자전거를 대여해 시내 곳곳을 돌아다녔다. 샌프란시스코를 대표하는 금문교 주변과 해안가를 둘러보는 자전거 투어는 너무나 낭만적이고 기억에 남을 만한 멋진 추억이었다. 이 중에서도 세계적으로 유명한 캘리포니아산 와인을 생산하는 나파 밸리의 와이너리 투어는 포도 재배에서부터 와인을 만들고 저장·보관하는 모든 과정을 견학하고 맛있는 와인을 직접 시음해볼 수 있는 시간이었다.

샌프란시스코는 멋과 낭만이 흐르는 해안가와 다양한 볼거리가 있는 멋진 여행지로 가족 여행을 하기에 아주 좋은 곳이다. 미국 서부개척시대에 금광을 발굴하면서부터 몰려들기 시작한 열정을 가진 사람들과 노동력을 제공하기 위해서 동양에서 이주해온 중국인들이 몰려들면서 차이나타운을 중심으로 다양한 문화도 만들어냈다. 근대도시를 건설하면서 생긴 고달픈 이들의 삶과 애환이 담긴 수많은 이야깃거리를 간직하고 있는 추억의 도시다.

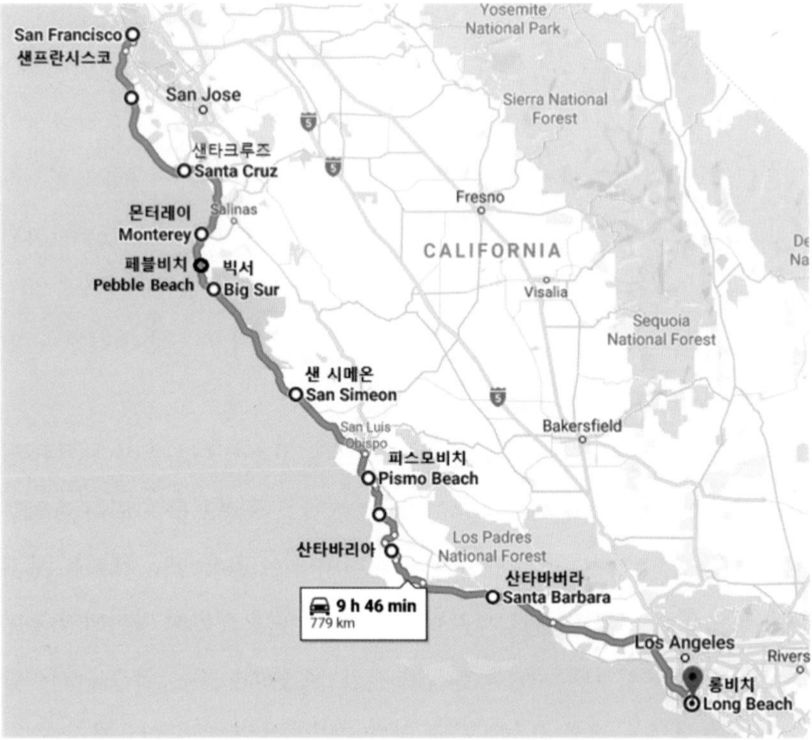

태평양 연안 1번 도로는 LA 남쪽 오렌지카운티의 대나 포인트에서 출발해서 캘리포니아주 북서쪽의 오리건주와 경계 지역에 있는 레게트(Leggett)까지 이어지는 약 1,190km에 달하는 최고의 경치를 자랑하는 해안도로다.

1박 2일 일정으로 샌프란시스코에서 출발해 샌타크루즈, 몬테레이, 페블비치, 샌 시매온, 피스모 비치, 산타마리아, 샌타바버라를 거쳐서 LA의 롱비치까지 약 780km를 달리는 자동차여행을 했다.

첫 번째 방문지인 샌타크루즈를 지나 바로 아래쪽에 있는 몬테레이에 들렀다. 이곳은 먼바다로 나가서 고래를 구경하는 여행으로 유명한데, 우리가 도착했을 때 마침 바닷가에 꽃잔디가 피어 있어서 푸른 바다와 어우

몬테레이 비치에서 만난 아름다운 꽃잔디밭

러진 풍경이 너무 아름다웠다.

몬테레이를 벗어나자마자 서쪽 해안가로 이어지는 페블비치는 아름다운 바닷가의 경관을 배경으로 만들어진 여러 곳의 세계적인 골프장으로 유명하다. 그곳에 가려면 해안가로 난 '17마일 도로(Seventeen Mile Drive)'를 지나가야 하는데 이 일대가 부호들의 별장이 있는 사유지라서 입장료를 내야 한다. 요금을 내야 해서 기분이 조금 언짢았지만 막상 그 길을 지나고 보니 너무나 아름답고 고즈넉한 태평양의 푸른 바다와 어우러진 주변의 경치와 분위기가 마치 낙원에 들어온 기분을 느끼게 해주어 결코 입장료가 아깝지 않다는 생각이 들었다. 이곳의 랜드마크로 알려진 '외로운 소나무(Lonely Tree)'는 바닷가 바위 위에 외롭게 우뚝 솟아 있는데 푸른 태평양 바다와 어우러져서 가히 낭만적인 경치를 더해주었다.

페블비치를 지나서 남쪽으로 더 내려가면 빅서(Big Sur)를 만날 수 있는데 이곳 또한 절경을 자랑한다. 바다를 접하고 갈라진 협곡 사이를 이은 빅스비 크릭 다리(Bixby Creek Bridge)와 해안가 경치가 조화를 잘 이루어서 여행객들에게 최고의 포토존으로 인기가 있다.

페블비치를 지나면서부터는 태평양을 끼고 이어지는 해안가를 따라 길게 형성된 산타루치아산맥으로 인해 길이 아주 꼬불꼬불하고 험했다. 이곳을 지나갈 때는 중간에 주유소가 한 곳밖에 없으니 미리 연료를 가득 주입해두어야 한다.

아침에 샌프란시스코를 출발해 약 350km를 운전한 후 해 질 무렵에야 산타루치아 산맥이 끝나가는 지점인 샌시메온 마을에 도착했다. 초행길이고 험한 산길을 넘어오느라 긴장을 해서 그런지 배도 고프고 피곤해 그곳에 숙소를 정하고, 숙소 인근의 레스토랑에 가서 맛있는 현지 음식으로 여행의 피로를 풀었다.

다음 날 주변의 바닷가를 구경한 후 다시 산타마리아를 향해서 출발했다. 산타마리아는 인구 10만 명이 넘는 도시로 샌타바버라 카운티에서 가장 인구가 많은 곳이다. 서부 최고의 바비큐 도시로도 유명해 많은 사람이 바비큐를 먹으러 오기도 한다. 스페인풍의 빨간 지붕들이 아주 인상적이며, 도로 양쪽으로 높이 솟은 야자수가 남태평양의 어느 휴양도시를 연상

피스모 비치의 하얀 백사장 풍경

케 한다. 해안도로 주변에는 고급스러운 가게들과 음식점이 즐비하며 바다로 연결된 부교 위에서는 해산물을 파는 음식점들이 손님을 유혹한다.

아름다운 해안 도시 샌타바버라의 바닷가 레스토랑에서 점심으로 맛있는 해산물을 먹고 크림치즈 케이크를 디저트로 먹은 후 좋은 추억을 간직한 채 이번 여행의 최종 종착지인 LA 숙소를 향해서 출발했다.

오는 길에 피스모 비치(Pismo Beach)의 하얀 백사장에서 말을 타고 있는 피서객들을 보고 그 모습이 너무 낭만적이고 멋져 보여서 나도 언젠가는 바닷가에서 말을 타고 싶은 작은 소망을 하나 가져보았다.

남미여행, 본격적인 트래킹 여행의 시작

'돌청', 돌아온 청춘의 깃발 아래!

오래전부터 해외여행을 떠날 때마다 늘 한 가지 아쉬움이 남아 있었다. 남미를 꼭 한 번 가보고 싶은 소원이 버킷 리스트 1번인데도 여행지를 결정할 때마다 우선순위에 밀려서 자꾸 뒤로 연기되었기 때문이었다. 여행자들에게 '마지막 여행지'라고 불리는 남미는 여러 가지 조건 때문에 혼자 훌쩍 떠나기도 어렵고 여러 사람이 함께 가기도 만만치 않은 여행지라서 좀처럼 기회를 잡기 어려웠다.

1200년대부터 페루와 볼리비아 일대에 쿠스코 왕국을 세운 잉카인들은 1438년 파차쿠티가 왕으로 등극하면서 태양의 신을 모시는 잉카제국을 건설해 남미에서 가장 강력한 지배력을 자랑했다. 그들은 콜롬비아 남부에서부터 칠레 중부지역까지 남북으로 무려 4,000km에 달하는 거대한 영토를 통치했다. 그러나 그 거대한 제국은 하루아침에 무너졌다.

왜 그들은 멸망하게 되었을까? 나는 항상 이러한 의문에 쌓여 있었다. 그러던 어느 날 직접 그 현장을 찾아가서 확인하기로 결심했다. 친구들과 함께 팀을 만들어 환갑기념으로 남미여행에 나서기로 한 것이다. 우리 '돌청' 팀은 매달 회비를 걷어 여행비를 마련하고, 다함께 산행이나 야영을 하면서 어려운 남미의 환경 속에서도 서로 협력하고 견뎌낼 수 있는 팀워크를 기르는 연습을 꾸준히 했다. 페루와 볼리비아 등 안데스산맥 고산지대를 여행하는 데 대비하고 장거리 트래킹 여행에 적응하기 위한 사전 실습 여행으로 중국 윈난성 트래킹 여행을 떠나기도 했다(2장 참고).

이러한 노력 덕분에 날이 갈수록 체력이 튼튼해지고, 여러 차례 산행을 통해 서로를 이해하고 배려하는 방법을 배우고, 열악한 상황에서 함께 협력하는 방법을 터득하는 등 여행의 기술을 하나하나 늘려갔다. 무엇보다도 강한 단결력과 남미에 대한 강렬한 열망을 키워나갔다.

여행계획 세우기 및 준비

남미여행을 가기 위해서는 지역적인 특성 때문에 다른 여행지보다 좀 더 세심한 계획과 준비가 필요하다. 우리는 3년 8개월간의 오랜 준비 기간을 거쳐서 한 달가량의 여행 기간에도 무난히 버틸 수 있는 체력과 여행비용을 마련했고, 정신적인 면에서도 충분히 해내고도 남을 만큼 철저한 준비를 했다.

팀장인 나는 1년 전부터 남미 전문여행사를 선정해 여행 대상 국가와 루트를 꼼꼼히 검토한 후 수차례 협의를 거쳐 세부 여행계획을 수립하고 항공권, 숙소 등의 예약을 완료했으며, 함께 떠날 남미여행 전문 여행인솔자도 선정했다. 그리고 현지에서 우리 팀의 정체성을 알리기 위해서 현수막도 제작했다.

남미여행은 환경이 열악한 오지나 고산지대를 방문하고 남부지역 파타고니아 트래킹 시에는 사계절 날씨에 대비해야 하므로 그에 따른 특별한 준비가 필요했다. 특히 시니어들은 건강에 관련한 개인적인 상태나 체력

등에 차이가 커서 개별적으로 의약품과 보조식품을 챙겼다. 또한 남미 여행지의 지형적인 특성과 기후 조건을 확인하고 음식과 풍토병(황열병) 등에 대비한 위생문제도 점검했다.

이러한 다양한 분야별 확인, 점검과 세부적인 준비 등 전 팀원의 참여와 책임감을 높이기 위해서 팀원 모두에게 담당 분야별 직책을 부여했다. 총무·환전, 사진 앨범 편집, 통역·연락, 체육·건강, 화물·안전, 식사·간식 담당으로 나누었다. 각 담당자는 여행을 떠나기 전부터 맡은 분야를 확인하고 준비를 주관하며 여행지에서도 담당 사항을 철저히 확인·수행했다.

특히 '화물·안전' 담당자는 남미의 열악한 환경 속에서 모든 요원의 수화물이나 소지품을 매일 두 번씩 확인해 이상 유무를 체크하고 분실이나 유실을 예방해 어느 누구도 물품을 잃어버리지 않고 여행을 무사히 마칠 수 있

'돌청' 남미여행 계획(개요)

일정	1. 25~2. 20(27일)
방문국	페루, 볼리비아, 칠레, 아르헨티나, 브라질(5개국)
경로	인천 → LA(미국) → 리마(페루) → 쿠스코 → 성스러운 계곡 → 마추픽추 → 푸노 → 티티카카 호수 → 라파즈(볼리비아) → 우유니 소금사막 → 아타카마 사막 → 산티아고(칠레) → 푸에르토나탈레스 → 토레스 델 파이네 국립공원 → W트래킹 → 엘 칼라파테(아르헨티나) → 페리토 모레노 빙하 → 엘찰텐 → 피츠로이 트래킹 → 세로토레 트래킹 → 엘 칼라파테 → 부에노스아이레스 → 이과수 폭포 → 포즈 두 이과수(브라질) → 리우데자네이루 → 상파울루 → 런던(영국) → 인천
예산	약 1,500만 원 / 1인

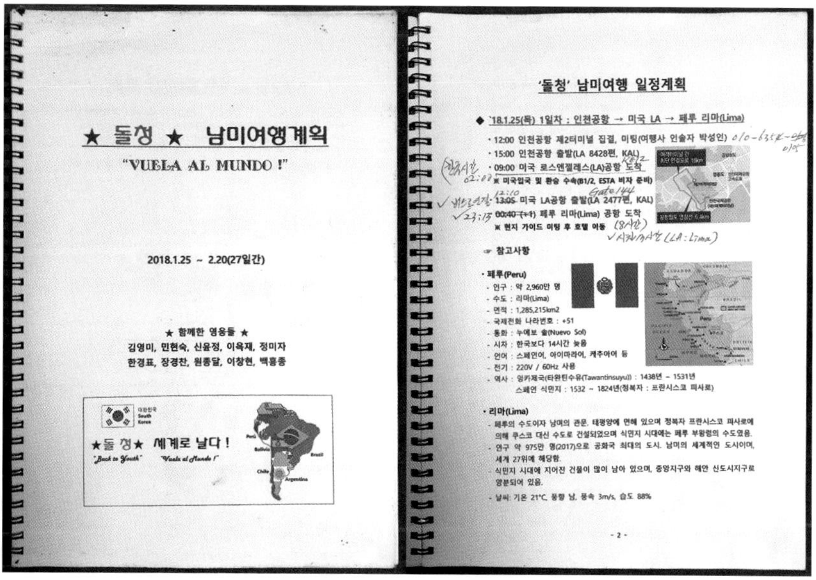

★ 돌청 ★ 남미여행계획

"VUELA AL MUNDO !"

2018.1.25 ~ 2.20(27일간)

★ 함께한 영웅들 ★

김영미, 민현숙, 신윤정, 이욱재, 정미자

한경표, 장경찬, 원종달, 이창현, 백흥종

★돌청★ 세계로 날다 !

"Back to Youth" "Vuela al Mundo !"

'돌청' 남미여행 일정계획

◆ '18.1.25(목) 1일차 : 인천공항 → 미국 LA → 페루 리마(Lima)

- 12:00 인천공항 제2터미널 집결, 미팅(여행사 인솔자 박성인)
- 15:00 인천공항 출발(LA 8428편, KAL)
- 09:00 미국 로스엔젤레스(LA)공항 도착

※ 미국입국 및 환승 수속(B1/2, ESTA 비자 준비)

- 13:05 미국 LA공항 출발(LA 2477편, KAL)
- 00:40 (+1) 페루 리마(Lima) 공항 도착

※ 현지 가이드 미팅 후 호텔 이동

☞ 참고사항

- 페루(Peru)
  - 인구 : 약 2,960만 명
  - 수도 : 리마(Lima)
  - 면적 : 1,285,215km2
  - 국제전화 나라번호 : +51
  - 통화 : 누에보 솔(Nuevo Sol)
  - 시차 : 한국보다 14시간 늦음
  - 언어 : 스페인어, 아이마라어, 케추아어 등
  - 전기 : 220V / 60Hz 사용
  - 역사 : 잉카제국(타완틴수유(Tawantinsuyu)) : 1438년 ~ 1531년
    스페인 식민지 : 1532 ~ 1824년(정복자 : 프란시스코 피사로)
- 리마(Lima)
  - 페루의 수도이자 남미의 관문. 태평양에 면해 있으며 정복자 프란시스코 피사로에 의해 쿠스코 대신 수도로 건설되었으며 식민지 시대에는 페루 부왕령의 수도였음.
  - 인구 약 975만 명(2017)으로 공화국 최대의 도시. 남미의 세계적인 도시이며, 세계 27위에 해당함.
  - 식민지 시대에 지어진 건물이 많이 남아 있으며, 중앙지구와 해안 신도시지구로 양분되어 있음.
  - 날씨: 기온 21°C, 풍향 남, 풍속 3m/s, 습도 88%

- 2 -

분야별 담당자를 나누어 철저하게 짠 남미여행계획서

도록 했다.

여행계획은 전체적인 여행 경로와 방문국(페루, 볼리비아, 칠레, 아르헨티나, 브라질)과 각 여행지 등을 기준으로 세부적으로 작성했으며, 남미 지도를 통해 이동수단별로 노선을 구분해 식별하기 쉽게 작성했다. 그리고 세부 일정별 방문 국가에 대한 일반현황, 여행지와 이동 코스, 이동방법, 식사 및 숙소 현황 등은 여행 국가와 여행지에 대한 상세정보 및 참고자료를 포함한 소책자를 별도로 만들었다.

잉카제국을 향한 여정을 시작하다

드디어 우리는 '돌청' 깃발을 높이 들고 남미를 향한 27일간의 대장정에 나섰다. 이번 여행을 계획하고 준비하는 3년 반 동안 팀원의 변화가 생기고

남미여행 대장정을 향한 결단식

불가피하게 결행 시기를 1년 연장하는 우여곡절이 있었지만 결코 남미를 향한 뜨거운 열정을 더는 붙잡아놓을 수 없었다. 우리의 가슴은 벅찬 감동과 행복함으로 가득했다.

환갑이 지난 나이인지라 편안한 여행지나 온천 같은 휴양지를 찾아야 어울릴 것 같은데 멀고도 험한 남미를 27일간 떠난다고 하니 대부분 반신반의하며 걱정했다. 그러나 어떤 이는 그 나이에 다섯 명의 친구들이 부부동반으로 남미여행을 떠나는 모습이 너무나 멋지다고 말했다.

드디어 출정의 날, '돌청' 멤버들은 한결같이 상기된 모습으로 패딩이나 등산복에 배낭을 메고 인천국제공항에 집결했다. 우리는 제작한 현수막을 들고 여행인솔자와 함께 남미여행의 대장정을 향한 결단식을 하고 장도에 올랐다. 비행기는 장장 11시간 동안 태평양을 날아서 미국 LA국제공항에 도착했다. 3시간을 대기한 후 또다시 남미 항공사인 라탐항공으로 갈아타고 8시간 10분을 날아서 드디어 페루 리마공항에 도착했다. 비행기만 무려 19시간 10분을 탔으며, 집을 떠난 지 22시간 10분 만에 남미에 첫발을 내디뎠다.

이번 여행은 '돌청'에겐 아주 특별했다. 멤버들 모두가 30년 이상 직업군인으로서 이제껏 국가와 민족을 위해서 헌신하다가 전역 후 환갑을 맞이해 대장정에 오른 것이다. 전우애로 똘똘 뭉친 동기생들 부부가 남미대륙을 여행한다는 것은 단순한 관광 목적이 아니라, 그간 앞만 보고 달려온 각자의 인생에 대한 보상이기도 하고 또 이 어려운 여행이 가능하도록 자신의 건강과 가정을 잘 돌보고 가꾸어온 자신에게 주는 선물이기도 했다.

페루, 잉카제국을 찾아서

여행 기간 : 1. 25~1. 31(6박 7일)

여행 경로 : 리마(수도) → 쿠스코 → 우루밤바 → 성스러운 계곡(모라이, 살리네라스) → 오얀타이탐보 → 아구아스 칼리안테스 → 마추픽추(와이나픽추) → 푸노 → 티티카카 호수(우로스섬)

1~2일 차, 잉카제국의 수도 쿠스코

페루의 수도인 리마는 우리나라와 시차가 14시간 나는 지구 반대편에 있다. 그래서 우리와 계절이 정반대다. 우리가 도착했을 때는 여름인데도 밤공기가 생각보다 차가웠다. 다음 날 곧바로 잉카제국의 수도였던 쿠스코(Cuzco)로 이동해야 하므로 서둘러 공항 인근의 호텔로 향했다. 장시간의 비행으로 다들 몹시 지친 모습이었지만 조금 들뜬 상태라서 그런지 좀처럼 잠자리에 들지 못했다.

다음 날 아침 리마공항에서 쿠스코행 비행기에 올라타 이륙을 기다리고 있는데, 비행기가 이유도 없이 꼼짝하지 않았다. 승무원에게 물어봐도 아무런 설명을 해주지 않고 오히려 당연하다는 듯 어깨를 으쓱하며 두 손을 위로 들어보였다. 알고 보니 리마공항의 활주로가 하나밖에 없어서 여름 성수기에는 늘어난 항공 스케줄 때문에 이·착륙하는 데 한참을 기다려야 겨우 관제탑의 허가를 받을 수 있다고 한다. 쿠스코까지 비행시간은 1시간 10분에 불과한데 공항에서 무려 1시간 30분을 기다렸다. 이륙 후에도 안데스산맥을 넘어가는 항로 때문인지 비행기가 심하게 흔들렸다.

해발고도 3,400m에 달하는 고산지대에 있는 쿠스코에 도착하자 머리가 띵해지는 기분이 들었다. 벌써 고산병 증세가 나타나기 시작한 것이다. 입국장 통로에는 고산병 증세를 완화시켜준다는 마테차(코카잎) 바구니가 놓여 있었다. 사람들의 모습과 길거리의 풍경은 마치 잉카제국 시절로 회귀한 듯한 느낌을 주었다. 언뜻 보면 중국 오지의 마을을 닮은 듯했다.

잉카인들은 쿠스코를 '세계의 배꼽'이라 불렀다. 아르마스 광장(Armas Plaza) 끝 안쪽에 자리한 '12각의 돌'에서 그들의 위대한 숨결을 생생하게 느낄 수 있었다. 이 돌을 가리키며 열심히 설명을 하고 있는 현지인 가이드의 목소리에서 잉카인의 자부심을 느낄 수 있었다. 그들의 정교한 석조기술에 감탄하면서도 한편으로는 잉카제국의 멸망에 안타까움을 금할 수 없었다.

페루를 정복한 스페인의 프란시스코 피사로(Fransisco Pizarro)는 기독교를 전파한다는 핑계로 잉카인들의 왕국과 그들이 숭배하는 태양의 신을 모

아르마스 광장에 있는 12각의 돌과 파차쿠티 왕 동상

신 신전을 부수고 거기에서 나온 돌을 이용해 그곳에 다시 자신들의 종교를 상징하는 거대한 성당을 세웠다. 그리고 광장을 만들어 '아르마스'라고 이름을 지어 점령군대가 모여서 점호를 하고 원주민들을 순화시키는 교육과 집회 장소로 활용했다. 스페인군이 지배한 모든 도시에 다 있는 장소다. 지금은 잉카제국의 전성기를 구가했던 '파차쿠티 왕'의 동상이 분수대와 함께 우뚝 솟아 있지만, 그가 바라보고 있는 정면에는 대성당이 아직도 버젓이 자리하고 있었다.

저녁 무렵 쿠스코 서쪽 산 너머로 기우는 노을이 너무나 인상적이었다. 마침 광장에서 모자를 쓴 한 소녀가 다가와 가느다란 목소리로 열쇠고리에 달린 라마 인형이 여행하는 동안에 행운을 가져다준다면서 열쇠고리를 사달라며 홍정을 해왔다. 그 소녀의 진심 어린 모습이 너무 예뻐서 10솔(한화 약 3,500원)을 주고 행운의 열쇠고리 4개를 샀다. 여행 내내 그것을 배낭 끝에 매달고 다녔는데, 그 소녀의 말이 실현됐는지 날씨도 아주 좋았고 아무런 사고도 없이 무사히 여행을 마칠 수 있었다. 지금도 쿠스코의 아르마스 광장을 생각하면 우리에게 행운을 가져다준 그 소녀의 가녀린 모습이 떠오른다.

쿠스코 아르마스 광장에서 행운의 열쇠고리를 파는 소녀

잉카 시대 유적지 오얀타이탐보

3일 차, 오얀타이탐보와 성스러운 계곡

쿠스코에서 약 97km 떨어진 성스러운 계곡(Sacred Valley)의 중심 마을인 오얀타이탐보(Ollantaytambo)를 찾았다. 잉카제국의 군대가 스페인 점령군을 맞이해 마지막까지 대항한 격전지로 많은 유적지가 있는 곳이다.

잉카인들은 약 150m 높이의 가파른 언덕 위에까지 돌을 쌓아 계단식 밭을 만들고, 맨 꼭대기에는 약 15톤에 달하는 6개의 거석을 세워놓은 태양의 신전을 세웠다. 이곳에서는 매년 동지(남반구라서 우리의 하지 6월 22일경) 때가 되면 계곡 사이로 떠오르는 태양을 바라보며 태양의 신에게 제사를 지냈다고 한다. 약 6km나 떨어진 설산에서 돌을 채취해 이곳까지 옮겨온 후 또다시 언덕 위로 끌어올린 다음 신전을 만들었는데 1년 이상이 소요되었다고 한다.

유적지 맞은편 산에는 계단식 밭에서 수확한 감자와 옥수수, 퀴노아 등 곡식을 보관했던 창고가 있었다. 산 중턱에 돌을 쌓아 창고를 만든 것을 볼 때 군량미를 보관한 장소로 추정된다. 유적지 아래쪽으로는 높은 신분의 여사제들이 사용했다는 왕녀의 목욕탕(Banos de la Ñusta)이 있고, 마을 곳곳에는 잉카 시대에 만들어진 수로를 따라 거센 물길이 흐르고 있었다.

오후에는 오얀타이탐보에서 자동차로 약 30분 거리에 있는 영농 실험장인 모라이(Moray)로 향했다. 약 100~150m 높이의 동그란 원 모양을 한 계단식 밭을 만들어놓고 각각의 고도에 따라 경작되는 작물의 성장상태를

잉카인들의 영농 실험장 모라이와 페루 고산지대의 염전 살리네라스

확인하는 실험이 이루어졌다고 한다. 잉카인들의 과학적이고 합리적인 영농법을 바라보며 그들의 지혜에 놀라지 않을 수 없었다.

잉카인들에 대해 놀라움은 여기에서 끝나지 않았다. 해발 3,000m의 고산에는 약 600년 전에 만들어진 전통방식의 염전 살리네라스(Salineras)가 있다. 산속에 묻혀 있는 암염 덩어리에서 용천수가 솟아나면서 염분과 미네랄 등을 용해시킨 물줄기가 흘러나오는데, 이 물줄기를 막아서 소금을 만드는 것이다. 계단식 소금밭에 물줄기를 잡아두었다가 건기가 되면 태양에 말려서 소금을 채취하는 극히 자연 친화적인 방법을 이용한다. 아직도 이곳에서 소금을 생산·판매해 생계를 이어가는 사람들이 있다.

4일 차, 꿈의 공중 도시 마추픽추

아침 일찍 채비를 서둘러 오얀타이탐보에서 출발하는 마추픽추(Machu Picchu)행 '페루 레일(Peru Rail)' 기차를 타기 위해서 숙소를 나섰다. 어느 때와는 다르게 나의 버킷 리스트 첫 페이지에 올라 있는 신비의 공중 도시 마추픽추에 간다고 하니 가슴이 마구 뛰기 시작했다.

오얀타이탐보역에 도착해 기차를 타려는 순간 한 가지 심각한 문제가 발생했다. 마추픽추에 들어가기 위해서는 여권이 필요한데 내가 그만 우리가 타고 온 전용버스 안에 여권이 든 가방을 두고 내린 것이다. 기차를 타기 직전에 이를 알아차리고 급하게 버스가 있던 곳에 뛰어가 보았지만 버스는 이미 어디론가 떠나버리고 기사와도 도무지 통화가 되지 않았다. 여행인솔자도 당황해 어찌할 바를 모르고 현지 여행사에 전화해서 알아보았지만 소용이 없었다. 나 자신에게 실망을 한 채 머리를 푹 숙이고 완전히 풀이 죽어 앉아 있었고 팀 분위기는 말이 아니었다.

다행히 출국하기 전에 만약을 위해서 우리 팀 전원의 여권을 내 스마트폰에 저장해놓았는데 이것을 이용해 기차에 탑승할 수 있었다. 하지만 마추픽추에 가서도 입장이 가능할지는 알 수 없는 노릇이었다.

한참을 가는 도중에 여행인솔자에게 한 통의 전화가 걸려왔다. 디지털 여권으로도 마추픽추 입장이 가능하다고 이곳을 잘 아는 현지 여행가이드로부터 연락이 온 것이다. 순간 나는 안도감과 기쁨에 겨워 환호성을 지르고 우리 일행도 일제히 박수를 치며 기뻐했다. '혹시 일이 잘못되어 마추픽추에 올라가지 못했다면 이번 여행은 어떻게 진행되었을까?' 상상만 해도 앞이 캄캄했다. 눈을 감고 하나님께 감사의 기도를 올렸다.

마추픽추의 거점 마을인 아구아스 칼리엔테스(Aguas Calientes) 기차역에 내려 셔틀버스로 갈아타고 대망의 마추픽추에 올랐다. 입구에서 의기양양하게 스마트폰에 담긴 디지털 여권을 내보이고 꿈의 공중 도시 마추픽추의 정상을 밟았다. 아쉽게도 실제 여권이 없어서 마추픽추 방문을 기념해 찍어주는 스탬프는 받지 못했다.

어린 시절 교과서에서 자주 보았던 신비스러운 이곳에 드디어 올라왔다는 기쁨과 성취감에 두 손을 치켜들어 '여행복'을 느끼는 감동의 순간을 맞이했다. 실로 잊을 수 없는 영광의 순간이었다. 사진에서 많이 보았던 마추픽추의 뒷배경이 되는 높은 봉우리인 해발 2,750m의 와이나픽추(Wayna Picchu) 정상까지 올라갔다. 마추픽추와 고도 차이는 불과 290m에 지나지

신비로운 마추픽추 전경과 와이나픽추 정상에서 내려다본 마추픽추 형상

않지만 길이 험하고 가파른 길이라 아무나 올라갈 수 없다. 그것도 하루에 두 차례씩 각각 200명만 등정이 허용되기 때문에 사전에 별도의 요금을 내고 신청해야 출입할 수 있었다.

와이나픽추를 오르는 길은 대부분 가파른 돌계단이어서 매우 위험했다. 마침내 정상에 올라가서 아래로 내려다본 마추픽추의 모습은 전해오는 전설처럼 거대한 독수리 모양의 콘도르(Condor) 형상을 하고 있었다. 잉카인들은 해발 2,430m의 이곳 공중 도시에도 그들의 생각과 신앙적인 이념을 담아놓은 것이다. 또 한 번 잉카인들의 놀라운 지혜와 상상력을 엿볼 수 있었다.

잉카인들은 이 세상을 지배하는 세 가지 동물을 숭상했다, 하늘나라를 지배하는 콘도르, 지상세계를 지배하는 퓨마, 그리고 지하세계를 지배하는 뱀이다. 어디를 가나 이 세 가지 동물의 형상이 기록되어 있는 유적을 발견할 수 있었다.

5일 차, 쿠스코의 요새 삭사이와만

남미여행 계획을 세울 때부터 쿠스코 지역은 고도가 3,400m가 넘으니 5일 정도 지나면 건강을 위해 하루를 온전히 자유일정으로 잡아서 휴식을 취하기로 했다. 그러나 일행 중 몇몇이 쿠스코 인근에 있는 삭사이와만(Saqsaywaman) 요새에 잠깐 들른 다음 휴식을 취하자는 의견이 있어서 이곳을 찾았다.

이곳은 잉카제국이 가장 융성했던 파차쿠티 왕 때 외세 침입으로부터 수도인 쿠스코를 보호하기 위해서 6m가 넘는 거석을 3단으로 쌓아서 만든 요새다. 언덕에 자리하고 있어서 쿠스코 시내를 한눈에 바라볼 수 있는 전망대로도 유명하다. 이곳도 세 가지 동물의 형상을 따라서 축성되었다. 꼭대기에는 태양신에게 '태양제(Inti Raymi)'를 지내는 신전과 군량미를 저장하는 창고도 있었는데, 스페인군들에 의해 모두 파괴되어 성벽과 주춧돌만 남아 있었다.

게다가 스페인 점령군들은 성벽의 바위들을 이용해 아르마스 광장에 있는 대성당을 지었으니 또 한 번 잔혹한 침략사를 되새기게 해 뒷맛이 씁쓸했다. 한 가지 더 놀라운 사실은 잉카의 '태양 신전'으로 알려졌던 코리칸차(Qorikancha) 성전을 부수고 그 자리에 지금의 산토도밍고 교회를 지은 것이다. 신전의 주춧돌과 일부 기둥 위에다 교회를 지은 흔적이 그대로 남아 있었다.

쿠스코의 삭사이와만 요새와 시내 전경

삭사이와만 주변에 있는 거대한 예수상을 둘러보고 그곳에서 쿠스코 시내를 전망했다. 쿠스코는 분지처럼 아르마스 광장을 중심으로 넓게 펴져 있는 평온하고 아름다운 도시였다. 내려오는 길에 만난 전통복장을 한 현지 잉카인의 후예들과 라마와 함께 기념사진을 찍었다. 오후에는 고산증세가 심한 사람은 숙소에서 휴식을 취하고, 여유가 있는 사람은 전통시장을 찾아서 쇼핑을 하거나 숙소 주변에 있는 유적들을 살펴보았다. 무리하게 일정을 진행한 탓인지, 갑자기 아내가 심한 고산증세를 호소해왔다. 저녁 무렵이 되자 증세가 더 악화되어 결국 호텔 측의 도움으로 산소 호흡기를 이용할 수밖에 없었다.

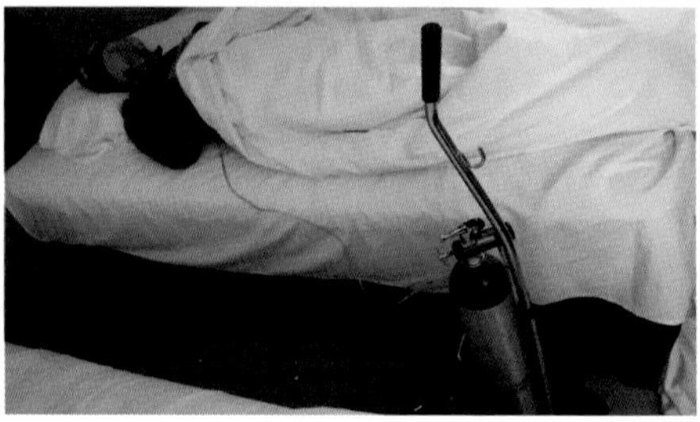

전통복장을 입은 잉카인들(상)
고산증세로 산소호흡기를 이용하는 아내(하)

6~7일 차, 푸노와 티티카카 호수

아침 일찍 잉카문명의 발상지인 티티카카 호수(Titicaca Lake)를 가기 위해서 푸노(Puno)를 향해서 출발했다. 쿠스코에서 자동차로 무려 9시간을 달려가야 한다. 한참을 달려 쿠스코와 푸노의 경계선에 있는 라라야(La Raya) 고개에 도착하자 갑자기 숨이 가빠졌다. 표지판을 보니 해발 4,335m라고 적혀 있었다. 페루에서 가장 높은 곳이었다. 난생처음 4,300m가 넘는 고지에 올라간 것이다. 아내는 밤새 산소호흡기를 달고 잠을 설친 탓에 기운을 차리지 못한 채 여전히 고산증세로 힘들어했다. 갈수록 고도가 높아지면서 나 역시 증세가 전염된 듯 속이 메슥거렸다.

푸노는 거대한 티티카카 호수를 끼고 있는 조그마한 소도시로 우리나라 읍소재지 정도의 마을처럼 정겹게 느껴졌다. 고층빌딩이 한두 개 보였지만 전반적으로 붉은 벽돌집으로 이루어진 평화로운 어촌이었다. 이곳에도 어김없이 아르마스 광장과 대성당이 자리 잡고 있었다.

티티카카 호수는 페루와 볼리비아 양측 국경선을 맞대고 있으며 면적 8,135km^2, 해발고도 3,810m, 최대수심 281m로 안데스산맥의 알티플라노 고원 북쪽에 있다. 티티카카 호수에는 잉카제국의 탄생신화가 전해져 오고 있다. 초대 왕 망코 카팍과 그의 여동생이 이곳에서 태어난 것으로 알려져 있다. 이런 이유로 이 호수는 잉카인들에게는 매우 신성한 곳이다.

티티카카 호수 위에는 인공 섬 우로스(Uros)가 있다. 우로스는 원주민 인디오들이 굵은 갈대인 토토라(Totora)를 여러 겹으로 엮어 만든 것으로 인디오들의 생활 터전이다. 입장료를 내고 배를 타고 들어가서 한 가정집을 방문해 그들의 생활상을 들여다볼 수 있었다. 의복이나 살림 도구, 태양광 시설 등 그들의 삶에 스며든 문명의 이기를 보며 다행이란 생각과 더불어 점차 상업화되어가고 있다는 느낌에 왠지 씁쓸해졌다. 그럼에도 그들이 독특한 전통을 계속 이어가고 있는 모습에서 감명을 받았다.

티티카카 호수의 마을 푸노 전경과 교통수단

경이로운 별천지 세계, 볼리비아

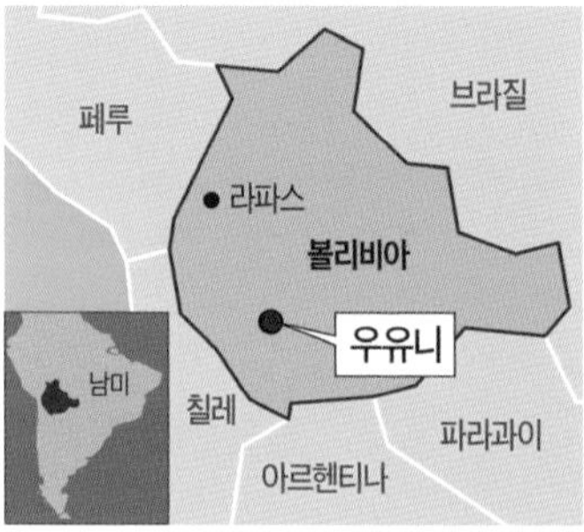

여행 기간 : 2. 1 ~ 2. 4(3박 4일)
여행 경로 : 코파카바나 → 라파즈 → 콜차니 → 우유니 소금사막 → 아타카마 사막

1일 차, 라파즈를 향해

푸노를 출발해서 티티카카 호수 동쪽 약 80km 지점에 있는 볼리비아 최대의 도시인 라파즈(La Paz)로 향했다. 우유니 소금사막을 가려면 첫 번째 관문인 볼리비아 국경을 통과해야 한다. 푸노에서 자동차로 약 2시간 30분을 달려서 볼리비아 국경에 도착했다. 이곳에서도 어김없이 출입국 절차를 밟는 데 1시간이나 소요되었다. 여행인솔자는 그래도 평소보다 빨리 통과한 편이라고 한다. 볼리비아는 남미의 최대 빈국 중의 하나다. 못살고 어려운 나라라고 편견을 가진 것은 아니지만 불과 몇십 년 전의 우리나라

처지를 생각하면 모든 것이 다 이해가 간다. 아무튼 쿠스코에서 입국비자 발급부터 우여곡절이 많았던 볼리비아 국경을 무사히 통과했다.

마침내 볼리비아 측 티티카카 호수쪽에 위치한 첫 번째 도시인 코파카바나(Copacabana)에 도착했다. 잉카의 전설이 담긴 '태양의 섬(Isla del Sol)'에 가기 위해서는 이곳에서 배를 타고 들어가야 하기 때문에 호수 주변에는 많은 배가 정박해 있었다. 날씨가 너무 무덥고 고산증세로 다들 힘들어해 5~6시간 걸리는 태양의 섬 트래킹을 포기하기로 했다.

점심을 먹고 다시 버스에 올랐는데 갑자기 우리 버스 앞으로 수백 명으로 구성된 마칭밴드와 무희들이 장단에 맞춰 춤을 추는 긴 축제 행렬이 지나갔다. 차를 멈추고 모두 하차해 행렬 속으로 들어가서 그들과 함께 어울리기 시작했다. 뜻하지 않은 행운을 만난 우리는 기뻐서 날뛰며 즐거운 시간을 보냈다. 알고 보니 다음 날(2월 2일)이 '잉카인의 어머니'라고 부르는 '파차마마'를 기리는 피에스타(축제)가 있어서 예행연습을 하는 행렬이었다.

코파카바나에서 라파즈를 가기 위해 티키나(Tiquina)에서 티티카카 호수를 건너가는 작은 배를 타고 가며 우리끼리 얘기를 하고 있는데 옆에 앉아 있던 어린 소녀가 대뜸 말을 걸어왔다. "한국 사람인가요? 저는 BTS를 좋아해요?" 순간 나는 눈이 휘둥그레졌다. 이 험난한 시골의 호수 한가운데서 한국말을 하는 사람을 만난 것이다. 아르헨티나에서 가족들과 이곳에 여행을 온 소녀였다. 서툰 한국말이었지만 서로 소통을 하는 데는 아무런

볼리비아 코파카바나에서 만난 축제의 행렬

지장이 없었다. 혹시 훗날 한국에 오면 전화를 하라고 명함을 건네주고 이들 가족과 사진도 찍었다. 새삼 BTS의 위력을 실감했으며 우리나라의 위상이 자랑스러웠다.

라파즈까지는 짧은 거리지만 교통 인프라가 잘 발달하지 않아서 오후 5시 무렵에 도착했다. 라파즈는 알티플라노고원 약 3,600m의 고지대에 건설된 도시이며 볼리비아의 정치·문화·경제의 중심지로서 사실상의 볼리비아 수도(헌법상의 수도는 수크레)다.

우리는 라파즈의 속살을 제대로 보려고 일부러 외곽 고지대의 빈민촌에서 출발하는 케이블카를 탔다. 건설 비용이 많이 드는 지하철 대신 도시 공중으로 지나가는 저비용의 빠른 교통수단인 5개의 케이블카노선을 만들어 서민들의 불편함을 해소해주었다.

공중에서 바라본 라파즈 시내는 평온해 보였다. 케이블카를 타지 않고 자동차로 곧바로 도심으로 들어갔다면 도저히 볼 수 없는 적나라한 모습을 한눈에 감상할 수 있었다. 만년설이 쌓인 높은 산으로 둘러싸여 있어서 더는 도시를 확장할 수 없어 보였다.

그래도 라파즈의 도심은 차츰 현대화되어 가고 있었다. 우리가 묵은 5성급 호텔도 다른 나라의 호텔에 비해 조금도 손색이 없었다. 콘도형 호텔로서 가족 여행에 아주 적합한 구조와 시설을 갖추고 있었다. 호텔 주변의 한식당(Cores Town)은 네티즌 사이에는 이미 잘 알려진 곳으로서 남미에

볼리비아 코파카바나에서 BTS를 좋아하는 소녀 가족과 함께

온 이래 최고의 맛집이었다. 한동안 잃어버렸던 우리의 미각을 되찾아주었으며, 김치찌개와 돌솥비빔밥 한 그릇에 그동안의 여독을 한꺼번에 싹 씻어버렸다.

2일 차, 신비의 소금사막 우유니

드디어 우유니 소금사막(Salar de Uyuni)을 걸어보는 날이 왔다. 아침 일찍 호텔에서 제공해준 샌드위치 도시락을 들고 라파즈 공항으로 향했다. 안타깝게도 우리가 간 날이 우기라서 비행기를 타고 가는 중에 비가 계속 내렸다. 현지 사정을 알아보니 우유니 지역에 비가 너무 많이 와서 아예 소금사막의 출입이 금지되었다고 한다. 며칠 전에 마추픽추를 방문할 때는 여권이 애를 먹이더니 이번에는 날씨가 걸림돌이었다. 감사하게도 우유니 공항에 착륙하자 비가 그치고 하늘이 맑게 개는 기적이 일어났다. 우리 일행은 일제히 환호성을 터트렸다. 나는 조용히 미소를 지으며 감사의 기도를 드렸다.

우유니 소금사막 초입에 있는 콜차니(Colchani) 마을에 들러서 우유니에서 나온 소금을 가공해 벽돌을 만드는 과정을 구경하고 몇 가지 소금으로 된 기념품을 샀다.

주변에 '폐기 열차 무덤'이 있어 들르기로 했다. 스페인 식민지 시절 이곳 은광에서 나온 은을 기차를 이용해 유럽으로 착취해갔던 정복자들의 찬탈 흔적을 볼 수 있었다. 문득 일본인들이 우리나라의 지하자원을 착취하기 위해 경의선, 경부선 등 기찻길을 부설했던 참혹한 현실이 생각나 씁쓸했다.

우리는 소금사막을 자유롭게 달릴 수 있는 5인승 사륜구동 지프에 나눠 타고 곧바로 우유니 소금사막으로 향했다. 그런데 갑자기 빗줄기가 굵어지면서 앞이 잘 보이지 않았다. 이게 웬 날벼락인가? 소금사막으로 접어들었는데 차바퀴가 살짝 잠길 정도로 물이 고여 있었다. 그러나 한참을 달려서 소금사막 가운데로 접어들자, 세계적으로 유명한 자동차 경주인 다카르 넬리(Dakar Nelly)가 2014년에 이곳에서 치러졌다는 소금으로 만든 기념탑이 보이기 시작하면서부터 기적은 다시 우리를 반겼다.

소금사막의 중심지인 만국기 마을에 다다르자 햇빛이 나기 시작했다. 점심을 먹은 후 선명한 모습의 태극기가 펄럭이는 곳에서 장화를 신고 춤을 추며 감동의 세리머니를 펼쳤다. 비록 햇빛이 쨍쨍 빛나는 화창한 날은 아니었지만 경이로운 우유니 사막의 장엄함을 느끼기에는 충분했다.

별천지라고 해도 믿을 만큼 경이로운 우유니 소금사막의 풍광에 감탄하며 하루를 보냈다. 그리고 보기에도 아득한 저 멀리 소금사막의 끝으로

우유니 소금사막을 달리는 지프와 '돌청'의 자축 세리머니

저물어가는 아름다운 석양의 정취를 만끽하며 자축 파티를 벌였다. 붉은 포도주잔에 투영된 '돌청' 연인들의 사랑스러운 모습이 우유니 사막의 더욱 황홀한 정취를 더해주었다. 이 또한 여행을 통해서 얻은 영혼까지 행복한 '여행복'이 아닐까 생각했다.

3~4일 차, 아타카마 사막의 질주

소금으로 지은 호텔에서 하룻밤을 지내고 우유니 소금사막에서의 아쉬움을 달래며 아타카마 사막(Atacama Desert)을 종주하기 위해서 아침 일찍 지프에 몸을 실었다. 소금호텔에서의 하룻밤은 새로운 체험이었다. 출입문과 욕조, 이불만을 제외하고 온통 소금으로 만든 침실에서 자보는 경험은 평생 잊을 수 없는 소중한 추억이다.

아타카마 사막은 남미 안데스산맥 서쪽의 태평양 연안에 있는 비가 거의 오지 않는 알티플라노 고원지대에 있다. 페루 남부와 볼리비아 우유니 사막의 남서부와 칠레 북부에 걸쳐 있는데, 사막의 면적은 남한의 크기와 맞먹는다. 또한 미국 캘리포니아의 데쓰 밸리(Death Valley)보다 50배나 더 건조한 세계에서 가장 메마른 곳이라고 한다.

날씨가 좋지 않아서 새벽 일찍 동이 트기 전에 길을 나섰다. 그야말로 비포장도로의 참맛을 느끼며 험난한 사막의 길을 체험해볼 수 있는 모험의 하루가 될 것이라 생각해 다들 긴장하고 상기되어 있었다. 다행히 날씨는 청명하게 개었다. 지프에 몸을 싣고 난생처음으로 황량한 사막을 달리는 기분은 마치 새로운 놀이기구를 타는 기분이었다. 가는 도중에 최근 폭우로 유실된 도로가 있어서 길이 아닌 벌판을 달릴 때도 있었다. 수많은 홍학 떼가 거닌다는 붉은색의 신비로운 호수인 콜로라다 호수(Lago Colorada)

아타카마 사막을 달려가는 지프와 사막 남쪽 화산지대

는 결국 폭우 때문에 가는 길이 끊겨서 들어가 보지도 못하고 되돌아오고 말았다.

한참을 달려서 마주한 사막의 남쪽 화산지대의 진풍경은 아름답다 못해 신비로움을 선물했다. 붉은색의 사막과 간헐천 호수, 푸른 하늘과 온갖 모양을 한 구름 띠의 모습은 한 폭의 그림을 연상하게 했다. 온종일 계속된 약 300km의 오프로드 랠리는 해발고도 4,800m를 넘는 고산지대를 지나고 볼리비아 국경을 지나면서 하얀 만년설이 덮인 5.920m의 리칸카부르 화산(Licancabur Volcano)을 바라보며 대단원의 막을 내렸다.

칠레 국경을 넘는 일은 볼리비아 때보다 까다롭지는 않았다. 차에서 일일이 가방을 내려서 국경검문소의 검색대를 통과하는 번거로움은 있었지만 여권을 확인하는 것으로 비교적 간단하게 입국절차를 마쳤다.

칠레의 국경도시 산페드로 데 아타카마(San Pedro de Atacama)는 또 다른 모양의 신비로운 계곡과 이색적인 풍경을 볼 수 있는 곳으로 유명하다. 소문대로 시내 길거리는 모험을 즐기려는 젊은이들로 붐볐다. 한때 이곳은 볼리비아의 땅이었으나 거대한 구리광산이 발견되면서 강자인 칠레는 전쟁을 통해 이 땅을 차지했다. 세계 어디를 가나 강자의 역사는 계속되는 것 같다. 대장정의 아타카마 사막길을 달려온 우리는 지친 몸을 쉬며 이곳에서 유명한 스테이크와 와인으로 체력을 보충하고 달콤한 잠자리에 들었다. 칠레의 산페드로 데 아타카마에서 하룻밤을 지내자 언제 그랬냐는 듯이 고산증세가 완전히 사라져버렸다. 고도가 낮은 지대로 내려왔으니 당연한 원리이지만 마치 병치레를 하고 고생 끝에 회복된 듯이 기쁘고 홀가분했다.

Tip 남미여행 시 고산증세 예방법

남미여행을 할 때 가장 염려되는 것은 고산증세다. 최악의 경우 사망하는 사례도 종종 발생한다. 이에 대비할 수 있는 확실한 약이나 예방법도 없다. 시판되는 예방약이 고산증세를 완전히 제거할 수 있는 것은 아니다. 증세를 없애려면 무조건 낮은 곳으로 내려가야 한다. 체력이 강하거나 여행 경험이 많다고 해서 증상이 없는 것도 아니며 남녀노소 차이도 없다. 그러나 이에 관한 대처 요령을 알고 떠나면 어느 정도는 예방할 수 있다.

첫째, 평소 고산증세가 있다면 주치의나 전문의를 찾아가서 자신의 몸 상태를 고려하여 예방할 수 있는 약을 처방받아 가는 것이 좋다. 일종의 플레시보 효과도 기대해볼 수 있다.

둘째, 고지에서는 가능한 음주를 삼가고 물이나 마테차를 많이 마신다. 행동이나 걸음은 느리게 하고 과도한 움직임이나 달리는 것을 자제한다.

셋째, 목도리를 두르거나 두꺼운 자켓을 착용해 보온하고, 체온을 많이 뺏기는 목욕이나 머리 감기를 하지 말아야 한다.

넷째, 심한 고산증세를 보인다면 우선 휴식을 취하고, 휴대용 신소호흡기를 사용하여 산소를 보충하거나 호텔에 도움을 요청한다. 무료로 지원해준다.

고산증세가 생기면 입맛이 없어지고 속이 거북해서 식사하기가 어려워진다. 이럴 때는 흰 쌀죽을 끓여 먹으면 좋다.

W트래킹의 출발점, 칠레

여행 기간 : 2. 4 ~ 2. 10(7일간)

여행 경로 : 산 페드로 아타카마 → 칼라마 → 산티아고 → 푼타 아레나스 → 푸에르토 나탈레스 → 토레스 델 파이네 국립공원 → W트래킹

1~2일 차, 칠레의 수도, 산티아고

칠레 국경 부근의 칼라마(Calama)에서 2시간여 비행 끝에 칠레의 수도 산티아고(Santiago)에 도착했다. 호텔에서 간단한 차림으로 갈아입고 산타루시아 공원, 대통령궁, 아르마스 광장 등을 둘러보고 한인타운에 있는 한식당에서 불고기, 김치찌개, 된장찌개, 파전 등으로 오랜만에 잊었던 고국의 입맛을 되찾았다.

저녁에는 숙소로 돌아와서 호텔 바에서 팀원 모두가 맥주 한잔을 나누면서 그동안 페루와 볼리비아 등 고산지대를 거쳐 오면서 고생했던 이야기, 문화적 충격에 관한 여러 가지 일화를 나누며 밤늦게까지 회포를 풀었다. 그동안 10여 일 이상을 환경이 열악한 오지에서 다소 불편한 숙소를 이용해왔지만, 이곳 산티아고에서는 그간 쌓인 피로를 풀고 편안한 휴식을 취하려고 일부러 5성급 호텔을 정했다.

3일 차, 바람의 땅 파타고니아

칠레 산티아고에서 충분한 휴식과 영양을 보충한 우리는 숨겨진 보석인 바람의 땅 파타고니아(Patagonia)를 향해 발길을 옮겼다. 파타고니아는 남아메리카의 남부지역으로 남위 40도 부근을 흐르는 콜로라도강 이남 지역을 말한다. 칠레와 아르헨티나 양국에 걸쳐 있으며, 서쪽으로는 안데스산맥과 빙하, 피요르드 해안이 이어지고, 동쪽으로는 고원지대와 낮은 평원을 이루고 있다. 바람이 거세게 불기 때문에 바람의 땅이라고 불린다.

이곳은 TV 프로그램 〈꽃보다 청춘〉을 통해 우리에게 알려지긴 했지만 아직 일반인들에게는 생소한 장소다. 파타고니아를 찾은 이유는 태초 때부터 유지해온 천연 그대로의 광활한 대자연의 숲길을 누비며 트래킹을 하고, 건강한 힐링의 기운을 얻기 위해서였다.

산티아고에서 출발해 파타고니아 여행의 거점 도시인 푼타 아레나스(Punta Arenas)를 거쳐서 푸에르토 나탈레스(Puerto Natales)까지 가기 위해서 새벽 6시 10분 비행기에 몸을 실었다. 항공기 안에는 대부분 백인들로 가득했고 유색인종은 우리 팀이 유일했다.

푸에르토 나탈레스 공항에 내린 우리는 거센 바람을 맞으며 이곳이 파타고니아임을 실감했다. 기온도 차갑고 쌀쌀한 기운에 지구 반대편인 이곳까지 모험을 떠나온 기분이 들었다.

4~7일 차, 토레스 델 파이네 국립공원, W트래킹

세계적으로 유명한 파타고니아의 'W트래킹'을 하기 위해서 칠레 토레스 델 파이네(Torres Del Paine) 국립공원을 찾았다. 토레스 델 파이네 국립공원는 안데스산맥 남쪽에 있는 칠레를 대표하는 국립공원이다. 세계의 모든 트레커들이 여름이 되면 최고의 트래킹 코스로 손꼽는 W트래킹을 하기 위해서 이곳을 찾는다.

W트래킹의 거점 도시인 푸에르토 나탈레스에서 하룻밤을 지새운 뒤 트래킹에 필요한 만반의 준비를 한 다음 아침 6시에 출발해 2시간 30분 만에 토레스 델 파이네 국립공원 입구에 도착했다. 하늘도 우리를 반기는 듯 구름 너머로 무지개가 피어올랐다. 무언가 운이 좋은 징조였다.

이후의 구체적인 'W트래킹'이야기는 5장에서 따로 설명하겠다.

칠레의 토레스 델 파이네 국립공원과 구름 너머 피어오른 무지개

탱고의 나라, 아르헨티나

여행 기간 : 2. 11 ~ 2. 16(5박 6일)
여행 경로 : 엘 칼라파테 → 페리토 모레노 빙하 → 엘찰텐 → 피츠로이 트래킹 → 엘찰텐 → 세로토레 트래킹 → 엘찰텐 → 부에노스아이레스 → 이과수 폭포

W트래킹 이후에 진행된 아르헨티나의 페리토 모레노 빙하(Perito Moreno Glacier) 투어와 엘찰텐(El Chalten)에서의 피츠로이(Pitz Roy) 트래킹(1일)과 세로토레(Cerro Torre) 트래킹(1일)에 대한 1~2일 차 이야기도 5장에서 다시 구체적으로 설명하겠다.

3~4일 차, 탱고의 본고장 부에노스아이레스

엘찰텐에서 피츠로이 트래킹과 세로토레 트래킹을 무사히 마치고 엘 칼라파테(El Calafate)로 다시 돌아온 우리는 아침 9시에 숙소에서 출발해 자동차로 약 20분 거리에 있는 엘 칼라파테 공항으로 이동해 3시간을 비행한 후 아르헨티나의 수도인 부에노스아이레스(Buenos Aires) 공항에 도착했다.

부에노스아이레스는 남아메리카 동남부의 라플라타(La Plata)강 하구에 자리한 항구 도시다. 하늘에서 내려다본 부에노스아이레스는 넓은 평야 지대에 계획적으로 조성된 도시임을 한눈에 알 수 있었다. 시내의 모든 거리가 네모반듯하며 대통령궁과 독립기념탑 오벨리스크를 연결하는 도심을 중심으로 잘 정돈되어 있는 모습이었다.

오후에는 그동안 10여 일간에 걸쳐서 총연장 약 100km에 달하는 토레스 델 파이네 국립공원의 W트래킹과 엘찰텐에서의 피츠로이 트래킹, 쎄로또레 트래킹 등으로 인해 지친 몸을 쉬기 위해서 숙소에서 자유시간을 가지며 휴식을 취했다.

저녁에는 탱고의 본고장에 온 기념으로 에스퀴나 카를로스 가르델(Esquina Carlos Gardel) 탱고 쇼를 관람했다. 화려하고 고색창연한 극장에서 약 2시간에 걸쳐서 진행되는 탱고 쇼의 향연을 보면서 와인을 곁들인 스테이크 만찬을 즐겼다. 쇼 이름의 주인공인 카를로스 가르델은 아르헨티나에 탱고를 정착시킨 최고의 가수이자 댄서로 아르헨티나인들의 존경을 한몸에 받는 슈퍼스타였다. 공연장 입구에는 그의 동상이 세워져 있었다.

경쾌한 리듬으로 연주하는 악단의 반주에 맞춰서 무대에 등장하는 무희들은 하나같이 아름답고 매력이 넘쳤다. 그들은 매우 정열적이고 화려한 춤사위를 자랑하며 관객들의 이목을 사로잡았다. 특히 공연 후반부에 등장한 우리 또래로 보이는 시니어 커플의 세련된 춤사위는 우리를 매혹하기에 충분했다. 젊은 무희들은 율동 자체가 격정적이고 힘이 넘치지만 시니어 커플의 몸놀림은 유연하면서도 멋이 넘쳐흐르고 자연스러우면서도

카를로스 가르텔 동상과 탱고 쇼 극장

절제된 몸동작이 매력적이었다. 만약에 탱고를 배우는 기회가 온다면 바로 저런 모습을 닮고 싶다는 생각이 들었다.

일찍이 탱고가 이토록 멋있고 열정적인 춤사위인지를 잘 몰랐다. 아르헨티나인들의 뜨거운 사랑과 정열을 불태우기 위해서 숨김없이 표현하는 진실한 몸짓처럼 느껴졌다. 시간 가는 줄도 모르고 탱고 쇼에 정신을 쏙 빼놓은 우리는 공연이 다 끝났는데도 계속해서 무대 위의 잔상을 그려보며 좀처럼 흥분을 가라앉히지 못했다.

활기찬 기운은 그다음 날에도 계속됐다. 아침에 만나면서부터 서로 인사를 건네는 목소리의 톤 자체가 달랐다. 다들 경쾌하고 신나는 목소리로 웃음을 잃지 않고 반갑게 인사했다.

에바페론 묘지와 메트로폴리탄 대성당 외벽의 횃불

다음 날 아침 일찍 레콜레타 묘지(Recoleta Cemetery)를 찾았다. 이곳은 아르헨티나의 여성 영웅인 에바 페론(Eva Peron)의 이야기를 간직하고 있는 묘지로 아르헨티나의 근대 역사와 수많은 영웅의 이야기를 들을 수 있었다. 묘지 입구에서부터 거대한 대리석기둥이 들어서 있고 묘지마다 고인의 흔적을 담은 아름다운 조각과 동상으로 장식을 해놓았다. 이곳은 1870~1930년 아르헨티나가 가장 융성했던 시기에 조성되어서 산업혁명 이후 근대화과정에서 정치적 리더들과 정부 요인들의 성공과 쇠락의 길을 한눈에 볼 수 있는 역사박물관과도 같은 곳이었다.

계속해서 이어지는 부에노스아이레스의 시내 투어는 마치 유럽을 방문했을 때와 비슷했다. 세계적으로 유명한 오페라 극장인 콜론극장을 비롯해 길가의 건물들이 마치 스페인의 어느 도시에 와 있는 느낌이었다.

대통령궁 좌측으로 자리 잡은 메트로폴리탄 대성당에는 남미의 영웅이자 아르헨티나의 영웅인 산마르틴(San Martin) 장군의 유해가 봉안되어 있다. 아르헨티나와 칠레, 페루 등을 독립시킨 영웅이지만 말로는 비참했다. 그러나 아직도 그의 뛰어난 업적과 나라를 위한 애국심은 국민의 존경심을 불러일으키고 있다. 현지 가이드의 설명으로는 그가 가톨릭 신자가 아니라서 봉안될 당시 관을 비틀어지게 놓았다는 일화가 있다고 한다. 대성당 건물의 외벽에는 아직도 꺼지지 않은 그의 영혼을 기리기 위해서 횃불을 밝혀놓았다.

마지막으로 부에노스아이레스에서 가장 가고 싶었던 탱고의 발상지 보카 지구(La Boca)에 들렀다. 이곳은 입구에서부터 독특한 구도와 원색의 화려한 벽화들이 건물 벽을 가득 채우고 있었다.

아르헨티나의 축구영웅 마라도나가 유년 시절 이곳에서 이름을 날렸다는 보카 주니어스 축구클럽(CABJ: Club Atlético Boca Juniors) 구장에 들러서 그의 찬란했던 기록을 엿볼 수 있었다. 이 지역에는 소매치기가 많은데 파란색 바탕에 노란색 줄무늬가 새겨진 CABJ팀 유니폼을 입고 다니면 소매치기도 피할 수 있다고 한다. 대신에 라이벌팀의 유니폼을 입고 다니면 아주 위험한 상황에 부닥칠 수도 있다고 한다. 나는 CABJ팀의 클럽 용품을 파는 곳에 가서 미래의 축구 국가대표가 되었으면 하는 마음으로 손자에게 줄 축구공 하나를 샀다.

주변의 건물 색깔도 온통 CABJ팀 유니폼이나 아르헨티나 국기 색깔로 칠해져 있다. 기념품을 파는 어느 이층집 테라스에는 마라도나, 에바 페론과 페론 대통령 등 아르헨티나를 대표하는 인물 인형이 난간에서 손을 흔

부에노스아이레스의 보카 주니어스 축구클럽(CABJ) 구장과 시내 건물들

들며 아래를 굽어보고 서 있었다. 이 장면은 인터넷에서도 많이 보았던 장면이기에 더욱 정감이 갔다.

보카 지구의 랜드마크인 카미니토(Caminito) 거리 모퉁이에 있는 초록색의 대문이 달린 건물 앞에서는 탱고 무희들이 무대 복장을 하고 여행객들과 함께 탱고 자세를 취해주고는 돈을 받는다. 아내도 건장한 모습을 한 아르헨티나 남자 무희의 유혹에 빠져서 어느새 멋진 탱고 자세를 취하고 있었다. 우리는 종일 정신없이 보카 지구의 독특한 분위기와 이색적인 풍경에 완전히 매료되어 즐거운 하루를 보냈다.

5일 차, 페르토 이과수 폭포

부에노스아이레스 공항에서 2시간을 비행해 이과수 폭포(Perto Iguazu Falls) 공항에 도착했다. 조그마한 시골 마을 공항이지만 이과수 폭포의 유명세 때문에 사람들로 북적였다. 인천공항에도 이곳까지 직항이 생겼다고 하니 여행하기에 아주 좋아졌다.

이과수 폭포의 '악마의 목구멍'으로 가는 열차

아르헨티나 쪽 이과수 폭포

이과수 폭포는 브라질 파라나주와 아르헨티나 미시오네스주의 국경 사이를 흐르는 이과수강에 있는 폭포다. 이과수강을 따라 2.7km에 걸쳐 275개의 폭포로 이루어져 있으며 폭포 중에는 최대 낙폭이 82m인 것도 있다. 면적은 브라질 쪽 폭포(Foz do Iguazu)가 약 20%, 아르헨티나 쪽 폭포(Perto Iguazu)가 약 80%를 차지한다. 두 공원은 1984년과 1986년에 각각 유네스코 세계유산에 등록됐다. 두 나라는 서로 자기 쪽 폭포가 더 아름답다고 홍보에 열을 올리고 있다.

아르헨티나 쪽은 폭포의 상당 부분을 차지하고 있어서 크기가 방대하며 강 가운데 있는 폭포 가까이에 들어가서 직접 물보라를 맞으며 감상할 수 있어서 실감이 더 나는 장점이 있다. 우리는 먼저 아르헨티나 쪽 폭포를 보기로 했다. 아르헨티나 쪽을 대표하는 관광 명소는 단연 '악마의 목구멍(Garganta del Diablo)'이다.

공원 입구에 있는 기차역에서 30분마다 운행하는 셔틀 열차를 타고 약 15분 정도 가면 강 가운데 있는 악마의 목구멍으로 건너가는 다리 입구가 나온다. 입구에 도착하자 멀리서도 이곳이 커다란 폭포임을 알 수 있듯이 주변에 하얀 수증기들이 하늘로 솟구치고 있었다.

잔교를 따라 걸어가서 실제로 악마의 목구멍을 쳐다보니 폭포는 상상 이상의 어마어마한 수량을 쏟아내고 거센 물살은 굉음을 지르며 빠르게 강 아래로 흘러가고 있었다. 조금만 있어도 눈을 뜰 수 없을 정도로 엄청난 물보라에 눈앞이 가렸다.

폭포 주변으로는 영롱한 무지개가 생겨나고 멀리 강 건너서 보이는 파란 하늘과 구름 색깔이 잘 어우러져 그야말로 스펙타클한 풍경을 연출했다. 나는 주체할 수 없는 '여행복'을 느끼며 주저 없이 하늘을 향해 두 손을 번쩍 들었다. 남미의 네 번째 버킷 리스트를 이토록 온몸에 소름이 끼치도록 전율을 느끼며 감상했다는 행복감에 좀처럼 발길이 떨어지지 않았다.

삼바 축제의 나라, 브라질

여행 기간 : 2. 17 ~ 2. 19(2박 3일)

여행 경로 : 포즈 두 이과수 폭포 → 리우데자네이루 → 상파울로(out) → 런던

1일 차, 포즈 두 이과수 폭포

우리는 또 다른 감동을 맛보기 위해서 곧장 브라질 쪽 포즈 두 이과수 폭포(Foz do Iguazu) 마을로 향했다. 폭포를 만나기 전 식사하면서 공연을 볼 수

포즈 두 이과수 마을의 명물 알파인 디너쇼

브라질 쪽의 이과수 폭포

있는 '알파인 디너쇼(Alpine Dinner Show)'를 감상했다. 알파인 디너쇼는 브라질을 비롯해 아르헨티나, 칠레, 볼리비아, 콜롬비아, 우루과이, 멕시코, 파라과이 등 8개국 춤을 볼 수 있으며 극장 내 차려진 뷔페식 식단도 다양해 관광객들에게는 아주 매력적인 볼거리다. 남미 특유의 경쾌한 리듬에 맞춘 춤사위는 공연 내내 흥겨운 분위기를 끌어내고 보이지 않게 각국의 경쟁이 치열하다. 마지막 부분에 관중들의 참여를 유도해 흥을 돋우는데 우리 팀도 무대에 오르는 영광을 차지했다.

브라질 쪽 포즈 두 이과수 폭포는 아르헨티나 쪽보다 점유 면적은 적으나 공원 입구에서부터 이과수 강변을 따라 걸어가면서 반대편의 아르헨티나 쪽의 폭포를 감상할 수 있어서 오히려 전체적인 폭포를 한눈에 볼 수 있는 장점이 있다.

최고 상류 지점에 있는 폭포는 가운데 전망대까지 나무다리가 놓여 있어서 엄청난 물보라를 맞으며 폭포 중심까지 가볼 수 있다. 여기에서 바라본 이과수 폭포는 정말 상상할 수 없을 만큼 대단했다. 마침 우리가 갔을 때 며칠 전에 내린 폭우로 인해 폭포 수량이 엄청나게 불어나서 최고의 감동을 안겨주었으며 폭포에서 나온 물보라로 온몸이 흠뻑 젖었다.

이과수강 아래로 내려와서 모터보트를 타고 폭포 바로 밑에까지 가서 폭포수를 맞아보는 마쿠코 사파리(Macuco Safari) 투어는 단연 압권이었다. 빠른 스피드로 강을 거슬러 올라가서 폭포 바로 밑에 도달해서는 보트가 폭포수 속으로 들어간다. 숨을 제대로 쉴 수 없을 만큼 엄청난 양의 물줄기를 머리에 직접 맞는 순간 스릴감은 절정에 이른다. 온몸이 물에 흠뻑 젖으며 더위를 식히는 이 놀라운 체험은 말로 표현할 수 없이 즐거웠다.

2일 차, 삼바의 도시 리우데자네이루

남미여행의 마지막 일정은 세계 3대 미항의 하나인 리우데자네이루(Rio de Janeiro, 이하 리우)에서 대미를 장식하였다. 리우는 삼바의 도시이자 보사노바(Bossa Nova) 음악이 시작된 곳이기도 하다. 아침 일찍 '예수의 석상(Cristo Redentor)'이 있는 코르코바도산(Corcovado Mt.)으로 향했다. 새벽에 비가 내려서 그런지 우리가 도착했을 때 정상에는 안개가 짙게 끼어 있었고 석상은 아직 그 모습을 드러내지 않고 있었다. 그러나 엘리베이터를 타고 710m의 코르코바도산 정상에 올라가자 거짓말처럼 구름이 걷히고 거대한 예수의 석상이 인자한 미소를 하고 우리를 반겼다.

아쉽게도 산 중턱에 멈춰버린 구름 때문에 아름다운 리우 시내의 전경을 감상하지는 못했다. 모든 관광객이 그러하듯이 우리도 예수님의 얼굴

리우데자네이루의 코르코바도 언덕에 있는 예수의 석상

모습이 끝까지 다 나오도록 바닥에 누워서 사진을 찍는 동작을 해보며 정신없이 시간을 보내고 감동을 간직한 채 하산했다.

이후 우리는 모양이 마치 빵을 담았다고 해서 '빵산'이라 부르는 슈거로프(Sugar Loaf)산으로 발걸음을 옮겼다. 슈거로프산에 오르기 위해서 케이블카에 몸을 실었다. 멀리 아침에 올라갔던 코르코바도산에 서 있는 예수님의 석상이 어렴풋이 보였다. 아직 산 아래로는 구름이 잔뜩 끼어 있는데 유난히 예수님의 모습만 구름 위를 뚫고 우뚝 솟아 있어 더욱 신비로웠다.

이곳에 올라가서 리우 시내를 내려다보니 아름다운 경치에 한동안 말을 잃었다. 이렇게 아름다운 곳에서 사는 리우 시민들이 부럽기까지 했다.

슈거로프산에서 바라본 리우 시내

마지막으로 리우하면 제일 먼저 떠오르는 코파카바나 해변(Copacavana Beach)을 찾았다. 세계적으로 유명한 이곳은 드넓은 백사장과 낭만이 넘치는 해변 분위기로 리우를 찾은 사람들의 마음을 훔치는 곳이다. 해변으로 들어가는 입구에 있는 유명한 츄라스코(Churrasco) 음식점에서 맛있는 점심을 먹었다. 무제한으로 제공하는 바비큐 고기를 실컷 먹고 곧장 바닷가로 향한 우리는 너나 할 것 없이 동심의 마음으로 돌아가 모래사장에서 기쁨을 만끽했다.

3일 차, 리우를 뒤로하고 상파울루를 향해

리우를 찾았을 때가 2월 말이라서 마침 삼바 축제가 끝나고 얼마 지나지 않은 시기였다. 뜨거웠던 삼바 축제의 분위기를 그대로 느낄 수 없더라도 아직 기운이 남아 있는 곳을 찾아가 보기로 했다. 젊은이들의 열정이 살아 숨쉬는 곳인 셀라론(Selaron) 계단이 있는 거리는 소문대로 젊은이들로 가득했다. 온갖 상식을 단 복장에 일록달록힌 색상의 물감으로 얼굴을 칠한 이들은 환호성을 지르며 리우 축제의 뒤풀이를 만끽하고 있었다.

처음에는 이질감이 느껴지는 모습에 선뜻 나서지 못하고 주춤거렸지만 금방 그들과 동화되어 함께 어깨동무하고 소리 지르며 노래하는 등 젊은이들과 어우러져 리우 카니발의 뒷맛을 느껴보았다. 이곳에서의 시간은 우리를 타임머신을 타고 젊음의 나라로 보내주었다.

남미여행의 마지막을 아주 색다른 체험으로 화끈하게 장식한 우리는 아쉬움을 뒤로 한 채 상파울루(Sãu Paulo)행 비행기에 올랐다. 비행기 안에서는 마치 물이 끓다가 불이 꺼지면 갑자기 소리가 잠잠해지듯 모두가 조용해졌다.

지구를 한 바퀴 돌아서

상파울루를 이륙해 남미대륙을 떠난 비행기는 대서양을 건너서 영국의 런던을 향해서 힘차게 날아갔다. 인천을 떠난 지 27일 만에 지구를 완전히 한 바퀴 돌아서 다시 한국으로 돌아왔다. 왔던 대로 미국을 거쳐서 한국으로 되돌아올 수도 있었지만 일부러 지구를 한 바퀴 일주하기 위해서 런던을 경유지로 결정했다. 런던을 출발한 비행기는 거대한 유라시아 대륙을 지나 한국을 향해서 비행했다. 마지막 항로의 항공편을 국적기로 선택한 우리는 포근한 마음으로 기내식도 마음껏 먹고, 눈가리개를 쓴 채 숙면을 취할 수 있었다.

리우의 셀라론 계단과 거리

한참 후 비행기 안에서 창밖을 보니 어느덧 한반도의 영공에 접어들은 듯 올망졸망한 해안선이 눈에 들어오고 낯익은 산천 사이로 아파트들이 빼곡히 들어선 모습이 보였다. 지금까지 보아온 풍경과는 너무나 다른 모습이지만 이 얼마나 그립고 반가운 모습이던가?

브라질 상파울루에서 출발한 지 장장 23시간의 비행을 마치고 인천공항에 무사히 도착했다. 서로 얼싸안으며 성공적인 남미여행을 자축했다. 환갑을 맞이하며 시작된 남미여행 모험은 이렇게 대단원의 모든 일정이 무사히 마무리되었다. 우리는 또다시 다음을 기약하며 힘찬 구호와 함께 인천공항을 빠져나왔다.

"돌청, 세계로!"

인천을 떠난 지 27일 만에 지구를 한 바퀴 돌아 인천공항에 입국했다.

4장

미국·캐나다 횡단 자동차 자유여행

NAME OF PASSANGER

FLIGHT

DATE

SEAT

10일 이상의 미국과 남미 여행을 통하여 어느 정도 해외 자유여행에 대한 경험을 축적했으면 이제 본격적으로 한 달 이상의 자동차 자유여행에 도전해보자. 내가 직접 자동차를 빌려서 드넓은 미대륙 어디든 거침없이 떠날 수 있는 자동차여행의 묘미를 느껴보길 바란다.

제2의 인생을 설계하고 새로운 버킷 리스트를 작성하다

32년 6개월간의 군 생활을 마감하고 그해 8월 말에 전역을 앞둔 시점이었다. 그 당시 30년 이상 군에서 장기 복무한 사람에게는 국가의 공식적인 제도에 따라 1년 미만의 직업보도 기간(유급 휴가 형태)을 허용해 새로운 직업으로 전환하기 위한 준비 기간을 주었다. 이때 나는 제2의 인생 설계를 위한 새로운 버킷 리스트를 작성했다.

설레는 마음으로 버킷 리스트를 작성하면서 당연히 내가 좋아하는 '세계여행 목록'을 적었다. 그중에 맨 첫 목록이 바로 '북미 대륙(미국·캐나다) 횡단 자동차 자유여행(Road Trip)'이다.

북미대륙 횡단 자동차 자유여행은 20대 후반 미국 군사유학을 하면서부터 평생 꿈꾸던 소망이었다. 지금까지는 군인으로서 공무를 수행하다 보니 엄두도 못 냈던 한 달 이상의 자동차 자유여행을 아내와 함께 떠나기로 계획했다.

'무지개 여행' 계획 수립

공무 출장이나 휴가를 통해 2주 이내의 짧은 해외 자동차여행은 가끔 해봤

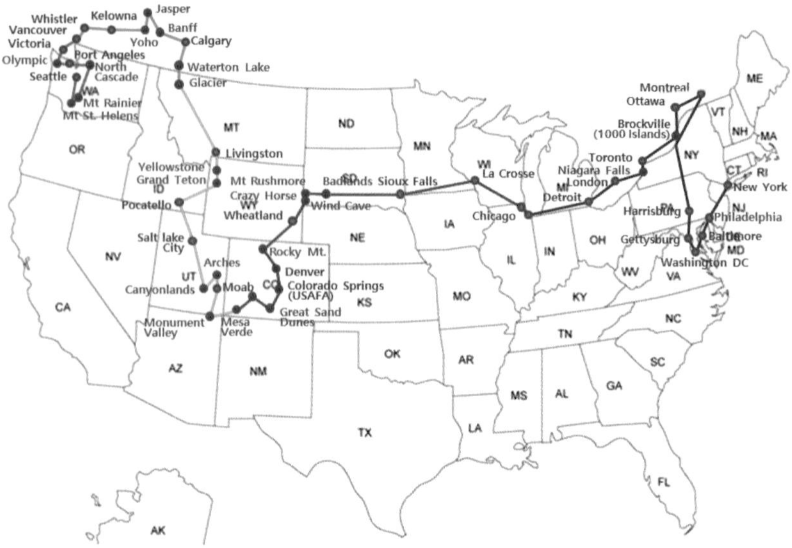

미국·캐나다 대륙횡단 자동차여행 루트

지만, 이번처럼 40일간의 장기 여행은 처음이었다. 계획을 구상하면서 맨 먼저 떠오른 것은 여행 경로였다.

자동차 자유여행은 이동 루트가 중요하다. 지금까지 다녀온 여행지나 방문지는 제외하고 그동안 꼭 가보고 싶었던 지역의 국립공원을 중심으로 개략적인 루트와 동선을 획정했다.

전체 루트는 지역적인 특색과 장거리 이동에 따른 휴식과 준비를 위해 일곱 개의 구간으로 나누고 각 구간을 구별하기 위해서 무지개색인 일곱 가지 색깔로 표시했다. 그리고 앞으로 전역 이후에 전개될 새로운 제2의 인생에 대한 기대와 소망을 담아 이번 여행을 '무지개 여행(Rainbow Trip)'이라고 이름 붙였다.

여행 시기는 최고 성수기인 무더운 한여름을 피해 6월 19일~7월 28일로 결정했다. 총 40일간의 여행이다. 이렇게 하여 탄생한 북미대륙(미국·캐나다) 횡단 '무지개 여행'의 일정계획은 다음과 같다.

지도에 표시되어 있지 않은 제1구간은 한국 인천공항에서 출발하여 첫 기착지인 미국 워싱턴주의 시애틀(Seattle)까지의 항공 이동 구간으로 여행 계획을 세우고, 준비하는 모든 과정을 포함하는 구간이다. 그리고 마지막 7구간은 모든 여행을 마치고 미국 뉴욕시에서 인천공항까지의 구간으로 안전한 귀국과 여행을 정리하고 마무리하는 구간이다.

구간	기간	색깔	경로	의미
1구간		남색	인천공항 ~ 미국 시애틀	새로운 제2의 인생 출발
2구간	7일	파란색	미국 시애틀 ~ 캐나다 밴쿠버	희망과 기대
3구간	8일	초록색	밴쿠버 ~ 캐나다 로키산맥(밴프/재스퍼/워터튼국립공원) ~ 미국 몬태나주 칼리스펠	캐나다 북서부 대자연의 삼림지역
4구간	7일	노란색	미국 몬태나주 글래시어(Glacier) 국립공원 ~ 플로리다주 코르테스	미국 산림과 사막 지역 환경
5구간	9일	빨간색	미국 플로리다주 메사버드(Mesa Verde) 국립공원 ~ 시카고	미국 개척시대의 열정
6구간	7일	보라색	미국 시카고 ~ 캐나다 토론토 ~ 몬트리올 ~ 미국 뉴욕시	신대륙을 상징하는 북미대륙 동부지역의 권위와 발전상
7구간	2일		미국 뉴욕시 ~ 인천공항	한국에 복귀해 힘찬 새 인생 시작

철저한 사전 준비는 기본

한 달이 넘는 기간 동안 자동차로 더구나 아내와 단둘이서 먹고 자고 이동하는 여행의 모든 것을 우리 스스로 해결해야 하기 때문에 사전 준비를 더욱 철저히 했다. 장기간 자동차여행의 준비물을 챙길 때는 여행을 떠나기 전에 준비할 품목과 여행지에 도착해 준비할 품목을 잘 구분해야 한다. 취사도구, 아이스박스, 침구가 갖춰져 있지 않은 숙소에서 사용할 바닥 깔개, 담요 등 부피가 큰 물건은 한국에서 미리 가져갈 필요가 없다.

과거에는 외국에 나갈 때 된장, 고추장, 김치, 밑반찬 등을 챙기는 일이 꽤 신경 쓰였다. 그러나 요즘은 미국 어디를 가나 한국 상품과 식품을 파는 마트가 곳곳에 있으므로 그렇게까지 염려할 필요는 없다. 다만 일부 상품은 한국보다 비싸다(특히 소주는 거의 4~5배 정도). 다만 여행 도중에 쇼핑을 위해서 별도의 시간을 내야 한다는 점은 고려해야 한다.

무엇보다도 비상약만은 철저히 준비해야 한다. 언제 어떤 상황이 닥칠지 모르기 때문이다. 물론 현지에서도 가벼운 약품들은 마트에서 쉽게 구매할 수 있으나 진통제 등 일부 약품은 반드시 의사의 처방전이 필요하므로 잘못하다간 경제적인 손실과 함께 제대로 약을 구하지 못하는 낭패를 보는 수가 있다.

현지 조달 물품

현지에 도착해서 조달해야 하는 품목은 전기밥솥(보온기능이 있고, 2인 기준 점

북미대륙 횡단 자동차 자유여행 시 사용한 취사도구들

심과 저녁 식사를 위한 4인용), 가스버너, 전기레인지, 프라이팬, 부탄가스, 쌀, 식용유, 세제, 아이스박스, 코펠, 이부자리, 각종 일회용품, 라면 등이다.

이 외에도 여행에 필요한 준비물로는 노트북, 카메라, 핸드폰, 태블릿 PC 등 전자제품과 여행지의 전원과 관련한 콘센트, 플러그, 인터페이스를 위한 멀티탭과 어댑터, 연결케이블 등이다. 미국과 캐나다는 우리나라와 다르게 110~125V 전기를 사용하기 때문에 우리나라 전기제품을 연결하기 위해서는 별도의 플러그가 필요하다.

항공권과 숙소

항공권은 국적기인 아시아나 항공을 이용했고 할인항공권 전문회사를 통해 4개월 전에 미리 저렴한 가격으로 예약했다. 렌터카는 비교적 저렴하면서도 신뢰가 있는 '알라모(Alamo) 렌터카'를 이용했다.

자유여행이다 보니 여행 중에도 동선이 수시로 바뀔 것을 참작해 숙소는 처음 도착해서 일주일간 묵을 곳만 예약하고 출발했다. 나머지 일정 동안에는 적어도 2~3일 전에 다음 일정을 확정해 전화나 인터넷으로 예약했다. 다양한 형태의 숙소를 경험해보고 싶어 고급 호텔, 모텔, 유스호스텔, 통나무집(Cabin) 등 여러 종류를 이용했다.

Tip 미주지역 호텔, 교통 및 렌터카 이용 시 할인받는 방법

한국자동차협회(KAA)의 회원으로 가입하여 멤버십카드(회원증)를 발급받아 가면 기차, 버스 및 호텔 등에서 요금을 할인받을 수 있다. 회원증에 삽입된 SYC마크(삶의 여유 KAA 카드)를 제시하면 전 세계 우수국가 60개국 자동차협회들의 가맹점과 제휴업체에서 할인서비스 및 각종 생활편의시설 이용 등의 혜택을 제공해준다.
전 세계 제휴업체 수는 약 195,000개이며, 숙박·렌터카·각종 소매점·놀이공원·테마파크·음식점·생활편의시설 등 자동차 및 여행에 관련한 다양한 업종이 있다. 미국/캐나다 지역 회원전용 서비스는 미국자동차협회(AAA)와 가맹/제휴점(약 120,000개)에서 할인서비스를 받을 수 있다.

SYC&S 할인서비스를 제공하는 대표적인 업체

이 외에도 쇼핑, 놀이공원, 음식점, 해외에서 자동차 사고 발생 시 긴급구난 서비스, 세계 각국 자동차협회에서 여행지도 제공 등의 서비스도 받을 수 있다. 시설 이용 시 반드시 입구에서 서비스 가능 여부를 확인하고 활용하기 바란다. 나도 이러한 서비스를 받기 위해서 여행을 떠나기 전에 한국자동차협회 회원증, 유스호스텔협회 회원증, 베스트웨스턴(Best Western)호텔 회원증 등을 사전에 발급받았다.

태평양을 넘어 미국 시애틀로

약 6개월에 걸쳐 여행 계획을 수립하고 사전 준비를 통해 드디어 40일간의 대장정이 시작됐다. 나는 이번 여행을 군 전역을 앞두고 새로운 인생 제2막을 준비하며 '꿈 너머 꿈'을 이루기 위해 새로운 정신과 영혼을 가다듬는 계기로 삼고 싶었다. 가장 먼저 할 일은 인천공항에서 출발해 태평양을 넘어 미국 워싱턴주 시애틀(Seattle) 타코마(Tacoma) 국제공항까지 약 5,199마일(약 8,384Km)의 항로를 비행기로 날아가는 것이었다.

"여보, 난 내일이 너무 기대돼요!"

약 11시간의 오랜 비행 끝에 우리는 첫 기착지인 시애틀 공항에 무사히 도착했다. '시애틀'이라는 이름은 이곳에서 살고 있던 원주민 추장의 이름을 따서 지었다고 한다.

우리는 무사히 입국절차를 마치고 렌터카 인수를 위해서 공항에 있는 알라모 렌터카로 향했다. 주행 중 도로 안내를 받기 위해서 GPS 내비게이션을 장착하고 아내를 보조 운전자로 등록했다. 만일의 사태에 대비해 보험은 풀 커버(Full Coverage) 상품으로 가입했다.

숙소에 여장을 푼 우리는 피곤한 줄도 모른 채 지인을 만나 시애틀 시

북미대륙 횡당을 함께한 렌터카. 시애틀에서 가장 먼저 찾은 파이크 플레이스 시장

내 여행에 나섰다. 제일 먼저 찾은 곳은 시애틀의 중심 항구인 엘리엇만(Elliott Bay)이 내려다보이는 파이크 플레이스 공공시장(Pike Place Public Market)이었다. 우리나라의 노량진 수산시장처럼 싱싱한 수산물과 농산물을 파는 재래시장이었다. 시장 인근에 자리한 세계적인 기업 스타벅스 1호점에 들러 여행 중에 마실 커피를 구매했다.

시애틀의 상징이자 랜드마크인 스페이스 니들(Space Needle) 타워도 둘러보고 바로 옆에 있는 아트 박물관(Art Museum)에도 들러서 이들의 다양한 문화와 예술을 접했다. 이어서 시내 북쪽에 위치한 빌 게이츠의 산실 마이크로소프트 본사에도 들려서 새로운 개념으로 설계된 선진 IT 대기업의 사무실을 견학했다. 사무실이 아니라 마치 공원 안에 있는, 스포츠 시설을 겸비한 복지시설과 같은 느낌이 들었다. 시애틀에는 유수 브랜드의 기업체들이 많이 있다. 세계적인 항공기 제작업체인 보잉, 마이크로소프트, 스타벅스, 폴라초이스 등 내로라하는 대표적인 기업들이 자리한다.

즐거운 오후를 보낸 후, 자동차여행에 필요할 캠핑 도구와 취사도구 등 온갖 물품들을 물려주기로 한 후배 가족과 만났다. 멀리 오리건주에서 이곳까지 약 300km를 달려와 준 후배 가족이 너무나 고마웠다. 더구나 여행 중에 먹으라고 소주 한 상자와 라면 한 상자를 별도로 건네주면서 무사히 여행 잘하라고 당부하는 후배를 바라보니 눈물이 핑 돌았다. 좀처럼 잊을 수 없는 값진 선물을 받은 것 같았다.

여행 첫날이었지만 반가운 지인들과 만나서 투어와 식사를 함께하며 귀한 선물도 받는 등 바쁘게 보내서 그런지 '시애틀의 잠 못 이루는 밤'이라는 말이 실감이 났다. 시차 때문에 아주 피곤한데도 좀처럼 잠이 오지 않았다.

아내가 언뜻 건넨 말 한마디가 이번 여행을 무척 설레게 했다.

"여보, 난 내일이 너무 기대돼요!"

Tip 미국 자동차 여행하기 요령

미국에서 자동차 여행을 하기 위해서는 다음과 같은 사항을 알고 떠나면 도움이 된다.
첫째, 출발하기 전에 반드시 최종 목적지까지 도로 상태나 주유소를 확인한다. 고속도로인지, 유료 도로인지, 아니면 비포장도로나 사막 지역이라서 특별한 타이어를 사용해야 하는지, 사륜구동 차량이 필요한지 등을 확인해 이에 적합한 차량을 준비해야 한다. 한나절을 달려도 주유소가 없는 곳이 있으므로 미리 대비해야 한다.
둘째, 목적지까지 안전하게 찾아가는 방법을 강구해야 한다. 반드시 구글 지도 앱을 이용하자. 구글 지도 앱이 나오기 전엔 미국 전국 지도나 GPS 내비게이션에 의존해야 했다.
셋째, 미국의 고속도로를 달리려면 도로교통법과 표지판을 읽을 수 있어야 한다. 대부분의 표지판은 우리나라와 유사하나, 목적지가 아닌 도로의 방향을 표시한다는 점이 크게 다르다. 예를 들어 'WEST', 'EAST' 표지는 각각 서쪽과 동쪽으로 가는 도로의 방향을 가리키고, 'INTERSTATE 40'이라고 적힌 표지판은 주(州) 경계선을 넘나드는 고속도로 40번을 의미한다. 화살표 표시는 운전자가 진행할 방향을 말한다. 미국 도로는 우리나라와 같이 홀수는 남북 방향, 짝수는 동서 방향으로 이동하므로 'INTERSTATE 40'은 동서로 이동하는 고속도로임을 알 수 있다. 또한 아랫부분에 텍사스주 지도가 그려진 검은색 표지판은 텍사스주 지방도로 2161번을 의미하며, 홀수 번호이므로 남북으로 이동하는 도로다.
그리고 오른쪽 위에 있는 하얀색의 'SPEED LIMIT 55' 표지판은 주행하는 도로의 제한속도를 의미하는데, 단위는 마일(Mile)을 사용한다. 통상 1마일은 약 1.6km를 의미하므로 55마일은 약 88km를 뜻한다. 미국 주유소 유종도 알아두면 좋다. 초록색은 디젤, 나머지 세 개는 휘발유인데, 숫자가 높을수록 고급 휘발유다. 고급 차일수록 'Supreme, 91'을 사용하며, 렌터카는 주로 'Regular, 87'을 주입한다.

미국 시애틀 ~ 캐나다 밴쿠버

울창한 침엽수림과 자연의 소리에 힐링하다

구간 : 미국 시애틀 ~ 캐나다 밴쿠버

기간 : 6. 19 ~ 26(7일간)

루트 : 시애틀 → 레이니어산 국립공원(C) → 세인트 헬렌스 국립기념물(D) → 노스 캐스케이드 국립공원(G) → 올림픽 국립공원(L) → 포트 엔젤레스(J) → (페리) → 〈캐나다〉 → 빅토리아(N) → 부차트 가든(O) → 슈메이너스 벽화마을(경유) → 나네이모(P) → 밴쿠버(Q)

이동 거리 : 2,503km

미국 국립공원 이용하는 법

미국은 국립공원관리청(NPS: National Parks Service)이라는 정부조직을 통해 총 59개의 국립공원을 관리하고 있다. 국립공원관리청 홈페이지(www.nps.gov/index.htm)에 들어가서 자신이 여행가고자 하는 국립공원의 위치와 볼거리, 개방 시기와 운영 시간, 숙소(Lodge), 캠프촌, 편의시설, 레인저 프로그램, 입장료 등에 대한 관련 지식을 미리 파악해두자.

국립공원 내 숙소에 묵으면 수려한 경치를 마음껏 감상하고 관광명소에 쉽게 접근할 수 있다. 그러나 시설이 부족하므로 성수기에는 예약을 서둘러야 하며, 대부분 오래되었거나 가격이 좀 비싸다. 입장료는 승용차는 탑승 인원에 관계없이 한 대당 30~35달러면 일주일간 이용할 수 있는 출입카드를 발급해준다. 80달러를 주고 연간이용 패스(Annual Pass)를 끊으면 12개월간 모든 국립공원을 이용할 수 있다. 3개 이상의 국립공원을 연달아 이용할 계획이라면 연간이용 패스를 구매하는 것이 경제적이다. 입장권은 국립공원관리청 홈페이지나 각 국립공원 매표소에서 구매할 수 있다.

레이니어산 국립공원

레이니어산(Mt. Rainier)은 워싱턴주의 캐스케이드산맥에 있는 화산으로 높이가 해발 4,392m에 달하며 시애틀 시내에서 항상 눈 덮인 산의 정상을 관망할 수 있는 이 지역의 명산이다. 시애틀 국제공항에서 남쪽으로 약 90km를 내려가면 레이니어산 국립공원 입구가 나온다. 거봉인 레이니어산을 중심으로 형성된 아름다운 계곡과 폭포, 야생화 초원과 산림 등을 지나가는, 무려 150km에 달하는 대자연의 트레일로 유명하다. 공원 입구에

미국 워싱턴주의 레이니어산 국립공원

서부터 길 양옆으로 조성된 울창한 침엽수림의 향연은 실로 자연의 천국이 따로 없다는 느낌이 들 정도로 아름다웠다.

우리는 레이니어산 국립공원의 중심 도로인 꼬불꼬불한 파라다이스(Paradise) 로드를 지나 동쪽 능선을 따라 시애틀 도심으로 연결되는 매더 메모리얼 파크웨이(Mather Memorial Parkway)를 일주했다. 6월 중순이 넘었는데도 길 양쪽으로는 치워놓은 눈이 많이 쌓여 있어서 마치 눈 터널을 뚫고 달리는 기분이 들었다. 예상치 못하게 마주친 도로였지만 이번 여행에서 잊을 수 없는 몇 안 되는 멋진 드라이브 코스로 기억된다.

성 헬렌스 화산 국립기념물

레이니어산 국립공원에서 남쪽으로 약 170km를 내려가면 1980년 대규모 화산 폭발로 유명해진 성 헬렌스 화산 국립기념물(Mount St. Helens Volcanic National Monument)이 나온다. 당시 폭발로 인하여 산 정상이 약 400m 정도 날아가서 산의 높이가 낮아졌으며 그 충격으로 산 아래 지역에 큰 피해를 주었다고 한다. 이곳을 한눈에 볼 수 있는 존스톤 리지 전망대(Johnston Ridge Observatory)에 가면 실제 분화구의 모형과 폭발 현장을 직접 목격할 수 있다. 전망대 입구 주변에 있는 거대한 고목의 잔해를 보니 당시 폭발의 규모와 처참했던 상황을 충분히 짐작해볼 수 있었다.

노스캐스케이드 국립공원

시애틀에서 북동쪽으로 약 195km 떨어져 있는 노스캐스케이드(North Cascade) 국립공원은 캐나다의 브리티시컬럼비아(British Columbia, BC)주와 국경을 마주하고 있다. 노스캐스케이드산맥으로 둘러싸인 이곳은 야생보호구역으로 설정되어 북미 지역에서 산악이 가장 잘 보존되어 있어서 등산인들에게 인기가 많다. 계곡 사이로 흐르는 물이 고여서 만들어진 디아블로 호수(Diablo Lake)와 고지 호수(Gorge Lake), 로스 호수(Loss Lake) 등 아름다운 호수와 폭포들이 곳곳에 있어서 이곳에서 캠핑하며 물놀이와 보트를 즐기는 사람들이 많았다. 우리는 이곳의 경치에 취해, 여기서 시간을 한참 보냈다.

올림픽 국립공원

올림픽(Olympic) 국립공원은 유네스코 세계자연유산이며 국제생태계보전지역으로 지정된 곳이다. 시애틀 서쪽의 퓨젯 사운드 유역(Puget Sound Basins)을 건너서 태평양 쪽으로 넓게 펼쳐져 있는 올림픽 반도(Olympic Peninsula)에 자리하고 있는 아주 특별한 국립공원이다.

이곳의 연간 강수량은 무려 1,430mm로 겨울에는 대부분 비가 오는 날이 계속된다고 한다. 우리가 갔을 때도 종일 비가 왔다가 개기를 반복했

올림픽 국립공원의 숲속과 나무들

다. 이러한 지형적인 기후 조건 때문에 열대우림에서나 볼 수 있는 울창한 숲과 이끼에 덮인 나무들을 흔하게 볼 수 있어서 신비로운 느낌마저 드는 특별한 곳이다. 공원 남쪽에 있는 호 레인 포레스트(Hoh Rain Forest) 지역은 말 그대로 숲속이 온통 이끼로 덮여 있어서 마치 영화 〈아바타〉의 한 장면을 연상하게 하는 원시림이 계속 이어졌다. 울창한 숲속으로 들어가자 언뜻 무서운 느낌마저 들었다.

페리를 타고 캐나다 국경을 넘다

밴쿠버섬을 향하는 페리에서 만난 할머니

올림픽 국립공원의 북쪽에 있는 도시인 포트 앤젤레스(Port Angeles)에서 하룻밤을 지새운 우리는 대형 페리인 블랙 볼(Black Ball)에 자동차를 싣고 캐나다 국경을 넘어 밴쿠버섬으로 건너갔다. 밴쿠버섬은 캐나다 브리티시컬럼비아주의 태평양 연안에 있는 거대한 섬이다. 길이가 무려 460km, 폭이 80km로 북아메리카 서해안에서 가장 크다.

밴쿠버섬을 향한 페리에서 옆자리에 앉은 미국인 할아버지 할머니(Bill & Dotty) 부부를 만났다. 결혼 45주년을 기념하여 미국 샌디에이고 북쪽에 있는 비스타(Vista)에서부터 태평양 연안을 따라 밴쿠버까지 여행 중이라고 했다. 할아버지는 내 직업을 듣자 자신이 젊었을 때 포병으로 참전한 이야기로 열변을 토하셨다.

이어서 우리에게 여행 경로를 물어보더니 자신의 고향인 콜로라도를 지나간다고 하자 또다시 그곳의 관광 명소와 아름다운 도로 등을 알려주느라 신명이 났다. 인자하게 생긴 할머니는 혹시 샌디에이고에 오면 자기 집에 들르라면서 집 주소와 이메일을 적어주었다. 이분들의 모습을 보면서 20년 후 우리 부부의 모습이 이랬으면 좋겠다고 생각했다.

영국을 닮은 도시, 빅토리아

추억의 이야기를 간직한 페리가 도착한 곳은 밴쿠버섬 남쪽에 있는 아름다운 도시 빅토리아로, 브리티시컬럼비아주의 주도다. 캐나다 입국 심사는 페리 선착장에 있는 국경관리소에서 자동차를 탄 채 여권을 확인하는 것으로 끝났다.

빅토리아는 주 청사를 비롯하여 도시의 건물들이 매우 아름다우며 해군기지가 있는 항구도시다. 도시 건설 당시 영국 여왕의 이름을 딴 도시라서 그런지 주 청사 앞에는 커다란 빅토리아 여왕의 동상이 서 있었다. 밴쿠버보다 서쪽에 있으면서도 강수량이 적은 곳으로 살기가 좋아서 은퇴자들이 노후에 많이 몰려드는 매력적인 곳이라고 한다.

세계 최고의 정원 부차트 가든

빅토리아에서 자동차로 약 30분을 북쪽으로 달려가면 아름다운 정원 부차트 가든(The Butchart Gardens)을 만나게 된다. 1904년 식물을 좋아하던 부차

영국 여왕의 이름을 딴 도시 빅토리아와 아름다운 부차트 가든

슈메이너스 벽화마을

트 부인이 조금씩 가꾸던 정원을 대를 이어 100년을 가꿔 지금에 이르렀다. 2004년에는 그 가치를 인정받아 캐나다의 국가 역사유적지로 지정되었다. 동물 그림을 이용해 주차장 구역을 표시하는 등 정원 입구부터 아주 색달랐다. 공원 내부는 희귀한 꽃과 식물들로 가득했으며, 정원의 구조와 설계에서 전시까지 모든 것이 완벽해 비싼 입장료가 아깝지 않았다.

슈메이너스 벽화마을

빅토리아에서 북쪽으로 약 80km를 올라가면 캐나다 원주민들의 문화와 자취가 남아 있는 덩컨(Duncan)이 나온다. 이곳에는 벽화로 전 세계 여행자들의 마음을 사로잡은 슈메이너스(Chemainus) 벽화마을이 있다. 이 마을은 원래 목재산업이 발달한 곳이었으나 경기가 쇠퇴하자 마을을 다시 일으키기 위해 마을 역사와 관련한 벽화를 그리기 시작했다고 한다. 36개에 달하는 벽화가 건물 벽에 그려져 있는데 지금도 계속해서 작업이 진행되고 있다. 마을이 크지 않아서 걸어서도 충분히 감상할 수 있으나 마차를 타고 돌아보는 투어를 즐기는 방법도 있다. 밴쿠버행 페리를 탈 수 있는 나나이모(Nanaimo) 항구로 가는 길목에 있으니 밴쿠버섬을 여행 중이라면 중간에 잠깐 들러서 보는 것도 좋겠다.

밴쿠버섬 중남부에 있는 나나이모 항구에서 대형 페리를 타고 밴쿠버(Vancouver)로 향했다. 밴쿠버는 캐나다 서부의 최대 도시로, 발견 당시 캐나다 서부를 탐사하던 '조지 밴쿠버'의 이름에서 유래됐다. 페리가 도착하는 곳은 밴쿠버 북쪽 지역에 있는 호스슈 베이(Horseshoe Bay)였다. 페리 선상에서 본격적인 캐나다 여행이 시작되는 밴쿠버의 모습을 바라보니 정말 아름다웠다.

스탠리 공원

밴쿠버 다운타운의 북서쪽 바닷가에 있는 스탠리 공원(Stanley Park)은 밴쿠버의 허파와 같은 시민들의 휴식 공간이다. 섬 외곽으로 잘 정리된 도로를 따라 자전거, 인라인스케이트, 조깅 등을 즐기기에 최적의 장소기도 하다. 특히 남동쪽 해변도로에 있는 할렐루야 포인트(Halellujah Point)에서 바라본 반대편 밴쿠버 항구의 콜 하버(Coal Harber)와 랜드마크인 캐나다 플레이스(Canada Place)의 모습은 단연 손꼽히는 절경이다.

북쪽 밴쿠버에서 스탠리 공원으로 들어가거나 거꾸로 다운타운에서 북쪽 밴쿠버로 가려면 라이온스 게이트 다리(Lion's Gate Bridge)를 건너가야 한다. 이 다리는 1938년에 개통된 왕복 3차선의 현수교로 출퇴근 시간에 따라 가운데 차선을 가변적으로 운영한다.

그랜빌섬 공공시장

밴쿠버 다운타운에서 남서쪽으로 조금만 더 내려가면 그랜빌섬으로 건너가는 그랜빌 다리가 나온다. 이 다리 밑에 있던 과거 공장지대를 새롭게 리모델링해 대형 재래시장을 만들었다. 이곳에는 과일, 농산물, 식료품, 정육

그랜빌섬의 재래시장과 수상가옥

점, 해산물, 공예품, 스포츠용품 등 각종 생필품을 파는 가게가 꽉 들어차 있으며 시민들이 자유롭게 쇼핑을 하는 모습을 볼 수 있다. 캐나다에서는 보기 드문 서민들의 시장으로서 우리네 남대문 시장과 같은 곳으로 보였다.

그랜빌섬 주변의 바닷가로 연결해 지은 수상가옥이 즐비해 매우 독특한 주거문화를 볼 수 있었다. 또한 수상택시와 수상비행기 등 수상교통이 인상 깊었다.

카필라노 현수교

라이온스 게이트 다리를 건너서 약 8.5km를 북쪽으로 올라가면 스릴 넘치는 출렁다리인 카필라노 현수교(Capilano Suspension Bridge)가 나온다. 이 다리는 밴쿠버 북쪽의 산림지대를 남북으로 흐르는 카필라노강 계곡 사이를 연결한 현수교로 길이는 140m, 강 위로 70m의 높이에 건설되어 있다. 입구에는 인디언들의 토테미즘을 상징하는 토템폴과 목각을 만드는 목공소가 있다. 카필라노 현수교를 건너면 울창한 숲속에 여러 개의 거대한 나무들 사이를 연결해 만든 나무숲 산책용 출렁다리(Nature's Edge Boardwalk)를 만날 수 있다. 나무 위를 거닐면서 자연의 소리를 들고 힐링할 수 있는 멋진 곳이다. 최근에는 카필라노 다리 오른쪽으로 계곡 위를 걸어가는 클리프워크(Cliff Walk)가 새로 개장해 여행객들에게 인기가 많다.

캐나다 밴쿠버 ~ 미국 칼리스펠

로키를 만끽하며 대자연의 심장부를 지나가다

구간 : 캐나다 밴쿠버 ~ 밴프 국립공원 ~ 워터튼 호수 국립공원 ~ 미국 칼리스펠

기간 : 6. 26 ~ 7. 3(8일간)

루트 : 캐나다 밴쿠버(A) → 휘슬러(B) → 킬로나(D) → 글레이셔 국립공원 → 요호 국립공원(E) → 재스퍼 국립공원(F) → 밴프 국립공원(G) → 캘거리(H) → 워터튼 호수 국립공원(I) → 미국 글레이셔 국립공원(L) → 칼리스펠(M)

이동 거리 : 2,958km

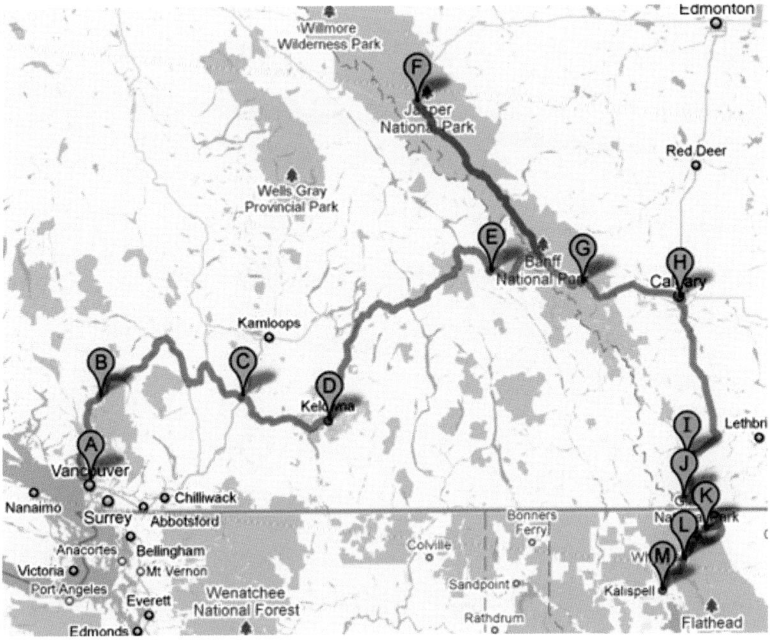

브리티시컬럼비아주는 캐나다의 서쪽 해안인 태평양을 연해 미국의 알래스카주까지 연결되는 지역이다. 캐나다 서부 지역을 대표하는 금융과 무역의 중심지 밴쿠버, 세계적 휴양지인 휘슬러, 오카나간(Okanagan)강 유역에 있는 와인의 고장 킬로나(Kelowna) 등 유명한 관광 명소들이 많은 매력적인 고장이다.

동계스포츠의 천국 휘슬러

밴쿠버에서 북쪽으로 약 125km를 자동차로 달리면 동계스포츠의 천국인 휘슬러가 나온다. 이곳은 2010년 동계올림픽에서 알파인스키와 노르딕 복합, 루지, 스켈레톤, 봅슬레이 등의 경기가 열렸던 곳이다. 거대한 스키장이 있는 휘슬러산과 블랙콤산은 알파인스키와 산악자전거를 즐기는 여행객으로 연간 수백만 명이 찾는 명소다.

6월 말에 방문했는데도 산악자전거를 타기 위한 관광객으로 인산인해를 이루었다. 특히 해발고도 2,500m가 넘는 두 개의 산을 잇는 피크 투 피크(Peak 2 Peak) 케이블카 체험은 결코 빠뜨려서는 안 될 인기 있는 어트렉션이다.

밴쿠버에서 휘슬러를 향해 가는 길목에 있는 사이프러스 주립공원(Cypress Provincial Park)과 스쿼미시(Squamish)강 주변의 아름다운 관광 명소도 꼭 들러보는 것이 좋다.

한국인 모텔을 찾아가는 대모험의 길

여행을 떠나기 전, 지인이 혹시 캐나다 서부 지역을 가게 되면 와인으로 유명한 킬로나에 꼭 가보라고 했다. 그러면서 밴쿠버에서 킬로나로 가는 길

휘슬러의 '피크 투 피크' 케이블카 체험

목인 매리트(Merritt)에 자신이 잘 아는 교포분이 모텔을 하고 있으니 그곳에서 숙박하라고 권유했다. 나는 기왕이면 그 모텔에서 하룻밤을 자고 가는 것이 좋을 듯해 그곳으로 향했다.

휘슬러에서 캐나다 로키를 가기 위한 중간 기착지인 킬로나로 가는 지름길은 다시 밴쿠버로 내려가서 캐나다 횡단 고속도로(Trans-Canada Highway) 1번을 타고 동쪽으로 가는 것이다. 그런데 이런 사실을 모르고 단순히 눈으로 보고 지름길이라고 생각한 길을 택해 내비게이션에 목표 지점을 찍고 출발 했다.

문제는 여기에서부터 시작되었다. 우리가 가는 길목에 있는 국도인 97번과 12번, 8번 도로의 상태가 너무나 열악하고 위험할 뿐만 아니라 시간이 더 많이 소요되기 때문에 사람들이 잘 가지 않는 곳임을 나중에 알게 되었다.

실제로 운전이 힘들어서 중간중간에 휴식을 자주 하다 보니 구글 지도에 표시된 시간보다 훨씬 많은 시간(7시간)이 소요되었다. 특히 12번과 8번 도로는 험한 산악지대를 통과해서 아슬아슬한 천 길 낭떠러지에 도로폭도 좁아서 운전하는 데 겁이 날 정도였다.

천신만고 끝에 저녁 무렵에야 겨우 숙소에 도착했다. 운전하면서 긴장해서 그런지 온몸이 뻐근하고 다리가 저리는 것 같았다. 대신에 저물어가는 석양을 배경으로 불을 밝힌 숙소 주변의 경치 하나만큼은 최고였다. 더

대모험의 길에서 만난 절경(좌) 어렵게 찾아간 베스트 웨스텐 모텔 전경(우)

욱 놀라운 사실은 그토록 어렵게 찾아간 그곳(Best Western, Nicola Inn)의 주인이 바뀌어서, 전 사장님과 친분이 있는 또 다른 한인 교포분이 사장으로 있었다는 사실이다. 그분은 우리 이야기를 듣더니 너털웃음을 지어 보이곤 우리가 대단한 모험을 한 것이라며 찾아와줘서 고맙다는 인사를 건넸다.

와인의 고장 킬로나

다음 날 아침 일찍 숙소에서 새소리를 들으며 일어났더니 인자한 모습의 사장님이 모닝커피를 같이 나누자고 사무실로 초대했다. 좋은 대접도 잘 받았고 깊은 산속에 있는 공기 좋은 숙소에서 하룻밤을 지냈다는 사실만으로 행복한 기분을 느낄 수 있었다.

숙소를 정리하고 캐나다 최대의 와인 산지인 킬로나를 향해 출발할 준비를 했다. 킬로나는 남북으로 길게 뻗은 오카나간 계곡(Okanagan Valley)을 따라 길게 형성된 오카나간 호숫가에 자리 잡은 캐나다 서부 지역의 유명한 휴양지다. 기온이 온화하고 바람이 잘 통해 호수 주변으로 와이너리가 쭉 늘어서 있으며 호수에서 즐기는 다양한 레포츠가 발달되어 있어서 가족 단위의 여행객이 많이 찾는다.

숙소 사장님이 킬로나에 있는 한식당 '궁(Geung)'을 추천해주었다. 시애틀에 도착했던 첫날 한식을 먹어보고 거의 2주 만에 한식을 접한 우리는 여러 가지 메뉴를 이것저것 시켜서 정신없이 맛있게 먹었다.

캐나다 로키의 서쪽 관문 글레이셔 국립공원

우여곡절이 많았던 킬로나를 떠나 동쪽으로 약 243km를 달려서 캐나다 로키의 서쪽 관문인 글레이셔(Glacier) 국립공원 여행자안내소에 도착했다. 이곳에서 우리는 캐나다 로키에 속한 4개의 국립공원 입장권을 끊어서 자동차 왼쪽 창문에 부착하고 바로 출발했다.

캐나다 브리티시컬럼비아주에 있는 글레이셔 국립공원은 미국의 북서부 몬태나주에 있는 글레이셔 국립공원과 이름이 똑같다. 두 곳 모두 이름처럼 '빙하(Glacier)'로 유명하다. 일정상 미국의 글레이셔 국립공원을 찾기로 하고 이곳은 외형만 보고 통과했다.

우리는 다시 약 100km를 달려서 요호(Yoho) 국립공원으로 들어가는 길목에 있는 작은 산골 마을인 골든(Golden)에 도착했다. 내일부터 본격적으로 시작할 로키 여행을 위해 편안한 휴식을 취했다.

캐나다 로키산맥 공원

북아메리카 서부에 있는 로키산맥은 캐나다의 브리티시컬럼비아주 북쪽에서 시작해 미국의 뉴멕시코주까지 남북으로 약 4,800km에 걸쳐 뻗어 있는 거대한 산맥이다. 북쪽의 캐나다 로키는 길이 1,350km, 폭 150km, 면적 180,000km^{2}로서 우리나라의 1.8배 크기에 달한다. 3,000m 정도의 험준한 고산과 빙하, 아름다운 호수, U자 계곡이 발달한 고원이 펼쳐지면서 아름다운 경치를 만들어낸다.

캐나다 로키산맥 공원(Rocky Mountain Parks)은 연간 약 800만 명의 관광객이 찾는 캐나다의 대표적인 관광 명소로 1984년에 유네스코 세계자연유

산으로 지정되었다. 브리티시컬럼비아주와 앨버타(AB)주에 걸쳐서 밴프(Banff), 재스퍼(Jasper), 쿠트니(Kootenay), 요호(Yoho) 국립공원 등 4개의 국립공원과 롭슨(Robson)산, 아시니보인(Assiniboine)산, 햄버(Hamber) 등 3개의 주립공원 등 모두 7개의 공원이 모여 있다. 이들은 하나같이 산봉우리, 빙하, 호수, 폭포, 협곡, 석회동굴을 많이 볼 수 있으며 모두 빼어난 경관을 자랑하고 있다.

캐나다 로키를 즐겁게 여행하는 방법

캐나다 로키 국립공원은 자연을 보호하기 위해서 1885년 최초로 밴프 국립공원을 지정될 때 국가에서 인가해준 숙소와 레스토랑 외에는 추가 신축을 허용하지 않는다. 이 규정은 130년째 철저히 지켜져오고 있다.

따라서 성수기인 여름철에 그림 같은 풍경을 제공하는 레이크 루이스 옆에 있는 페어몬트 샤토 레이크 루이스 호텔(Fairmont Chateau Lake Louise Hotel)이나 밴프 시내 보우 폭포 옆에 있는 페어몬트 밴프 스프링스 호텔(Fairmont Banff Springs Hotel) 같은 특급호텔에 숙소를 구하기는 힘들다. 레이크 루이스인(Lake Louise Inn), 포스트 호텔 스파(Post Hotel & Spa) 등 산장과 리조트 형태의 가족호텔이나 숙소의 가격도 만만치 않다.

그래서 밴프 시내에 있는 비교적 저렴한 모텔이나 민박을 이용하거나 더 저렴한 캠프촌이나 유스호스텔 등을 이용하는 방법이 있다. 하지만 가장 좋은 방법은 밴프 국립공원 동쪽에 있는 캔모어(Canmore)에 숙소를 정하는 것이다. 캔모어는 새로 조성된 위성도시로 비교적 저렴하면서도 깨끗한 호텔이나 에어비앤비 등을 구할 수 있다. 자동차로 밴프 시내까지 불과 30분이면 도달할 수 있다.

그리고 국립공원 내에 있는 몇 개 안 되는 레스토랑은 가격이 비싸고 한국인의 입맛에 딱 맞는 메뉴가 별로 없다. 저녁 식사는 숙소 근처에서 해결할 수 있지만, 점심 식사는 마땅히 좋은 곳을 찾기가 어렵다.

따라서 아침에 숙소에서 나올 때 김밥이나 패스트푸드를 준비하거나 한국식당에 들러서 도시락을 구매하여 휴식공간에서 먹는 게 좋다. 참고로 캐나다 로키에 있는 한국식당은 밴프의 서울옥과 재스퍼의 김치식당이 유일하다.

요호 국립공원의 타카카우 폭포와 내추럴 브리지

요호 국립공원

캐나다 로키산맥 공원 중에 맨 먼저 찾아간 곳은 골든에서 동쪽으로 약 60km에 있는 요호 국립공원이었다. 요호 국립공원은 브리티시컬럼비아주에 속하며 캐나다 로키의 주요 관광지인 밴프, 재스퍼 국립공원과 비교하면 규모는 작으나 신비하고 아름다운 명소를 많이 보유하고 있다.

'요호'는 인디언어로 '굉장한'이라는 뜻으로 우리말의 '야호'와도 비슷하다. 호수 색깔이 마치 보석을 닮았다는 아름다운 에메랄드 호수(Emerald Lake), 깊은 산속에 신비함을 간직하고 있는 오하라 호수(O'hara Lake) 등이 특히 유명하다. 우리는 캐나다 최고의 높이(373m)를 자랑하는 장엄한 타카카우 폭포(Takakkaw Falls)와 내추럴 브리지(Natural Bridge) 등을 둘러보고 다음 여행지로 향했다.

시간이 충분하다면 에메랄드 호수 랏지에서 출발해 호수를 한 바퀴 돌아오는 약 5.2km의 에메랄드 호수 일주 트레일(Emerald Lake Loop Trail)을 해보거나 호수 입구 쪽에서 대여하는 카누를 타고 호수 한가운데로 들어가서 아름다운 호수와 주변의 경관을 즐겨볼 것을 권한다.

재스퍼 국립공원

요호 국립공원에서 레이크 루이스로 가는 캐나다 횡단 고속도로를 빠져나와 북쪽으로 이어진 아이스필드 파크웨이(Icefields Parkway, 앨버타주 93번 도로)를 타고 계속 올라가면 밴프 국립공원과 연결되는 재스퍼 국립공원을 만나게 된다. 아이스필드 파크웨이는 세계에서 가장 아름다운 드라이브 도로로 선정된 만큼 주변 경관이 뛰어나다.

재스퍼 국립공원은 면적이 11,000km²로서 캐나다 로키산맥 공원 중에 가장 크기가 넓은 공원이다. 명소로는 캐나다 로키를 상징하는 스피릿섬

재스퍼 국립공원의 말린 호수, 말린 캐니언

(Spirit Island)과 말린 호수(Maligne Lake), 말린 캐니언(Maligne Canyon), 메디신 호수(Medicine lake), 재스퍼 트램(Jasper Tram), 에디스카벨산(Mt. Edith Cavell), 피라미드 호수(Pyramid Lake) 등이 있다.

캐나다 로키 중에 밴프 국립공원이 화려하고 힘이 넘치는 아버지와 같은 곳이라면 재스퍼 국립공원은 차분하고 인자한 어머니를 닮았다고 한다. 그래서 조용한 숲길을 걸으며 힐링을 원하거나 호수 주변에서 승마를 즐기고 자전거를 타고 싶은 사람들은 재스퍼 국립공원을 찾는 것이 제격이다.

재스퍼 시내에 있는 한국인 민박을 찾아서 여장을 풀고 말린 호수와 말린 캐니언, 메디신 호수 등을 둘러보았다. 말린 호수에서 유람선을 타고 환상의 섬 스피릿을 들렀다 오는 보트 투어는 날씨 때문에 운항이 취소되어 아쉬운 발길을 돌릴 수밖에 없었다.

밴프 국립공원

요호 국립공원과 경계선을 마주하고 있는 밴프 국립공원은 캐나다 로키산맥을 대표하는 공원이다. 특히 아름다운 호수가 많아서 세계 여성들의 사랑을 듬뿍 받는 곳이다.

캐나다 여행을 상징하는 수많은 그림엽서에 자주 등장하는 레이크 루이스(Lake Louise)를 비롯해 거대한 10개의 산봉우리에 둘러싸여 있는 모레인 호수(Moraine Lake), 첫눈에 반하는 신비한 색깔을 가진 페이토 호수(Peyto

밴프 국립공원의 아름다운 호수와 명산

Lake), 캐나다 로키의 젖줄인 보우강의 원천인 보우 호수(Bow Lake) 그리고 최대 크기의 미네완카 호수(Minnewanka Lake), 자전거 투어와 승마를 즐기기에 좋은 버밀리언 호수(Vermilion Lake) 등 아름다운 호수들의 천국이다.

밴프의 또 다른 명소로는 시내를 360도로 볼 수 있는 설퍼산(Shulpur Mt.) 전망대에 올라가는 밴프 곤돌라와 어퍼 핫 스프링스(Upper Hot Springs) 온천, 마릴린 먼로 주연의 영화 〈돌아오지 않는 강〉을 촬영한 보우 폭포(Bow Falls)와 바로 옆에 130년 역사를 자랑하는 페어몬트 밴프 스프링스 호텔(Fairmont Banff Springs Hotel) 등이 있다.

이 중에서 특히 밴프 곤돌라를 타고 설퍼산 정상에 올라가서 밴프 시내의 아름다운 전경과 밴프 국립공원의 고봉들을 둘러보면 밴프 국립공원이 왜 그렇게 많은 사람을 불러 모으는지를 금방 알 수 있을 만큼 놀라운 광경을 보게 된다. 해발고도 3,543m로 밴프 국립공원에서 최고의 높이를 자랑하는 템플산(Temple Mt.)을 비롯해 밴프 시내의 배경이 되는 캐스케이드산(Cascade Mt.), 신비한 봉우리의 런들산(Rundle Mt.), 캐슬산(Castle Mt.) 등 3,000m가 넘는 웅장한 산봉우리가 즐비하게 솟아 절경을 자랑한다.

또한 밴프 시내를 가보지 않고는 캐나다 로키를 구경했다고 할 수 없을 만큼 밴프 다운타운은 캐나다 로키 여행의 출발점이다. 밴프는 인구 약 8,500여 명에 불과한 조그만 산악 마을이지만 세계 각국의 관광객들이 찾는 대표적인 관광지다. 시내 중심 도로로서 남북으로 길게 뻗은 밴프 에비

밴프 애비뉴의 아름다운 모습

뉴(Banff Avenue)에는 세계 각국의 요리를 맛볼 수 있는 레스토랑과 쇼핑몰이 펼쳐져 있다. 사계절 내내 아름다운 거리는 누가 봐도 사랑스럽다고 느낄 것이다.

로키의 진정한 자연을 즐기려면 보우 밸리 파크웨이(Bow Valley Parkway)를 꼭 드라이브해야 한다. 밴프에서 레이크 루이스에 이르는 58km의 이 길은 캐나다 횡단 고속도로(1번)가 생기기 전의 구도로로서 가는 길목에 엘크나 사슴, 곰 같은 야생동물을 쉽게 만날 수 있다. 또한 밴프에서 약 25km 거리에 있는 존스턴 캐니언(Johnston Canyon)은 수려한 계곡과 시원한 폭포가 있는 빼놓을 수 없는 트래킹 코스이니 꼭 걸어보길 바란다.

세계 최고의 드라이브 코스 아이스필드 파크웨이

밴프에서 북쪽으로 캐나다 횡단 고속도로(1번)를 타고 올라가다가 레이크 루이스 입구를 지나면서 바로 연결되는 아이스필드 파크웨이는 캐나다 로키 여행의 하이라이트다.

재스퍼까지 230km에 걸쳐서 이어지는 이 길은 아름다운 빙하 호수와 3,000m가 넘은 눈 덮인 고봉들의 환상적인 경치가 양쪽 차창 밖으로 끝없이 펼쳐져 말 그대로 그림엽서를 연상시킨다. 달리는 내내 캐나다 로키의 진정한 모습을 만끽하며 마치 대자연의 심장부를 지나가는 환상적인 기분을 느낄 수 있다. 핵터 호수(Hector Lake), 크로풋 빙하(Crowfoot Glacier), 보우 호수, 워터파울 호수(Waterfowl Lake), 페이토 호수 등을 비롯해 미스타야 협곡(Mistaya Canyon), 크로싱(Crossing), 휘핑 월(Weeping Wall), 선왑타 폭포(Sunwapta Falls), 컬럼비아 대빙원(Columbia Glacier), 빙하 스카이워크(Glacier Skywalk), 빅힐·빅밴드(Big Hill & Bend) 고개, 애서베스카 폭포(Athabasca Falls), 허니문 호수(Honeymoon Lake) 등 말로 표현할 수 없이 아름다운 명소들이 즐비하게 늘어서 있다.

아이스필드 파크웨이를 여행할 때는 반드시 자동차 기름의 양을 확인하고 가득 주유하는 것을 잊지 말아야 한다. 레이크 루이스에서 재스퍼까지 가는 아이스필드 파크웨이 도로상에는 주유소가 하나도 없다. 만약 밴프에서 출발하여 재스퍼를 왕복할 경우 570km가 넘게 되는데, 재스퍼 시내에서 다시 주유하지 않으면 레이스 루이스 입구에 돌아와서야 비로소 주유소를 만날 수 있다.

내가 2014년에 이곳을 방문했을 때 주유하는 것을 잊어버리고 나오는 바람에 중간에 기름이 떨어져서 시동이 꺼져버렸다. 그래서 승객 전원이 하차하여 주유소까지 차를 밀고 갔던 웃지 못할 추억(?)이 있다.

아이스필드 파크웨이에서 만날 수 있는 경치

앨버타주 동남부 지역 여행

앨버타(Alberta)주의 대표적인 관광지인 캐나다 로키산맥의 3개 국립공원 여행을 마치고 동남부 지역 여행에 나섰다. 동남부 지역은 밴프 국립공원을 지나 인근의 캔모어 동쪽에 있는 인디언 마을인 카나나스키스 지역(Kananaskis Country)이 미지의 관광지로 알려져 있고 캐나다 로키산맥을 따라 남쪽으로 내려가면 미국과 국경지대에 워터튼 호수(Waterton Lake) 국립공원 등 아름다운 관광 명소들이 많다.

동계올림픽의 도시 캘거리

통상 캐나다 로키 여행을 하기 위해서는 밴쿠버에서 이곳 캘거리까지 항공기로 이동한 후 다시 자동차로 밴프나 재스퍼를 찾아가는 것이 일반적인 방법이다. 그러나 우리는 밴쿠버에서부터 자동차여행을 하고 있으므로 거꾸로 밴프에서 캘거리로 갔다. 밴프에서 캐나다 횡단 고속도로 1번을 따라 동쪽으로 약 126km를 달려가면 캘거리가 나온다.

인구는 약 120만 명으로서 토론토, 밴쿠버에 이어 캐나다에서 세 번째로 큰 도시다. 평야 지대에 위치해 있어서 캘거리 타워(Calgary Tower)에 올라가면 시내 전경을 한눈에 내려다볼 수 있다. 우리는 캘거리 타워에 올라가서 시내를 전망한 후 주변에 있는 한인 마트에 들렀다. 앞으로 약 일주일 정도는 캐나다 국경을 지나 남쪽으로 미국의 솔트레이크시티

캘거리 시내 전경

앨버타주의 워터튼 호수 국립공원과 프린스 오브 웨일스 호텔

(Salt Lake City)까지 가야 하는데 중간에 큰 도시가 없으므로 캘거리 시내에 있는 한인 마트에 들러서 쌀과 김치, 국거리와 밑반찬 등 그동안 먹을 식량과 부식 등을 보충했다.

워터튼 호수 국립공원

캐나다 앨버타주 동남부 지역 여행 중 기억에 남는 여행지는 워터튼 호수 국립공원이다. 워터튼 호수는 캘거리에서 남쪽으로 약 260km 떨어진 곳에 있는 아름다운 호수다.

공원 입구에 있는 프린스 오브 웨일스 호텔(Prince of Wales Hotel)은 독특한 모양을 한 5층 목조건물로 우리의 눈길을 끌었다. 이곳에서 바라보는 아름다운 워터튼 호수와 주변의 빼어난 경치는 우리에게 큰 감동을 안겨주었다. 호수 아래로 보이는 호숫가 마을에서 출발하는 유람선을 타고 워터튼 호수를 둘러보는 것도 특별한 경험이니 꼭 체험해보기를 권한다. 여기에서 유람선을 타고 호수를 따라 가면 남쪽으로 연결되어 있는 미국 글레이셔 국립공원까지 갔다 돌아올 수 있다.

다시 밟게 된 미국 땅

캐나다 앨버타주의 여행을 모두 마치고 숙소가 있는 미국의 몬태나주에 다시 입성했다. 캐나다의 앨버타주는 미국의 몬태나주와 국경을 나란히 하고 있으며 워터튼 호수는 로키산맥의 줄기를 타고 캐나다 앨버타주와 미국 몬태나주 사이에 놓여 있다. 따라서 캐나다의 워터튼 호수 국립공원과 미국의 글레이셔 국립공원은 하나의 공원이 국경선에 따라 두 개로 갈라져 있는 셈이다.

미국의 글레이셔 국립공원

미국 몬태나주에 있는 글레이셔 국립공원은 캐나다 브리티시컬럼비아주에 있는 글레이셔 국립공원과 이름이 똑같다. 그러나 규모나 관광객 숫자로 보면 미국 몬태나주의 공원이 훨씬 더 크고 잘 알려져 있다.

글레이셔 국립공원의 명소 성메리 호수

특이한 외양과 색깔로 인기가 높은 셔틀버스

이곳 글레이셔 국립공원은 남북으로 뻗은 로키산맥으로 인해 동서로 갈라져 있는데 주로 동쪽에 볼거리가 많이 있다. 동쪽에는 메니 글레이셔(Many Glacier) 지역과 성메리 호수(St. Mary Lake) 지역 그리고 남쪽의 투 메디신 호수(Two Medicine Lake) 등 여러 개의 호수가 있고 주변의 경치가 매우 아름답다.

특히 성메리 호수 중간에 있는 선 포인트(Sun Point) 부근의 경치는 실로 감동적이었다. 서쪽에는 거대한 맥도널드 호수(McDonald Lake)가 있어서 휴식을 취하려는 여행객이 많이 찾아온다. 대부분 여행객은 해발고도 2,026m의 로건 패스(Logan Pass)를 통과하는 환상의 도로 'Going to the Sun Road'를 달리기 위해서 이곳을 찾아온다. 이 길은 공원의 동쪽 입구인 성메리 호수와 서쪽 웨스트 빙하(West Glacier)의 입구를 연결하는 약 80km의 도로인데 경치가 너무나 아름다워서 노르웨이의 애틀랜틱 도로(Atlantic Road), 미국 서부의 태평양 연안도로(Pacific Coast Highway), 캐나다 아이스필드 파크웨이 등과 함께 세계에서 가장 아름다운 도로에 자주 뽑히기도 한다.

우리가 이 길을 달리기 위해서 동쪽 입구인 성메리 호수에 도착했을 때는 얼마 전 로건 패스 구간에 일어난 눈사태로 도로가 차단되어 통과할 수가 없었다. 이런 청천벽력 같은 소리가 있나? 갑자기 온몸에 기운이 다 빠지고 한숨밖에 나오지 않았다. 7월 초였는데, 공원 관계자에 의하면 이런

Tip 북미대륙 자동차여행 중에 식료품 구매 및 식사 요령

미국과 캐나다는 땅덩어리가 워낙 커서 자동차여행을 하다 보면 중간에 식사하거나 먹거리를 구하기가 어려울 때가 있다. 특히 중부지역 고속도로의 경우 몇백 킬로미터를 달려도 휴게소가 없을 때가 많다. 휴게소가 있더라도 화장실과 여행안내소, 아니면 간단한 물건을 파는 작은 구멍가게가 전부인 경우가 많다. 더구나 깊은 산속이나 시골길이라면 아예 인적이 드물어서 패스트푸드 가게마저도 찾을 수 없다.
이런 문제를 해결하는 가장 좋은 방법은 출발하기 전에 아이스박스에 얼음을 채운 후 과일이나 고기, 밑반찬, 음료수 등을 담고 다니면서 필요할 때마다 꺼내 먹는 것이다. 과일과 고기, 우유, 달걀 등은 미국의 경우 웬만한 동네마다 있는 월마트를 이용하면 값싸고 싱싱한 물건을 살 수 있다. 아이스박스라 해도 얼음이 녹거나 시간이 지나면 상할 수 있으므로 한꺼번에 너무 많은 양을 사지 않는 게 좋다.
쌀, 즉석밥, 라면, 국거리, 밑반찬, 고추장, 된장 등은 대도시를 지날 때마다 한인마트(H Mart, 한남체인 등)에 꼭 들러서 충분히 구매해야 한다. 웬만한 중·대도시에는 한인마트가 있다.
그리고 야외에서는 아무 데서나 식사나 음주를 하면 안 된다. 지정된 장소나 휴게소(Rest Area) 등에서 하고, 특히 국립공원 내에서는 함부로 불을 피워서는 안 된다. 취사하기 위해서 불을 피울 때는 반드시 인가된 지역인지를 확인해야 한다.

눈사태가 자주 일어난다고 한다. 여름철이라도 사전에 도로 상태를 꼭 확인하고 진입하길 바란다. 하는 수 없이 성메리 호수에서 발길을 돌려 동쪽으로 국립공원을 완전히 한 바퀴 돌아가는 길을 선택할 수밖에 없었다. 길을 우회하는 바람에 투 메디신 호수를 볼 수 있었으나 저녁 늦게야 반대편에 있는 맥도널드 호수에 도착했다.

글레이셔 국립공원에는 공원 내의 숙소는 물론 동·서의 공원 입구를 오가는 빨간색 셔틀버스가 있는데 생김새가 독특해 관광객에게 인기가 높다. 중간중간에 포인드에시 내렸다가 구경한 후 다시 승차해도 가능하니 이곳에 가면 꼭 한번 타보기 바란다.

미국 칼리스펠 ~ 코르테스

신비롭고 독특한 다양한 국립공원 집합소

구간 : 미국 칼리스펠(MT) ~ 옐로스톤 국립공원 ~ 아치스 국립공원 ~ 코르테스(CO)

기간 : 7. 4~7. 10(7일간)

루트 : 미국 칼리스펠(A) → 리빙스턴(B) → 옐로스톤 국립공원(C, D) → 그랜드 티톤 국립공원(E) → 포카텔로(F) → 솔트레이크시티(G) → 프라이스(H) → 캐니언랜드 국립공원(I) → 데드 호스 포인트 주립공원(I) → 모압 → 아치스 국립공원(J) → 모뉴먼트 벨리(K) → 카옌타(L) → 코르데스(M)

이동 거리 : 3,069km

미국 독립기념일 퍼레이드

글레이셔 국립공원의 눈사태로 인해 'Going to the Sun Road'가 폐쇄되어 약 100km가 넘는 길을 우회하다 보니 목적지인 칼리스펠(Kalispell)에 밤늦게야 도착했다.

아침에 느지막하게 일어나서 식당의 게시판을 보니 오늘(7월 4일)이 바로 미국 독립기념일이었고 시내 중심가에서 기념 퍼레이드를 한다는 광고가 게시되어 있었다. 우리는 서둘러 호텔 바로 앞에 있는 큰길로 나섰다. 미국 유학 당시 미국 독립기념일을 큰 도시에서 지내보기는 했지만, 이렇게 여행 중에 이름도 생소하고 인구가 20,000여 명에 불과한 작은 시골 도시에서 맞이해보기는 처음이었다.

10시가 되자 브라스밴드와 경찰차, 소방차를 필두로 해 시내 중심 도로를 행진하는 퍼레이드 대열이 등장하고 길 양옆으로는 시민들로 가득했다. 남녀노소 할 것 없이 모두가 한마음이 되어 독립기념일을 진심으로 축하하며 즐기는 모습이었다. 우리나라의 광복절과는 너무나 다른 축제 분위기라서 부러운 마음이 들었다. 무엇보다도 공식적이고 형식적인 딱딱한 행사가 아니라 시민들이 자발적으로 참여해 모두가 즐기는 축제와 같은 기념일이라는 데서 여러 가지 배울 점이 있었다.

칼리스펠의 미국 독립기념일 풍경

옐로스톤 국립공원

드디어 미국 여행 버킷 리스트의 첫 번째 목록인 옐로스톤(Yellowstone) 국립공원의 북쪽 입구에 도착하였다. 북쪽의 거점 도시인 리빙스턴(Livingston)을 지나 옐로스톤 국립공원으로 진입하면 공원 입구에 우리나라의 독립문을 닮은 특별한 형태의 대문을 만나게 된다. 루스벨트 아치(Roosevelt Arch)라고 하는데, 미국의 26대 대통령인 시어도어 루스벨트(Theodore Roosevelt) 대통령이 1903년에 이곳을 방문한 것을 기념하여 세워진 기념탑이다.

옐로스톤 국립공원은 미국 와이오밍(WY)주 북서부, 몬태나주 남부와 아이다호주 동부에 걸쳐 있는 남북 101km, 동서 87km, 면적 약 8,983km^{2}를 자랑하는 미국 최대의 국립공원으로, 1872년 미국 및 세계 최초의 국립공원으로 지정됐다. 유황 성분이 포함된 물의 영향으로 바위가 누렇게 변하는 모습을 보고 이 이름이 붙었다. 1976년 국제 생태 보호지구로 지정되었고 1978년 유네스코 세계유산으로 지정되었다.

옐로스톤 국립공원에는 다섯 곳의 입구(동·서·남·북·북동)가 있으며 공원 내부를 일주할 수 있는 8자형의 도로가 나 있어서 어느 방향에서든 공원 내부를 쉽게 돌아다닐 수 있다. 그러나 주차장에 내려서 여러 간헐천이나 온천을 가까이에서 보기 위해서는 상당한 거리의 나무로 된 잔도를 걸어가야 한다.

숙소는 공원 내에 호텔, 로지(Lodge) 등 여러 개가 있으나 성수기에는 일찍 예약하지 않으면 묵을 수가 없고 캠프촌을 제외하고는 가격도 만만치 않다. 따라서 공원의 외곽 도시 중 북쪽의 리빙스톤, 남쪽의 잭슨(Jackson)

에 숙소를 정해놓고 왔다 갔다 하는 경우가 많이 있다. 우리는 공원의 서쪽 입구 인근에 있는 북미 지역의 유명한 캠프촌 체인점인 '옐로스톤 코아(Yellowstone Park/West Gate KOA)'에 통나무집 숙소를 정해놓고 3일간 돌아다녔다. 미국 캐나다 여행 중에 처음 접해보는 통나무집이었지만 생각보다 저렴하고 시설도 편리하게 되어 있어서 아주 좋았다.

옐로스톤 국립공원에는 뜨거운 지하수를 하늘 높이 내뿜는 수많은 간헐천을 비롯한 여러 가지 종류의 온천들이 1만여 개나 있다. 또한 층층이 계단을 이루며 흘러내리는 맘모스 유황 온천(Mammoth Hot Spring) 등이 있다. 그중에 올드 페이스풀(Old Faithful)은 약 44~125분 간격으로 높이 약 50~60m에 달하는 땅속의 뜨거운 수증기를 지상으로 뿜어내는데 이것을 보기 위해 많은 관중이 구름처럼 모여든다.

이 외에도 면적이 무려 352.2km^{2}인 거대한 옐로스톤 호수(Yellowstone Lake), 애리조나주의 그랜드캐니언을 닮았다고 해 이름 붙여진 옐로스톤 그랜드캐니언(Yellowstone Grand Canyon), 그 사이로 하얀 거품을 품고 흐르는 높이 33m의 웅장한 로어 폭포(Lower Falls), 커다란 괴성을 지르며 진흙 동굴에서 수증기가 뿜어져 나오는 드래곤 마우스 온천(Dragon's Mouth Spring) 등 볼거리가 너무나 많아서 3일간 일정으로는 시간이 부족했다.

특히 공원 한가운데로 흐르는 옐로스톤강과 그 속에서 평화롭게 풀을 뜯고 있는 사슴들과 무리를 지어 배회하는 버펄로 들소 떼 등 옐로스톤은

옐로스톤 국립공원의 여러 가지 간헐천과 온천들

어느 것 하나 무시할 수 없는 정말 신비롭고 경이로운 대자연의 모습을 간직하고 있는 곳이었다.

그랜드 티톤 국립공원

그랜드 티톤(Grand Teton) 국립공원은 와이오밍주의 북서쪽에 있는 국립공원으로 옐로스톤 국립공원에서 남쪽으로 약 30km 정도 떨어져 있다. 티톤산맥(Teton Mountains)에서 가장 높은 티톤산(4,197m)의 이름을 따서 이름 지어졌다. '티톤'은 프랑스어로 '젖꼭지'를 의미하는데 옛날 모피 사냥꾼들이 산봉우리의 모양을 보고 지은 이름이라고 한다.

그랜드 티톤은 옐로스톤의 명성에 가려서 잘 알려지지 않았지만 티톤산을 비롯해 뾰쪽뾰쪽 날카로운 모습을 한 눈 덮인 고봉들을 멀리서 바라보면 정말 아름답다. 공원 주변에는 거대한 잭슨 호수(Jackson Lake)와 재니 호수(Jenny Lake) 등 청정미를 자랑하는 호수들이 많아서 풍광이 뛰어나고 다양한 즐길 거리가 있는 멋진 곳이었다. 특히 북쪽의 옐로스톤 국립공원에서 시작해 중간에 콜터 베이(Colter Bay)를 지나 그랜드 티톤 국립공원의 잭슨 호수로 연결되는 존 D. 록펠러 2세 메모리얼 파크웨이(John D. Rockefeller, Jr. Memorial Parkway)가 매우 인상적이었다.

1926년 미국의 재벌 록펠러는 이곳의 경치에 반해 당시 무분별하게 개발되고 있는 이 지역의 사유지를 모두 사들여서 연방정부에 다시 기부하는 방식으로 이 지역을 국립공원으로 지정되도록 지원했다. 이에 두 공원을 이어주는 이 도로는 1972년에 그의 이름을 따서 록펠러 2세 메모리얼 파크웨이로 명명되었다. 이후에도 록펠러가(家)는 2001년에 오랫동안 가문의 별장지였던 로렌스 록펠러 자연보전지구(Laurence S. Rockefeller Preserve)를 국가에 환원해 현재의 그랜드 티톤 국립공원을 완성하게 했다.

와이오밍주의 그랜드 티톤 국립공원

국립공원의 천국 유타주

와이오밍주를 거쳐서 아이다호(Idaho)주의 포카텔로(Pocatello)에서 숙박을 한 후 드디어 국립공원의 천국 유타(Utah, UT)주에 입성했다. 경계선을 넘자마자 바로 도로 주변에 여행지안내소가 있었다. 내부 시설도 아주 세련되었고 유타주의 여행 정보를 담은 각종 자료로 가득했다.

솔트레이크시티

솔트레이크시티는 유타주를 대표하며 모르몬교(Mormonism)로 잘 알려진 도시다. 모르몬교는 예수그리스도후기성도교회의 별명이며 1820년대 조지프 스미스 2세(Joseph Smith Jr.)에 의해 처음 창시되었다. 모르몬교도들은 스미스의 사후 기독교인들로부터 핍박을 받자 서쪽으로 이동한 후 이곳 솔트레이크에 정착해 현재의 예수그리스도후기성도교회로 계승됐다.

우리는 먼저 솔트레이크를 상징하는 템플 스퀘어(Temple Square) 교회

그레이트 솔트레이크

를 찾아갔다. 여행자안내소에서 방문 신청을 하자 부산에서 왔다는 한국인 유학생이 나와서 친절한 안내를 해줬다. 학생은 무료 봉사를 하고 있었으며 본당 교회 내부는 물론 파이프오르간과 성가대로 유명한 찬양예배당 등 곳곳을 상세하게 설명해주었다.

거대한 소금 호수 그레이트 솔트레이크

말 그대로 그레이트 솔트레이크(Great Salt Lake)는 소금 호수를 말한다. 유타주의 북쪽에 있으며 면적이 4,400km²인 거대한 호수다. 염분이 22% 정도로 세계에 가장 염도가 높은 내륙 호수다.

우리는 이곳에 오기 전부터 궁금했던 솔트레이크의 진실을 알기 위해서 남쪽에 호수 가운데로 들어갈 수 있도록 만들어진 도로를 따라 앤털로프섬(Antelope Island) 주립공원으로 들어갔다. 이 섬은 과거 아메리카들소 바이온(Bison)의 서식지였다고 한다. 곳곳에 이러한 사실을 기록한 전시물과 바이슨 조각상들을 볼 수 있었으나 우리가 갔을 때는 이미 멸종이 되어 한 마리도 구경할 수는 없었다.

호수가 분지에 있어서 흘러들어오는 물길은 있으나 빠져나가는 강이 없어서 염분의 농도가 22%나 되어 어류는 살지 못하고 사람의 몸도 가라앉지 않는다고 한다. 그래서 실제 호수의 염분 농도를 알아보기 위해서 달걀을 가지고 호수에 들어가서 실험을 해보았다. 그러나 동그란 달걀이 부상할 정도의 염분 수치는 아닌 듯 떠오르는 모습은 볼 수 없었다.

캐니언랜드 국립공원

솔트레이크시티 남쪽에 있는 프라이스(Price)에서 하룻밤을 자고 유타주의 지리적인 특성을 대표하는 온통 빨간색의 커다란 사암들과 깊은 계곡, 드넓고 건조한 사막으로 구성된 캐니언랜드(Canyonlands) 국립공원에 도착했다. 1964년에 국립공원으로 지정된 이곳은 공원 입구에서부터 길가의 풍경들이 지금까지의 모습과는 완전히 다른 분위기를 사아냈나.

캐니언랜드 국립공원

데드 호스 주립공원

우리는 이 신비로운 독특한 지형의 비밀을 알고 싶어서 공원 아래로 내려가보고 싶었다. 하지만 시기가 7월이라서 내리쬐는 태양이 아주 뜨겁고 황량한 사막이라서 몸 상태를 고려해 휴게소에서 잠시 쉬면서 점심을 먹은 후 공원의 구석구석을 돌아다니는 것으로 대체했다. 경치가 너무나 신비롭고 아름다워서 앞으로 전개될 유타주의 다른 공원들의 모습이 기대됐다.

데드 호스 포인트 주립공원

캐니언랜드 국립공원의 신비롭고 장엄한 풍경에 사로잡힌 우리는 다음 일정을 위해 발길을 돌렸다. 아쉬운 마음으로 공원 출구를 빠져나와서 약 10여km를 달리는 순간 오른쪽으로 조그마한 간판을 발견하고선 호기심에 무작정 차를 돌렸다.

바로 이곳이 데드 호스 포인트(Dead Horse Point) 주립공원이었다. 국립공원이 아니라서 국립공원 연간 패스는 소용이 없어 별도로 입장료를 내고 입장했다. 그곳에도 놀라운 풍경이 기다리고 있었다. 규모는 작지만 펼쳐지는 경치가 캐니언랜드 국립공원과 비슷해 보이면서도 색다른 풍경이 계속되었다. 알고 보니 이곳에서 캐니언랜드 국립공원의 풍경을 잘 조망해볼 수 있다고 한다. 1991년에 개봉되었던 영화 〈델마와 루이스〉의 마지막 장면에서 이들이 그랜드캐니언으로 알았던 그 장엄한 장소가 바로 이곳이다.

아치스 국립공원

아치스(Arches) 국립공원은 유타주를 대표하는 국립공원으로 유타주를 소개하는 각종 여행 안내서에 등장하는 원형 대문 모양의 델리킷 아치(Delicate Arch)가 이곳에 있다. 이곳은 캐니언랜드 국립공원에서 불과 약 50km밖에 떨어져 있지 않다.

우리는 유타주의 대표적인 공원들이 몰려 있는 이곳의 거점도시 모압(Moab)에 여장을 풀고 하룻밤을 편안히 쉬고 다음 날 아침 일찍 설레는 마음으로 아치스 국립공원을 찾았다. 입구에서 소개 영상을 감상한 후 기념사진을 찍고 오르막길로 이어지는 공원길을 따라 천천히 드라이브했다. 마치 신비로운 동굴에 들어가는 기분이었다.

공원 입구에서부터 만나게 되는 초입의 전망대를 시작으로 파크 애비뉴(Park Avenue), 세 마녀 바위(Three Gossips), 바벨탑(Tower of Babel), 코트하우스 타워(Courthouse Towers) 등 감탄사가 절로 나오는 기기묘묘한 형상을 한 바위들이 우리를 압도하기 시작했다.

조금 더 안으로 들어가자 마치 모딜리아니 그림에서나 볼 수 있는 목이 긴 여인의 형상을 하고 아슬아슬하게 서 있는 밸런스드 록(Balaced Rock)이 나타났다. 이곳 또한 아치스 국립공원을 상징하는 대표적인 명소다.

그 안쪽으로 들어가면 바위에 큰 구멍 두 개가 뚫려 있어서 마치 두 개의 창문을 열어놓은 듯한 거대한 바위 윈도우즈 섹션(Windows Section)이 나타난다. 가까이 가보면 생각보다 큰 구멍의 크기에 깜짝 놀라게 된다. 이

위 왼쪽부터 아치스 국립공원의 명소인 파크 애비뉴, 코트하우스 타워, 윈도우즈 섹션, 델리킷 아치

외에도 마치 경연장을 방불케 하듯 갖가지 모양을 한 2,000여 개의 신비로운 사암 덩어리들이 곳곳에 놓여 있다.

아치스 국립공원의 랜드마크인 델리킷 아치는 이곳에서 조금만 더 위로 올라가면 볼 수 있다. 이 바위는 유타주의 상징물로서 유타주 차량의 번호판 배경 그림으로 사용될 정도로 유명하다. 이곳을 관람하는 데는 두 가지 코스가 있다. 하나는 멀리서 아치를 관망할 수 있는 전망대(Upper Viewpoint)까지 약 500m를 걸어가는 코스이고, 또 하나는 월프 랜치(Wolfe Ranch)에서 약 2.4km의 약간 험한 길을 걸어가 약 20m 높이의 아치를 직접 만져볼 수 있는 바로 밑까지 가는 코스다. 이 코스는 다시 출발점으로 돌아와야 하므로 왕복 약 2~3시간을 잡고 가야 한다. 조금 더 실감 나는 경관을 즐기고 싶다면 반드시 이 트레일을 택해서 걸어가보길 바란다.

공원 안쪽으로 쭉 들어가면 악마의 정원(Devil's Garden)이 나오는데 이곳은 말 그대로 인간을 시기하는 악마가 살았다는 전설이 있을 만큼 신기하고 다양한 모습을 한 바위와 계곡으로 이루어져 있는 곳이다. 이곳을 제대로 구경하기 위해서는 약 두 시간여의 트레일을 따라 걸어가야 한다. 가는 도중에 만나는 경치가 놀라운 수준이니 꼭 끝까지 걸어가보길 바란다.

유타주 남부 지역 관광의 거점도시 모압

아치스 국립공원이나 캐니언랜드 국립공원을 관광하기 위해서는 중간에 있는 모압에 숙소를 정하게 된다. 모압은 아치스 국립공원에서 불과 10km 정도 떨어져 있는 작은 도시로 산악자전거나 트래킹, 산악 자동차를 타고 모험을 즐기는 사람들이 많이 찾는 곳이다. 우리도 모압 인근에 있는 KOA 캠프촌의 통나무집을 숙소로 정했다. 이번에도 역시 주변 경치도 좋고 시설도 깨끗해 아주 만족했다.

인디언의 성지, 모뉴먼트 밸리

아치스 국립공원의 아름다운 절경을 뒤로하고 남쪽으로 방향을 틀어서 유타주의 남부와 애리조나주의 북부에 걸쳐 있는 나바호(Navajo) 인디언의 성지 모뉴먼트 밸리(Monument Valley Navajo Trival Park)에 도착했다. 이곳은 메사(Mesa)라고 하는 테이블형의 대지가 침식을 계속하면서 뷰트(Bute)라고 하는 붉은색의 사암으로 된 바위산을 만들어냈다. 마치 기념비(Monument)와 같은 모양을 했다고 해 모뉴먼트 밸리로 이름이 지어졌다고 한다.

이곳은 예로부터 서부 지역의 최대 인디언 부족인 나바호족의 거주지역이었다. 지금도 이들은 자체적으로 부족국가 형대의 니리를 형성해 국회와 대통령을 두고 자치지역으로 운영되고 있다. 일부 지역을 공원으로 개발해 나바호족 관할 아래 일반인에게 개방하면서 나바호족의 성지로 알려진 유명한 관광지가 되었다. 이곳을 여행할 때는 자가용을 이용해서도 공원 내부를 둘러볼 수 있는데 대부분이 비포장도로라 차고가 높은 SUV나 지프 같은 차를 이용하는 것이 좋다.

이곳은 서부극의 무대로 유명한 영화감독 존 포드((John Ford)가 〈역마차〉, 〈수색자〉 등 다수의 영화를 촬영했던 곳이기도 하다. 영화 〈포레스트 검프〉에서 주인공 포레스트가 끝없이 길을 달리다가 멈추고 돌아서는 장면으로 알려진 유타주 국도 163번 도로에서 여행자들이 똑같은 장면을 연출해보는 것으로도 유명하다.

이곳을 마지막으로 이 구간의 여행을 마무리했다. 숙소인 애리조나주의 카옌타(Kayenta)에서 하루를 쉬고 다음 여행을 준비한 후 코르테스(Cortez)로 향했다.

나바호족의 성지 모뉴먼트 밸리

미국 코르테스 ~ 시카고

수백 년의 과거로 시간여행을 떠나다

구간 : 미국 코르테스(CO) ~ 시카고(IL)

기간 : 7. 11 ~ 7. 19(9일간)

루트 : 미국 코르테스(A) → 메사버드 국립공원(B) → 거니슨블랙캐니언국립공원(C) → 그레이트 샌드 듄스 국립공원(D) → 푸에블로(E) → 콜로라도 스프링스(F) → 덴버(G) → 로키마운틴 국립공원(에스테스 공원)(H) → 위트 랜드(I) → 윈드 케이브 국립공원(J) → 크레이지 호스 기념물(K) → 러시모어 국립기념관(L) → 배드랜드 국립공원(M) → 시옥스 폴(N) → 미스터리 동굴 → 마우스톤(O) → 시카고(P)

이동 거리 : 3,811km

원주민의 삶터 메사버드 국립공원

이번 구간에서 제5코스에서 가장 먼저 들른 곳은 콜로라도(Colorado, CO)주 남서부의 코르테스 지역에 거주한 고대 푸에블로(Pueblo) 인디언들의 절벽 거주지였던 메사버드(Mesa Verde) 국립공원이었다. 푸에블로는 스페인어로 '마을'이라는 뜻이다.

이곳 인디언은 약 1,200년 전에 삭막한 사막 지역에서 더위를 피하고 물을 구하기 위한 수단으로 절벽 바로 밑에 움푹 들어간 공간(알코브, Alcove)을 이용해 벽돌로 만든 주거지를 형성해 살았다. 놀랍게도 이러한 형태의 주거지는 공원 여러 곳에 있었으며, 규모가 큰 주거지에는 약 150여 개의 방이 있고, 부족장이 살았을 것으로 추정되는 궁전과 사원 같은 공공건물들도 있었다. 공원을 둘러보는 내내, 마치 타임머신을 타고 수백 년 전 과거로 여행을 하는 기분이 들었다. 이들 푸에블로 인디언들의 놀라운 지혜와 건축 기술에 감탄하지 않을 수 없었다. 아메리칸인디언의 주거시설을 기반으로 한 여행이어서 매우 신기하고 흥미로웠다. 일부 보전지역은 공원 입구에서 미리 가이드 투어를 신청하고 가야 하므로 좀 더 자세한 탐방을 원한다면 이점을 참고해 둘러보는 것이 좋다.

콜로라도주의 메사버드 국립공원

거니슨블랙캐니언국립공원

콜로라도주의 남서부 지역은 로키산맥의 줄기로서 험준한 산맥을 따라 흐르는 거니슨(Gunnison)강에 의해 검은색의 화강암으로 된 거대한 협곡이 형성되었다. 이곳이 바로 거니슨블랙캐니언국립공원(Black Canyon of the Gunnison)이다. 콜로라도강에 의해 형성된 애리조나주의 블랙 캐니언과 구별하기 위해 '거니슨'이라는 지역 이름을 붙여서 지었다.

우리는 지난번 미국의 워싱턴주 포트 엔젤레스에서 캐나다 밴쿠버섬으로 향하는 페리 선상에서 만난 할아버지가 알려준 곳을 찾아온 것이다. 자신의 고향이라며 꼭 가보라고 권해서 우리는 일부러 남쪽에 있는 두랑고(Durango)에서 북쪽으로 몬트로즈(Montrose)까지 이어지는 콜로라도 지방도로 550번을 따라 이곳까지 왔다. 정말 도로 주변의 경치가 너무나 아름다워서 이 글을 통해서나마 그 할아버지께 감사하다는 말씀을 꼭 전해드리고 싶다.

그레이트 샌드 듄스 국립공원

콜로라도주는 로키산맥을 중심으로 서쪽은 산악지대이고 동쪽은 평원지대다. 산악지대에서 평원지대로 넘어가는 곳의 산기슭에 특이하게 거대한 모래 언덕이 형성된 곳이 있다. 이곳이 바로 그레이트 샌드 듄스 국립공원(Great Sand Dunes)이다.

면적이 78km^{2}에 이르는 이 모래 언덕은 높이가 약 230m나 되는 곳이 있어서 샌드보딩이나 모래 썰매를 탈 수 있으며, 비가 오면 중간중간에 웅덩이가 생겨서 사람들이 이곳에서 물놀이를 즐길 수도 있다.

모래 언덕을 자동차로 통과하는 메다노 패스 로드(Medano Pass Road)를 달리기 위해서는 사륜구동 자동차가 필수적으로 필요하며, 공원에서 운영하는 지프 투어를 신청해 즐길 수도 있다. 이 투어는 주변 로키산맥의 산들과 사막이 어우러져서 다양한 풍경을 감상할 수도 있는 특이한 곳이었다.

푸에블로의 전통 스테이크 하우스

주간 고속도로(Interstate Highway) I-25번과 콜로라도 국도 50번(C-50) 도로가 교차하는 교통의 요지인 푸에블로에서 숙박했다. 저녁에는 모처럼 미국에서 처음으로 전통 스테이크 하우스 체인인 'Texas Road House'를 찾아서 만찬을 즐겼다. 아내는 안심 스테이크를 시켰으며, 나는 티본(T-Bone) 스테이크를 주문했는데 손바닥만 한 크기(약 500그램)의 스테이크와 주먹만 한 구운 감자, 커다란 접시를 가득 채운 싱싱한 샐러드, 방금 구워내서 따끈따끈하고 말랑말랑한 빵 두 개 그리고 이곳에서 재배한 것이라며 서비스로 내어놓은 양철 깡통에 가득한 땅콩 한 통 등 푸짐한 진수성찬이 차려졌다. 거기에다 버드와이저 맥주 한 병을 추가해 배가 터질 만큼 풍성한 만찬을 즐겼다.

더욱 신나는 것은 \$34.47라고 써진 계산서와 팁 \$5. 단돈 \$40에 두 사람이 이렇게 성대한 만찬을 즐길 수 있다니 믿어지지 않았다. 그동안의 피로가 싹 씻어지는 듯 꿀잠을 이룰 수 있었다.

그레이트 샌드 듄스 국립공원과 전통 스테이크 하우스에서 맛본 손바닥만 한 크기의 스테이크

콜로라도 스프링스의 '신들의 정원'

신들의 정원

전날 밤 푸에블로에서 풍성한 만찬을 즐긴 우리는 아침에 에너지가 충만한 모습으로 일어나 북쪽으로 약 73km에 있는 콜로라도 스프링스(Colorado Springs)로 향했다. 그곳에서는 해발고도 4,300m의 파이크 피크(Pikes Peak) 정상에 올라갈 수 있는 톱니바퀴 철도(Cog Railway)를 탈 수 있다.

아침 일찍 파이크 피크 기차를 타기 위해서 기차역을 찾았는데 세 시간 이후의 티켓밖에 구할 수 없었다. 그래서 기다리는 시간에 주변에 있는 '신들의 정원(Garden of the Gods)'이라고 부르는 아름다운 경치를 감상하기 위해서 발길을 옮겼다. 신들의 정원은 입구의 표지석부터 아주 이색적이었다. 공원을 산책하면서 마주친 붉은색의 신비한 모양을 한 바위 기둥들도 매우 특이해 인상적이었다.

미국 공군사관학교, 콜로라도 스프링스

미국 육군사관학교의 닉네임이 그곳 지명인 뉴욕주의 웨스트포인트(West Point)이고, 해군사관학교의 닉네임이 워싱턴 D.C. 근교 메릴랜드주의 아나폴리스(Annapolis)이듯이 이곳 콜로라도 스프링스도 미국 공군사관학교의 닉네임이 되었다.

공군사관학교 출신으로 일찍이 청년 장교 시절부터 이곳 콜로라도 스프링스에 있는 미국 공군사관학교를 꼭 한번 가보고 싶었다. 10여 차례의 미국 공무 출장 길에 한 번도 이곳에 들를 기회를 얻지 못해서 이번 여행에서 가보기로 했다.

이곳을 방문한 김에 미 공군사관학교의 장교 숙소에서 꼭 하룻밤을 자 보고 싶었다. 미국 국방성의 숙소 규정에 따르면 현역 외국인 장교일지라도 미국군 숙소에서 숙박하기 위해서는 미국 군인의 초청장이 있거나 자국 국방부의 공무 출장 허가서가 있어야 한다. 그러니 나는 사적인 개인 여행자로서 숙식할 수 없는 상황이었다. 그러나 현지 숙소 관리 책임자가 나의 간절한 소망을 듣더니 자기 재량으로 우리를 숙식할 수 있게 허락해주었다. 지성이면 감천이라고 간절하면 통하는 법인가 보다. 우리는 하룻밤을 묵으며 교내를 모두 둘러보고 행복한 시간을 보내고 떠나왔다.

미국 공군사관학교 교회와 학교 전경

로키마운틴 국립공원

2주 전 캐나다 로키의 아름다운 모습을 만끽한 우리는 이번에는 미국 로키를 만나기 위해 로키마운틴 국립공원을 찾았다. 로키마운틴 국립공원의 거점도시인 덴버(Denver)에서 여행에 필요한 식료품과 여러 가지 물품을 보충한 후 북쪽을 향해서 약 110km를 달려서 로키마운틴 국립공원의 관문인 동쪽의 에스테스 공원(Estes Park)에 도착했다.

에스테스 공원에서 점심을 먹고 세계적으로 손꼽히는 산악도로 중의 하나인 트레일 리지 로드(Trail Ridge Road)를 달렸다. 높이 3,595m의 알파인 여행자안내소를 넘어서 반대쪽의 그랜드 호수(Grand lake)까지 연결되는 약 75km의 환상적인 이 고갯길은 북미 대륙에서 자동차로 넘을 수 있는 도로 중에 가장 고지대에 있는 도로다.

여름인데도 로키산맥 최고봉인 4,346m의 롱스 피크(Longs Peak) 정상에는 눈이 덮여 있고, 노란 들꽃이 피어 있는 풀밭에서는 긴 뿔을 가진 야크들이 한가롭게 풀을 뜯고 있었다. 미국의 로키는 캐나다 로키와는 다르게 4,000m가 넘는 산 정상까지 잘 다듬어진 도로를 따라 올라가서 산맥 전체를 감상할 수 있다. 캐나다와는 상당히 다른 접근법이다.

이번 로키마운틴 국립공원을 여행하면서 기회가 된다면 이곳에서 살고 싶다는 생각이 문득 들었다. 한여름에도 만년설이 덮인 푸른 산을 볼 수 있고, 침엽수림으로 우거진 공원 내에 약 150여 개나 되는 크고 작은 호수가 있어서 아름다운 자연환경을 즐기며 내가 좋아하는 트래킹을 할 수 있다.

겨울에는 덴버를 중심으로 로키산맥에 수많은 스키장이 있어서 언제나 겨울스포츠를 즐길 수 있다. 더구나 날씨가 우리나라와 같이 사계절이 뚜렷해서 생활 환경도 좋아 보였다. 미래에 만약 미국에서 살게 된다면 이곳 콜로라도를 찾을 것이라는 무언의 약속을 남긴 채 다시 발길을 돌려 북쪽

로키산 국립공원(에스테스 공원과 트레일 리지 로드)

을 향해서 자동차를 달렸다.

기대 이상의 사우스다코타주

윈드 케이브 국립공원

콜로라도주의 북쪽에 있는 와이오밍주의 위트랜드(Wheetland)에서 하룻밤을 자고, 그곳에서 출발해 다시 약 290km를 달려서 사우스다코타(South Dakota)주의 남서부에 있는 윈드 케이브(Wind Cave) 국립공원에 도착했다.

윈드 케이브 국립공원은 주변에서 작업하던 농부가 우연히 작은 구멍에서 바람이 나오는 것을 이상하게 여겨 발견하게 되었으며 '바람이 나오는 동굴'이라는 뜻으로 이름을 윈드 케이브라고 지었다고 한다.

이 동굴의 특이한 점은 동굴 천장에 마치 벌집처럼 격자 모양의 결정구조들이 빼곡하게 들어서 있다는 것이었다. 이것을 나무 상자 같다고 해 박스 워크(Box Work)라고 부르는데 동굴 내의 탄산칼슘(Calcite) 성분이 침식하면서 만들어진 것이라고 한다. 전 세계 박스 워크의 약 95%가 여기에 모여 있다니 정말 놀라운 일이다. 전문 가이드를 따라 동굴 내부를 둘러보고 다음 목적지로 발길을 옮겼다.

인디언 크레이지 호스 기념관

윈드 케이브에서 북쪽으로 약 40km를 달려서 블랙 힐스(Black Hills) 지역에 있는 전설적인 인디언 영웅 크레이지 호스(1840~1876년)의 조각상이 있는 기념관(Crazy Horse Memorial)에 도착했다.

크레이지 호스는 원래 이 지역의 주인이었던 라코타(Lakota) 인디언 부족의 족장이었다. 그는 조상들이 지켜온 신성한 땅 '블랙 힐스'를 지키기 위해 미국 군대와 맞선 리틀빅혼(Little Bighorn, 1987년) 전투에서 끝까지 싸워서 승리를 거둔 인디언의 전쟁 영웅이다. 당시 전투에서 미국의 조지 커스터(George Custer) 대령과 기병대원 262명을 섬멸한 전설적인 전과를 올린 인디언 지도자였다. 우리가 방문했을 때 이곳에서는 그들의 영웅 크레이지 호스를 기리기 위해서 거대한 조각상을 만들고 있었다.

이 작업을 시작한 계기가 된 사건은 1927년 사우스다코타주 남서부 블랙 힐스 산자락에 있는 해발 1,717m의 러시모어산(Mt. Rushmore) 정상에 미국 역사상 가장 위대했던 대통령 네 명의 얼굴을 조각하는 프로젝트가 시작되면서부터다. 이 프로젝트에 참여했던 조각가 코자크 지올코브스키(Korczak Ziolkowaski)는 이 조각상을 마무리할 무렵인 1939년, 자신들의 성지인 블랙 힐스 언덕에 새겨진 미국 대통령 네 명의 얼굴보다 훨씬 더 큰 크레이지 호스 얼굴을 조각해달라는 인디언 수족 추장의 편지를 받고서 산 하나를 통째로 깎아서 조각상을 만들어야 하는 대작업에 뛰어들었다.

1948년부터 작업에 들어간 크레이지 호스 조각상의 크기는 높이가 무려 172m, 길이 201m의 거대한 조각상으로 물자와 예산이 부족한 인디언 부족으로서는 무모한 도전을 시도한 것이었다. 그러나 세간의 관심을 끌게 되면서 각처에서 지원금이 쇄도했고, 미국 정부에서도 인디언 탄압의 역사를 반성하는 의미에서 조각상 제작비용을 지원하겠다고 나섰다.

그러나 인디언들은 미국 정부에 대항해 만들어지는 조각상을 미국의 지원을 받아서 만들 수는 없다고 해 거절했다. 지금도 그들만의 노력으로 일반 시민들의 기부금과 기념관 입장료, 조각할 때 나온 화상암을 깎아서 만든 세공품 등을 팔아서 경비 일체를 충당하며 조각상 작업을 계속하고 있다.

코자크는 1982년 74세의 나이로 세상을 떠나고 그의 아내와 자식, 손자와 증손자까지 이 작업에 참여해 착공한 지 50년 만인 1998년 6월에 얼굴 조각상만 겨우 완성되었다. 그러나 최종 단계인 말을 탄 크레이지 호스의 기마상까지는 몇 년이 걸릴지 알 수 없지만, 그들의 끈질긴 정신은 세계인들에게 큰 귀감이 되고 있다.

러시모어산 국립기념관

크레이지 호스 기념관에서 불과 25km 떨어진 곳에 미국 역사상 가장 위대했던 대통령 네 명의 얼굴을 조각한 러시모어산 국립기념관(Mount Rushmore National Memorial)이 있다. 여기에 새겨진 대통령은 미국 초대 대통령인 조지 워싱턴(George Washington, 1대), 미국 독립선언문을 기초한 토머스 제퍼슨(Thomas Jefferson, 3대), 남북전쟁 당시 북군의 승리를 이끌고 노예해방을 실천한 에이브러햄 링컨(Abraham Lincoln, 16대), 파나마운하 구축 등 미국을 세계 1등 국가의 위치까지 끌어 올려놓은 시어도어 루스벨트

크레이지 호스 기념 조각상

(Theodore Roosevelt, 26대) 대통령 등이다.

러시모어 조각상은 대통령들의 얼굴 크기가 약 18m에 달하며, 무려 14년(1927~1941년)이란 긴 시간에 걸쳐 조각가 거츤 보글럼(Gutzon Borglum)과 그의 아들에 의해서 완성되었다.

이곳을 방문하기 전에 크레이지 호스 기념관을 들렀다가 와서 그런지 이곳을 바라보는 마음이 편안하지가 않다. 늘 역사는 강자의 기록만을 남기기 때문에 약자들의 성지인 이곳 블랙 힐스 땅에 버젓이 미국인들의 영웅(네 명의 대통령)을 바위에 새겨놓았다는 것은 어쩌면 또 다른 형태의 간접 침략이 아닐까 하는 생각이 들었다. 지나친 억측일까? 아무튼 미국의 위대한 대통령들의 얼굴을 새겨놓은 이곳을 엄숙하게 관리하며 산교육의 현장으로 활용하고 있는 미국인들의 지혜가 돋보이는 장소였다.

배드랜드 국립공원

사우스다코타주 남서부에 있는 배드랜드(Badlands) 국립공원은 수천만 년 동안 모래, 미사, 점토 등의 침선물이 쌓이고, 강물과 계곡물에 침식된 암석층이 황갈색, 회색, 노란색 등 다양한 색깔의 줄무늬를 띠어 신비롭고 아름다운 경관을 자랑한다.

처음에 우리는 이곳에 별다른 기대를 하지 않고 도착했다. 이름부터가 배드랜드라서 왠지 볼 것이 별로 없을 것 같은 예감이 들었기 때문이다.

러시모어 국립기념관

배드랜드 국립공원

감사하게도 우리의 예감은 빗나갔다. 끝없이 황량한 들판을 지나서 공원 입구에 다다라서 자동차를 몰고 시간이 지나갈수록 차창 밖으로 스쳐가는 주변의 경치가 너무나 특이하고 아름다워서 여러 번 차를 세우고 사진을 찍기에 바빴다. 어쩌면 이번 여행 중 기대하지 않은 곳에서 정말 놀라운 경치를 보게 된 곳이 바로 이곳 배드랜드 국립공원이다.

주변 초원에는 들소(Bison), 큰뿔야생양(Big Horn Ship), 프레리도그 등의 포유류와 파충류, 조류와 곤충 등 다양한 야생동물과 식물들이 자생하고 있었다. 뜨문뜨문 만들어진 주차장 옆으로 난 트레일을 따라 동물의 뼈와 화석 같은 것을 진열해놓아서 아주 흥미로웠다.

시카고를 향해

가난한 미네소타주의 미스터리

배드랜드 국립공원에서 기대 이상의 신비한 풍경을 보고 기분이 전환되어 기쁜 마음으로 숙소인 시옥스 폴(Sioux Falls)을 출발해 시카고(Chicago)가 있는 동쪽으로 향했다. 시카고까지 가는 길은 I-90번 주간 고속도로를 타고 가는데 미네소타(Minnesota, MN)주 구간은 대부분 옥수수 농장밖에는 큰 볼거리가 없어서 그냥 지나가기로 했다.

실제로 사우스다코타주의 마지막 도시인 시옥스 폴을 출발해 미네소타주 구간에 접어들자 정말 볼거리가 없었다. 가도가도 콘벨트(Corn Belt)라 불리는 옥수수, 옥수수, 옥수수밭뿐이었다! 옥수수에서 채취하는 기름(Corn Oil)과 돼지사료 때문에 미국 중부 지역의 대부분 농지가 옥수수밭으로 변했다는 소식을 들은 적은 있지만, 이 정도일지는 미처 몰랐다.

중간에 점심을 먹으려고 휴게소를 찾았는데 폐쇄(Closed)라고 쓰인 간판만 있고 아예 출입 자체를 막아놓았다. 다음 휴게소, 또 다음 휴게소, 네 번째 휴게소까지 똑같은 상황이었다. 도무지 무슨 상황인지 이해할 수가 없었다. 마침 여행 자료를 살펴보니 이름도 신비한 '미스터리 동굴(Mystery Cave)'이 있다고 해 찾아가보기로 했다. 로체스터(Rochester) 부근에서 고속도로를 빠져나와 남쪽으로 난 미네소타 지방도로(MN-16E)를 따라 약 60km 정도를 내려갔다. 이곳의 지방도로는 옥수수 농사를 위해서 닦아놓은 농노 수준으로 일부 구간은 비포장도로도 있었다.

오후 3시쯤에야 공원 입구에 도착해서 적당한 휴식 장소에서 늦은 점심을 먹고 티켓을 끊어서 동굴에 들어가볼 의도였다. 그러나 그 소망은 한순간에 무너져버리고 갑자기 말문이 막혔다. 우리가 발견한 것은 덩그러니 차단 막대에 'Cave Closed'라고 쓰인 초라한 간판뿐이었다.

닫혀 있는 미스터리 동굴 입구

하는 수 없이 우리는 옥수수밭으로 둘러싸인 동굴 입구에 돗자리를 깔고 앉아서 점심을 차려 먹었다. 주위는 아무런 인적이 없고 바람에 쓸리는 옥수수 잎사귀의 소리만 들려올 뿐 조용했다. 나중에 이러한 기가 막힌 현실을 인터넷으로 알아보니, 미네소타주의 재정 형편이 좋지 않아서 고속도로의 휴게소를 비롯한 모든 시설을 폐쇄할 수밖에 없었다는 기사를 찾을 수 있다. 실로 안타까운 현실이 아닐 수 없었다.

여기까지 미시시피강이라고?

미스터리 동굴의 알 수 없는 미스터리에 빠진 우리는 다시 목적지인 시카고를 향해서 동쪽으로 달렸다. 미네소타주의 라크로스(La Crosse)를 지나면서 위스콘신주와 경계선인 미시시피강을 건넜다. 다리 건너편에 세워진 간판을 보고 미시시피강의 발원지가 미네소타주의 최대 도시인 미니애폴리스(Minneapolis)에서도 북쪽으로 약 340km 떨어진 북중부 지역에 있는 아이타스카 호수(Itasca Lake)임을 알게 됐다.

총각 시절에 군사 유학을 했던 곳이 바로 미국 최남단에 있는 미시시피주의 빌락시(Biloxi)라는 조그만 동네였는데 그곳에서 무려 1,740km가 떨어진 이곳에서 똑같은 강을 건너고 있다는 사실이 도무지 믿기지 않았다. 하지만 미시시피강의 총길이가 3,734km라고 하니 그럴 만도 했다.

오늘은 온종일 무려 637km를 운전해서 이번 여행에서 가장 긴 구간을 운전했다. 밤이 되어 더 가는 것은 무리인 것 같아서 지친 몸을 이끌고 위스콘신주의 마우스톤(Mauston)에서 머물기로 했다.

미국 동부 지역의 견인차 시카고

시카고는 자동차 도시인 디트로이트(Detroit)와 함께 미국 동부 지역을 발전시키는 데 견인차 구실을 한 대표적인 도시다. 요즘은 미국 서부 지역이 발전하면서 LA에 밀려서 미국 제3위의 도시로 밀려나긴 했지만, 아직도 시키고의 위상은 건재했다.

이 구간 여행의 마지막 날인데 아침부터 비가 구질구질하게 오기 시작했다. 그러나 시카고 인근에 들어서자 날씨가 개고 무더운 날씨가 계속되었다. 한인타운(Korea Town)이 있는 북쪽의 나일스(Niles) 지역의 한식당에서 점심 식사로 삼계탕을 먹었다. 이번 여행에서 삼계탕은 처음이라서 그런지 아주 맛있었다.

시카고 여행은 랜드마크인 최고층의 윌리스 타워(Willis Tower)에 있는 스카이 데크(Sky Deck)를 시작으로 밀레니엄 공원(Millennium Park), 해군 항만(Navy Pier) 순으로 둘러보았다. 과거 시워스 타워로 불린 윌리스 타워는 108층의 위용을 자랑했다.

시카고 시내의 주차비가 엄청 비쌌던 점은 아쉬움으로 남았다. 도로 주행 시 징수하는 통행료도 만만치 않았다. 지금까지 캐나다와 미국의 서부 지역과 중부 지역을 지나오면서 11,000여 km를 달렸는데도 도로 통행료

시카고의 밀레니엄 공원

는 한 푼도 내지 않았다. 이와 다르게 이곳 시카고에 접어들면서는 갑자기 통행료를 물고 주차비도 지급해야 해서 기분이 썩 좋지 않았다.

하지만 여행은 즐겁지 않으면 아무것도 아니다. 우리는 기분 나쁜 것을 털어버리고 다시 밀레니엄 공원에 있는 유명한 시카고의 상징 클라우드 게이트(Cloud Gate)를 찾았다. '콩(The Bean)'이라는 별명을 가진 이 조형물은 인도 출신의 영국 조각가 아니시 카푸어(Anish Kapoor)가 스테인리스로 만든 작품이다. 조각품 아래로 들어가서 자신이 비친 모습을 바라보면 아주 흥미로운 모습을 볼 수 있다.

미국 시카고 ~ 캐나다 몬트리올 ~ 미국 뉴욕

미국·캐나다 횡단여행의 종착지, 뉴욕을 향해

구간 : 미국 시카고(IL) ~ 나이아가라폭포 ~ 캐나다 몬트리올 ~ 미국 뉴욕(NY)

기간 : 7. 20 ~ 7. 27(8일간)

루트 : 미국 시카고(A) → 디트로이트(B) → 캐나다 포인트 필리 국립공원(C) → 런던(D) → 나이아가라폭포(E) → 토론토(F) → 록포트(G) → 1,000섬 국립공원 → 오타와(H) → 몬트리올(I) → 블록빌(J) → 미국 스크랜턴(K) → 스프링필드(L) → 워싱턴 D.C.(M) → 필라델피아(N) → 뉴욕(O)

이동 거리 : 3,209km

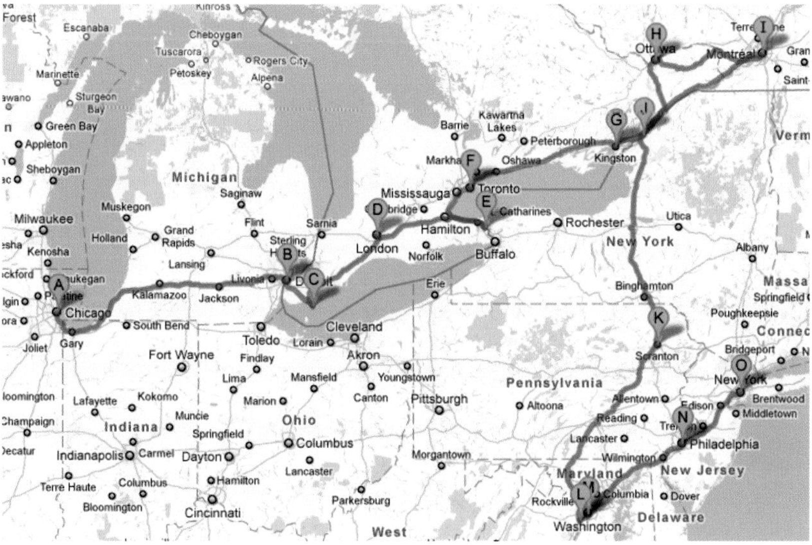

포인트 필리(Point Pelee) 국립공원

미국 시카고에서 출발해 디트로이트(Detroit)의 앰배서더 다리(Ambassador Bridge)를 건너서 캐나다 온타리오(Ontario)주로 입국하는 국경을 넘었다. 국경 심사는 이번이 두 번째인데 서부와는 다르게 좀 더 체계적으로 검색하는 것 같았다. 캐나다 국경에 인접한 윈저(Windsor)시를 지나서 첫 번째 방문지인 포인트 필리 국립공원을 찾았다. 이곳은 오대호 중에 미국과 국경을 마주하고 있는 이리 호수(Lake Erie)의 호숫가(Lakeshore)에 자리 잡은 숲 지대로서 자연생태 보호지역이었다. 큰 볼거리는 없었지만 곳곳에서 자연을 사랑하는 캐나다인들의 마음을 읽을 수 있었던 평화로운 휴식공간이었다.

다시 본 나이아가라폭포

캐나다 동부 지역의 첫 번째 방문지인 포인트 필리 국립공원의 모습에 조금 실망한 우리는 '숲의 도시'라는 별명을 가진 런던(London)을 거쳐서 곧장 나이아가라폭포(Niagara Falls)로 향했다.

나는 지난 2001년 미국의 9.11사태 당시 뉴욕시에 공무 출장을 왔다가 이 사건으로 발이 묶여서 모든 일정을 취소하고 이곳을 찾았었다. 당시 미국 본토는 전쟁을 선포한 상태라서 어느 곳도 마음대로 갈 수 없는 상황이라 안전을 도모하고 귀국을 위한 항공편을 구하기 위해 이곳까지 피신해 온 것이었다. 그 장소를 10년 만에 다시 찾으니 감회가 새로웠다.

이곳이 처음인 아내는 나이아가라폭포의 엄청난 크기와 아름다운 풍경에 반해 연신 환호성을 지르며 좋아했다. 나이아가라의 위용은 다시 보아도 대단한 감동을 안겨주었다. 우리는 파란 비옷을 입고, 지금은 혼블로워 나이아가라 크루즈(Hornblower Niagara Cruise)로 이름이 바뀐 나이아가라폭포의 유명한 유람선 '안개 속의 여인(Maid of the Mist)'을 타고 거대한 말발굽 폭포(Horseshoe Falls) 바로 밑에까지 들어가보는 체험을 했다. 한 가지 더 놀라운 체험으로 나이아가라강의 험난한 협곡을 따라 거센 파도와 물줄기를 거슬러 올라가면서 스릴과 모험을 즐기는 '월풀 제트보트(Whirlpool Jet Boat)' 체험도 했다.

캐나다의 최대 도시 토론토

캐나다의 동부 지역을 대표하는 토론토(Toronto)는 온타리오주의 주도다. 여섯 개의 다른 지역이 합쳐져서 하나의 도시를 이루었다는 의미에서 '더 식스 (The 6)'라는 별명을 가지고 있다.

우선 토론토의 랜드마크인 CN타워를 찾았다. 1976년에 세워진 높이 553.33m의 탑으로, 올라가면 토론토 전역을 한눈에 바라볼 수 있는 전망대가 있다. CN이라는 이름은 본래 이 타워가 캐나다 국철(Canadian National Railway)의 소유였기 때문에 '캐나다 국영(Canadian National)'이라는 뜻이었으나 지금은 민영화가 되어 의미가 없어졌다.

저녁 즈음에는 이곳에서 이민자로 사는 친구 집을 방문했다. 이 친구는 이곳 토론토의 단풍에 반해 이민을 올 정도로 캐나다를 사랑하는 친구다.

나이아가라폭포의 유람선과 제트보트 투어

친구 부부와 함께 밤늦도록 저녁 식사를 하고 맥주잔을 기울이면서 회포를 풀었다.

세인트로렌스강의 보석 1,000섬 국립공원

다음 날 아침 친구네 가게를 구경하고 친구가 손수 싸준 스시와 고기를 담은 도시락을 들고 다음 여행을 위해서 아쉬운 발걸음을 돌렸다.

온타리오 호수의 대표적인 도시 킹스턴(Kingston)에서 동쪽으로 퀘벡(Quebec)주까지 이어지는 세인트로렌스강을 따라가다 보면 강 위에 1,000개가 넘는 섬들이 나타난다. 실제로는 약 1,870여 개의 섬이 있다고 하는데 미국과 캐나다의 부호들은 이곳의 섬을 사들여서 별장을 지어놓고 휴양지로 이용하고 있다. 우리에게 익숙한 사우전드 아일랜드 드레싱(Thousand Island Dressing)도 이곳에서 유래된 것이라고 한다.

록포트(Rock Port)에 숙소를 정하고 그곳에서 출발하는 유람선을 타고 이들 섬을 돌아보는 크루즈 투어를 했다. 1,000섬 크루즈 투어는 킹스턴, 록포트, 가나노쿠(Gananoque) 등 세 곳에서 할 수 있다. 투어는 이곳의 랜드마크인 하트섬(Heart Island)의 볼트성(Bolt Castle)을 비롯해 강의 안쪽에 있는 여러 섬을 돌아서 약 2시간 정도 진행되었다. 낭만적인 사랑의 이야기와 아름다운 경치를 동시에 즐길 수 있는 1,000섬 크루즈 투어는 이곳에 오면 꼭 한번 해볼 필요가 있는 멋진 경험인 것 같다.

세인트로렌스강의 1,000섬 국립공원 크루즈 투어

오타와 강변에 자리한 국회의사당

캐나다의 수도 오타와

록포트에서 북쪽으로 약 145km 떨어진 캐나다의 수도 오타와(Ottawa)를 찾았다. 오타와는 인구가 약 90만 명이며 5월에 열리는 튤립 축제로 유명한 곳이다. 오타와강을 끼고 국회의사당, 정부청사, 국립미술관, 국립박물관 등과 오타와에서 킹스턴까지 총 길이 202km에 달하는 리도 운하(Rideau Canal) 등 볼거리가 많으며 도시 전체가 깔끔하면서도 서양 문화를 접목해 고풍스러운 분위기를 자아낸다. 빅토리아 여왕 시절에 캐나다의 수도를 두고 토론토와 몬트리올이 서로 다투다가 중간 지점인 이곳에 수도를 정하게 되었다는 유명한 일화가 있는 곳이다.

이번 여행에서는 오타와 강변에 있는 국회의사당 꼭대기에 올라가서 아름다운 오타와의 시내 전경을 감상했던 것이 인상에 남는다.

몬트리올의 노트르담 대성당 내부

올림픽의 도시 몬트리올

퀘벡주에 속하고 오타와에서 동쪽으로 약 200km 떨어진 곳에 있는 몬트리올(Montreal)은 '북미의 파리'라는 별명을 가진 문화의 도시다. 1967년 세계 엑스포와 1976년 하계올림픽을 개최했고 몬트리올 세계 영화제, 몬트리올 국제 재즈 축제, 코미디 축제인 'Just for Laughs', 캐나다 그랑프리 등 다양한 축제를 매년 개최하는 축제의 도시이기도 하다.

몬트리올 노트르담 대성당(Basilique Notre-Dame)은 성당 내부가 3층 구조로 되어 있으며, 특히 아치형 천장 아래 또 다른 화려한 금빛 성소가 있는 이중 구조로서 성스러운 분위기에 관광객들이 많이 찾는 명소다. 실내에 들어가면 시간에 맞춰 방영하는 소개 동영상을 꼭 감상하고 성당을 둘러보길 바란다.

퀘벡주는 과거에 프랑스의 통치를 받아서 영어보다는 프랑스어를 제1언어로 사용한다. 실례로 우리가 시내 식당에 들어가서 영어로 주문했더니 종업원은 분명히 내 말을 알아들었음에도 프랑스어로 다시 주문 내용을 물어보았다. 퀘벡에 대한 보이지 않는 이들의 자존심이 작용하는 묘한 현상이었다.

미국 국경에서 당한 알 수 없는 인종차별

퀘벡주의 주도인 퀘벡시티를 보고 가야 하는데 나머지 일정이 빠듯해 우리는 이곳에서 발길을 돌려 다시 미국으로 향하기 위해 온타리오주의 블록빌(Brockville)에 도착했다. 다음 날 캐나다와 미국 국경선 사이에 있는 1,000섬 다리(Thousand Islands Bridge)를 건너서 1,000섬을 조망할 수 있는 전망대(Sky Deck)에 올라가서 사방으로 보이는 1,000섬의 아름다운 경관을 감상했다.

전망대 위에서 바라본 1,000섬 다리가 마치 사마귀 모양을 하고 있어서 매우 흥미로웠다. 우리는 전망대에서 점심을 먹고 힐섬(Hill Island)에 있는 미국 국경검문소를 통과하기 위해 차례를 기다리고 있었다. 그런데 한 사람이 다가오더니 우리 차만 유난히 다른 차선으로 가라고 유도했다. 그 길로 이어진 것은 이전과는 다른 입국심사였다. 간단히 끝날 줄 알았는데 오히려 자동차 트렁크와 모든 여행용 가방을 모두 검색하는 특별 검사를 받았다.

다른 사람들은 아무런 제재 없이 여권만 내보이고 유유히 통과하는데 우리만 유별나게 알 수 없는 수모를 당했다. 가끔 여행 블로그에서 미국의

세인트로렌스강의 1,000섬 국립공원 크루즈 투어

국경검문소에서 인종차별을 당했다는 이야기를 읽긴 했지만 내가 그 주인공이 될 줄은 미처 몰랐다. 상당히 기분이 언짢았다.

그동안 한 달이 넘어가는 여행길에 내 행색이 너무 초라하고 범죄를 저지를 것 같은 모습으로 비쳤나 자문하며 통상 하는 임의 표본 검사에 내가 걸린 것이지 절대 인종차별은 아니라고 애써 기분을 전환하며, 다시 남쪽을 향해서 힘차게 액셀러레이터를 밟았다.

미국 동부 지역 주요 도시 탐방

미국의 수도 워싱턴 D.C.

미국 국경에서의 불쾌한 기분을 털어버리고 뉴욕(New York)주와 펜실베이니아(Pennsylvania)주를 통과해 곧바로 미국의 수도인 워싱턴 D.C.로 향했다. 워싱턴 D.C. 인근의 스프링필드(Springfield)에 있는 지인의 집에 여장을 풀고 가족들과 함께 한식을 먹으면서 그동안의 여행 보따리를 나누며 즐거운 시간을 보냈다.

다음 날 워싱턴 D.C. 여행은 이곳 지인의 안내로 이루어졌다. 나는 수차례 공무 출장을 통해 이곳을 방문해 잘 알고 있지만, 아내는 초행인지라 매우 관심 있게 방문지 하나하나를 살펴보는 것 같았다. 날이 저물어가도록 백악관, 국회의사당, 독립기념탑, 링컨 기념관, 제퍼슨 기념관, 자연사박물관, 항공우주박물관 등 유명한 관광 명소를 모두 둘러보고 숙소로 복귀했다.

워싱턴 D.C. 링컨기념관

미국 독립의 산실 필라델피아

미국 행정부의 중심인 워싱턴 D.C. 여행을 마치고 우리는 볼티모어(Baltimore)를 거쳐서 미국 독립의 산실인 필라델피아(Philadelphia)에 도착했다.

필라델피아는 1776년 미국 독립 당시 워싱턴 D.C.가 수도로 건설되는 동안 임시 수도 역할을 한 도시다. 이곳에는 미국 제3대 대통령인 토머스 제퍼슨이 독립 선언서를 선포한 독립기념관(Independence Hall)을 비롯해 역사적인 자유의 종(Liberty Bell), 건국 초기 법원 등 역사적인 국립유적지와 박물관이 많은 곳으로서 국립역사공원(National Historical Park)으로 지정되어 있다. 시내 곳곳에 초대 대통령 조지 워싱턴 대통령의 동상과 사진이 붙어 있었다. 독립기념관과 자유의 종, 건국 초기 법원 등 역사적인 유적지를 둘러보고 다시 북쪽을 향해 출발했다.

마지막 여행지 뉴욕

드디어 이번 여행의 최종 목적지인 뉴욕(New York City)에 도착했다. 지난

뉴욕시 자유의 여신상

6월 19일 시애틀에 도착해서 만 37일 만에 마지막 종착지에 온 것이다. 남쪽에서 뉴욕시로 진입하는 통로인 링컨 터널(Lincoln Tunnel)에서 시내를 바라보니 하늘을 찌를 듯한 마천루가 우리를 압도했다. 이번이 세 번째 방문이지만 뉴욕시가 주는 기대감과 설렘은 여전히 대단했다.

뉴욕 시내에 진입하자마자 렌터카를 반납했다. 뉴욕 시내는 교통상황이 너무나 혼잡하고 주차장도 부족해 대중교통을 이용해서 여행하는 것이 훨씬 더 편리하고 유익하다고 판단했다. 서부 시애틀에서 출발해 이곳까지 무려 약 15,000km를 달린 렌터카를 반납하고 나니 한편으로는 정이 들어서 서운한 기분마저 들었다. 이후에 시티투어 버스를 타고 맨해튼과 시내 명소 곳곳을 구경했다. 엠파이어스테이트빌딩, 록펠러센터, 트럼프 월드 타워, 월도프 아스토리아 호텔, 월 스트리트, 배터리 공원, 자유의 여신상 등등 수많은 명소를 모두 둘러보았다.

마지막으로 내가 절대로 잊을 수 없는 곳인 그라운드 제로(Ground Zero)를 향했다. 지난 2001년 9.11사태 당시 공무 출장으로 이곳에 왔다가 세계무역센터(World Trade Center) 쌍둥이 빌딩이 항공기 공격을 받아 무너지는 장면을 직접 목격했던 나는 당시 악몽 같은 기억을 안고 이곳을 떠났었다. 10년 만에 다시 그 비극의 현장을 찾아간 것이다. 완전히 파괴되어 붕괴한 세계무역센터(WTC) 건물이 있던 장소에서는 새로운 WTC 건물을 짓는 공

그라운드 제로 추모 공간

사가 한창이었다. 바로 옆에 마련한 추모 공간에는 당시 희생당한 사람들의 처절한 장면을 담은 사진과 복구 작업 현장 등을 담은 기록을 전시하고 있었다. 맞은편 도로 벽면에 기록된 "우리는 절대 잊지 않을 것이다(May We Never Forget It)"라고 쓰인 문구가 마음을 슬프게 했다.

저녁에는 이곳에서 공부하고 있는 외조카 부부를 만나 함께 식사를 하고 맨해튼 중심가인 타임스퀘어(Time Square) 구경에 나섰다. 타임스스퀘어는 미국 뉴욕 미드타운 맨해튼에 있는 유명한 상업적 교차로를 말한다. 웨스트(West) 42번가와 웨스트 7번가가 합쳐져 만난 세븐스 애비뉴(7th Avenue)와 브로드웨이(Broadway)가 교차하는 일대로 극장, 음식점이 즐비한 번화가로 유명하다.

타임스퀘어는 밤이 되자 화려한 불빛과 광고 전광판으로 일대가 온통 대낮처럼 밝게 비치고 쏟아져나온 사람들로 발 디딜 틈조차 없었다. 그야말로 불야성이었다. 곳곳에 유명 한국 대기업들의 상품을 선전하는 광고들이 즐비해 괜히 어깨가 으쓱거리고 나도 모르게 연신 사진을 찍었다. 웨스트 32번가는 아예 'Korea Way(한국타운)'라고 이정표가 붙어 있었으며, 마치 서울의 명동거리를 걷고 있는 듯이 한국인들로 붐볐다.

뉴욕에서 보낸 마지막 밤

공군사관학교를 졸업하고 일찍 전역해 맨해튼 동쪽 롱아일랜드(Long Island)에 이민 와 살고 있는 동기 집을 찾아갔다. 고맙게도 친구 부부는 우리를 위해서 자기 집 2층의 게스트룸을 숙소로 제공해주었다. 오랫동안 서로 만나지 못해서 그동안 쌓였던 사연들을 풀어놓느라 맥주를 마시며 밤새워 이야기꽃을 피웠다. 이민 생활의 애환과 고달픔을 늘어놓는 친구의 이야기를 듣고 보니 내가 고국에서 얼마나 편안하게 잘 살아왔는지 실감할 수 있었다. 이번 여행의 마지막 밤을 하얗게 새운 우리는 아직 못 다한 이야기를 접어두고 새벽녘에야 잠자리에 들었다.

꿈같은 무지개 여행을 마치며

마지막 여행 구간은 북미 대륙 횡단 자동차 자유여행인 '무지개 여행'을 무사히 마치고 미국 뉴욕 케네디국제공항(JFK)에서 출발해 태평양을 건너 다시 한국의 인천공항까지 약 11,000km의 항로 구간을 비행기로 날아서 귀국하는 여정이었다.

드디어 40일간의 대장정을 마감하는 날, 친구네 집 뒤뜰의 아담한 정원에서 친구 부인이 준비한 성대한 아침을 먹으며 아쉬운 마음을 달랬다. 뉴욕 체류 기간에 융숭한 대접을 해준 친구 부부에게 감사 인사를 전한 후 뉴욕 케네디국제공항으로 출발했다. 무어라 감사의 마음을 전할 길이 없어서 자그마한 선물을 전해주고 아쉬운 작별을 했다.

공항에서는 상당히 철저하게 출국 심사를 받았다. 아무튼, 약 13시간 후면 그리운 고국 땅을 밟는다. 무엇보다도 자동차 자유여행을 통해 다양한 체험과 아내와 함께 나눈 수많은 추억을 안고 귀국하게 되어 행복하다. 이제는 어떤 어려움도 충분히 극복할 수 있는 자신감과 지혜를 배운 것 같다. 이 자신감으로 새로운 인생 제2막을 힘차게 열어가 보고자 한다.

5장

유럽·발칸반도 자동차 자유여행

NAME OF PASSANGER

FLIGHT

DATE

SEAT

일반적으로 자동차 자유여행을 생각하면 외국에서 렌터카를 빌리는 것에서부터 낯선 환경에서 운전해야 하는 일, 목적지를 찾아가야 하는 일 등 두려움이 앞설 수 있다. 하지만 외국에서 한 달 이상 자유여행을 즐기기 위해서는 자동차여행만큼 적합한 여행은 없다. 아름다운 유럽과 발칸반도를 자동차로 구석구석 돌아다녀보길 바란다.

인생 2막을 위한 아드리아해 일주

라틴어에 'Limen'이라는 말이 있다. 우리말로 '문지방'이라는 뜻이다. 사람이 지금까지 해오던 기존의 일에서 탈피해 새로운 길로 나서기 위해서는 과거의 굴레에서 벗어나 문지방을 넘어서는 일정한 변환 과정이 필요하다는 말이다.

나는 여행하는 것에 좀 더 많은 시간을 할애하고 여행과 관련한 일에 매진하는 인생 2막의 삶을 살아가고 싶어 직장에 사표를 제출하고 여행가로서 변신을 도모했다. 또한 본격적인 여행을 즐기기 위해서 인간관계 또한 여행을 좋아하는 사람들과 자주 만나고 여행 고수들의 강연을 직접 들으러 찾아다녔다. 주변의 어떤 지인은 좋은 직장을 그만두고 엉뚱한 일을 한다면서 만류하기도 했다. 한편 어떤 이는 환갑이 넘어서 자신이 좋아하는 새로운 일에 과감하게 도전하는 자세가 너무나 부럽다며 박수를 보내는 사람도 있었다.

이번 여행은 지난 미국과 캐나다 북미 대륙 종·횡단 때와 마찬가지로 한 달이 넘는 40일간의 장기 자유여행으로 계획했다. 아울러 아내의 환갑을 맞이해 아드리아해 일주 자동차 자유여행을 계획했다.

미국과 캐나다는 국가 간 이동 시 여권만 있으면 별다른 문제가 없었지만 이번 유럽 여행은 유럽연합(EU) 회원국이 아니거나 셍겐조약(Schengen Agreement)에 가입하지 않은 나라를 방문할 경우 입국심사에 대비한 준비가 필요했다.

그리고 북미 여행에서는 이동 중에 다양한 휴식 장소에서 식사를 해서 먹을 수 있는 여건이 잘 조성되어 있어서 밥솥과 휴대용 가스레인지, 조리도구, 아이스박스 등을 챙겨가야 했지만, 이번 유럽 여행에서는 중간에 마음 놓고 밥을 해먹을 수 있는 시설이나 여건이 부적합해 사먹거나 간단한 인스턴트 음식으로 대체하기로 했다.

여행 국가 및 이동 루트

지금까지 영국, 독일, 프랑스, 스웨덴을 비롯한 북유럽 쪽은 공무 출장 등으로 다녀온 경험이 있지만 남부 유럽 쪽은 초행이라서 지리도 생소하고 특히 발칸반도의 일부 국가들은 유럽연합에 미가입해 여행이나 출입국 시 통행이 자유롭지 못하기 때문에 고려할 요소들이 많았다.

여행 국가는 유럽 여행이 처음인 아내가 꼭 가보기를 원하는 스위스, 프랑스, 이달리아 등을 포함하고, 아드리아해를 따라가는 이동 경로를 고려해 총 8개 국가로 결정했다. 여행 시기는 날씨와 경제적인 요소를 고려해 유럽 여행의 최고 성수기인 7~8월을 피해 5월 14일부터 6월 22일(40일)로 결정했다. 전체 이동 루트는 크게 두 개로 구분했다.

1부 여행 루트는 발칸반도 국가 중에 가장 뜨거운 여행 국가로 떠오르고 있는 크로아티아를 시작으로 슬로베니아, 오스트리아, 이탈리아를 돌아서, 아드리아해를 페리로 건넌 후 몬테네그로, 보스니아 헤르체고비나를 간 다음 다시 크로아티아로 돌아오는 순으로 아드리아해 일주 여행을 계획했다.

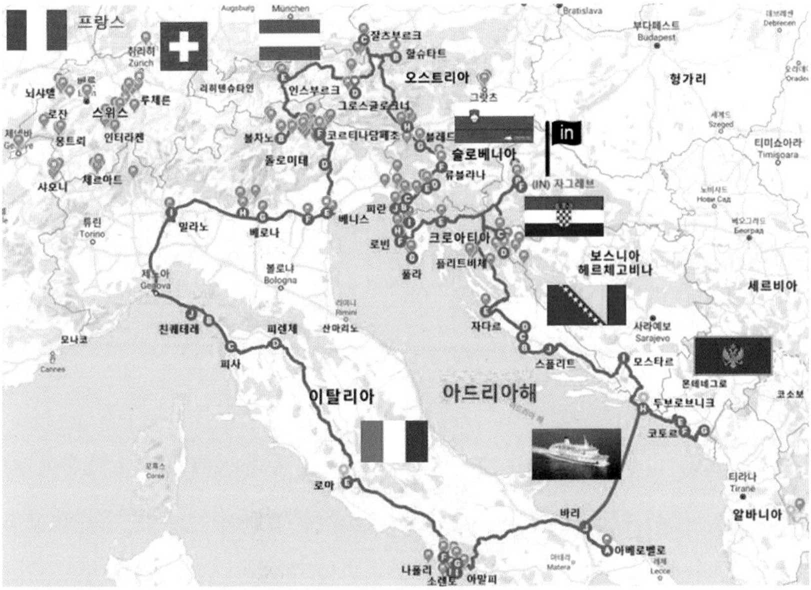

아드리아해 일주 자동차 자유여행 루트

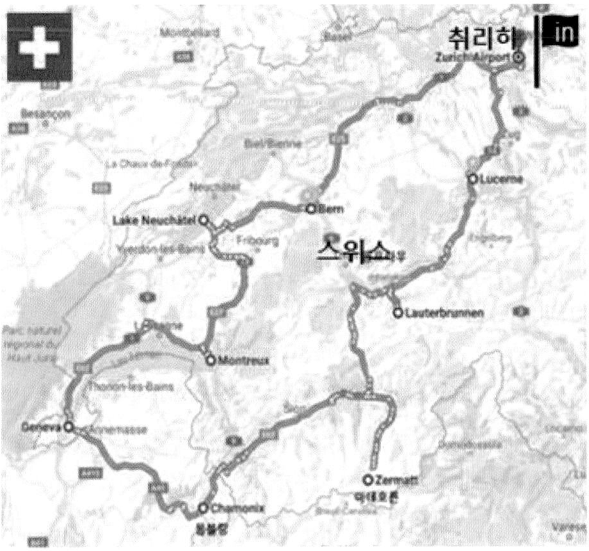

스위스 일주 자동차 자유여행 루트

2부 여행 루트는 크로아티아 자그레브(Zagreb)에서 자동차를 반납하고, 항공기로 스위스 취리히로 이동해 알프스산맥의 3대 미봉이라고 부르는 융프라우산, 마디호른산, 몽블랑산(프랑스)을 포함한 스위스의 주요 여행지를 순회한 후 마지막으로 프랑스 파리를 거쳐서 한국으로 귀국하는 루트를 계획했다.

철저한 사전 준비와 스마트폰 공부

유럽 지역을 대상으로 처음 시도해보는 자동차 자유여행이라서 사전에 준비해야 할 것이 한둘이 아니었다. 먼저 여러 국가 간을 오가는 자동차여행을 하기 위해서는 국경을 통과해야 하는데 각 국가 간의 통행 조건을 살펴야 했다. 유럽연합에 가입한 국가 간에는 여행이나 통행이 비교적 수월하지만 기타 국가 간에는 불편한 구석이 있었다.

다행히 유럽연합 국가가 아니더라도 솅겐조약에 가입한 국가, 즉 솅겐 국가(Schengenland) 간에는 국경이 없는 국가처럼 자유로이 이동할 수 있다. 솅겐조약은 1985년 유럽 지역의 26개 국가가 룩셈부르크의 작은 마을 솅겐에 모여서 국경 심사소 및 국경 검문소를 철거하고 공통의 솅겐 사증을 사용해 여러 나라에 입국할 수 있도록 하는 협정이다.

솅겐조약에 가입한 국가는 유럽연합 가입국과 일부 겹치기도 하며 이 조약에 가입하지 않았더라도 유럽연합 국가인 크로아티아, 루마니아, 불가리아 같은 나라들은 솅겐조약을 법적으로 의무화하고 있는 나라들이라서 여행이나 통행이 자유롭다. 그러나 발칸반도의 몬테네그로, 보스니아 헤르체고비나 등은 유럽연합이나 솅겐 국가가 아니라서 이에 대비한 준비가 필요했다.

무엇보다도 진정한 시니어 자유여행가가 되기 위해서 모든 여행 준비를 스마트폰으로 했다. 그래서 항공기 예약, 숙소 및 렌터카 예약, 각종 여행지의 입장권과 액티비티 이용권 예약, 가이드 투어, 환전, 통·번역, 날씨, 일기 및 비용 결산, 자동차 운전, 트래킹과 도보여행 시 여행지를 찾아가는 것 등 여행에 필요한 모든 분야의 스마트폰 앱을 검색해 이용법을 습득하고 필요하면 이에 대한 교육도 이수했다. 많은 시니어들이 여행 시 스마트폰 이용을 꺼리는데 막상 앱을 설치하고 시도해보면 사용법이 간단해 그렇게 어렵지 않다는 것을 금방 알게 될 것이다.

나라별 세부 일정 계획

귀국길에 거치는 국가까지 포함해 무려 8개 국가를 방문하기 때문에 일정별, 나라별로 세부 일정 계획을 수립했다. 주요 항목은 일자(일차), 여행 국가(여행지), 일정별 이동에 필요한 교통편(항공편, 렌터카, 기차·지하철/버스, 배/페리 등) 예약 현황, 출발·도착 정보 및 이동 경로, 일자별 숙소명칭·주소(필요시 호스트 이름 및 전화번호), 예약확인서에 명시된 예약번호 및 전화번호, 결제수단(현금 또는 카드) 및 결제 여부 등을 기록해 여행 중에 참고할 종합 자료를 만들었다. 이 책에서는 유럽 여행에서 방문한 8개 국가 중에 자동차 자유여행을 하고자 하는 독자들에게 직접 참고가 될만한 주요 5개 국가(크로아티아, 몬테네그로, 보스니아 헤르체고비나, 이탈리아, 스위스)에 대한 여행기만을 소개하기로 한다(유럽·발칸반도 자동차 자유여행 세부 일정 계획은 5장 마지막 부분을 참고하기 바란다).

발칸반도의 진주 크로아티아

구간 : 크로아티아 자그레브 → 슬로베니아 피란

기간 : 2019. 5. 14 ~ 5. 19(6일간)

루트 : 자그레브 → 라스토케 → 플리트비체 국립공원 → 리예카 → 풀라 → 로빈 → 포레치 → 모토분 → 피란(슬로베니아)

이동 거리 : 약 552km

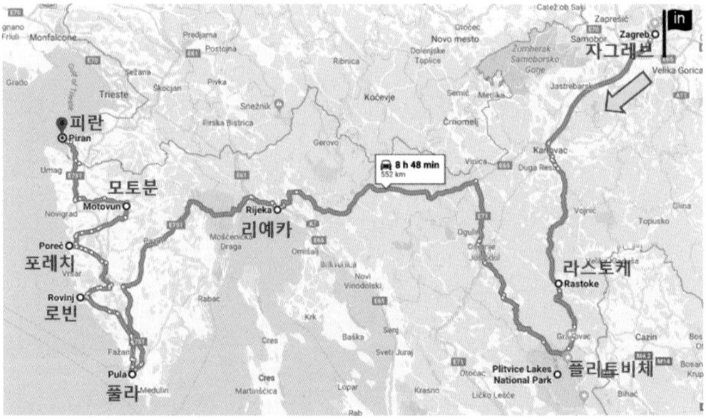

크로아티아는 우리나라의 여행 방송프로그램으로 인기리에 방영되었던 〈꽃보다 누나〉의 촬영지로 알려지면서 몇 해 전부터 수도인 자그레브까지 국적 항공기로 직항편이 운항되면서 더욱 주목받고 있는 곳이다. 1991년 유고슬라비아 연방에서 독립한 발칸반도의 신흥국인 크로아티아는 나라

를 감싸고 있는 아드리아 해변을 따라 고대 로마제국 시절부터 건설된 두브로브니크(Dubrovnik)를 비롯한 여러 해안 도시와 건물들이 너무나 아름답고 고풍스러워서 발칸반도의 진주라고도 불린다.

크로아티아 여행의 1코스는 자그레브에서 출발하여 플리트비체 국립공원을 거쳐서 이스트라반도의 주요 도시를 둘러보면서 북쪽의 슬로베니아 피란(Piran)까지 가는 코스이며, 2코스는 이탈리아 바리(Bari)에서 페리를 타고 다시 두브로브니크로 진입하여 남부 해안지역을 따라 자그레브로 올라가는 코스다.

먼저 1코스인 크로아티아의 북서부지역(자그레브 → 피란)을 6일간 여행한 이야기를 하고자 한다.

크로아티아의 아름다운 모습

크로아티아 북서부

뜻하지 않게 귀인과 행운을 만나다

1~2일 차, 크로아티아의 수도 자그레브

4개월 전에 당시 항공권 예약 사이트에서 가장 가성비가 높은 항공권을 예약해 에어프랑스를 타고 프랑스 파리를 거쳐서 크로아티아의 수도 자그레브 국제공항에 도착했다.

입국 수속을 마치고 렌터카를 접수하러 공항 1층에 있는 렌터카 사무실로 갔다. 그런데 우리가 빌리기로 예약한 렌터카 회사인 그린 모션(Green Motion)은 발견할 수가 없었다. 순간 당황해 공항 관계자에게 물어보니 공항이 협소해 규모가 작은 회사들은 이곳에 입주하지 못했다고 한다.

렌터카 회사에 전화를 걸어서 예약 현황을 확인한 후 약 30분을 기다린 후에야 우리는 렌터카 회사 직원을 공항 앞에서 만날 수 있었다. 마침내 우리는 직원의 차를 타고 공항에서 약 2.7km 떨어진 본사 사무실로 이동해 렌터카를 접수했다. 렌터카는 독일의 폭스바겐 골프였다. 해치백 형태의 트렁크와 소형차에서는 보기 드문 디젤엔진을 장착한 경제적인 차량이었다. 아내도 가끔 교대로 운전해야 해서 자동 기어를 선택했다.

이번 여행의 첫 번째 숙소는 에어비앤비를 이용해 자그레브의 구도심 여행에 접근이 쉬운 동쪽의 페트로바 울리체(Petrova Ulice) 지역에 잡았다.

자그레브 구도심의 주요 관광지

숙소 옆에 크로아티아에서 가장 유명한 마트 체인점인 콘줌(Konzum)이 있어 편리성도 갖추고 있었다. 숙소는 가정집을 빌려주는 것인데 가격도 저렴하고 자그레브 서민층의 주택 형태와 침실, 응접실 등 가옥구조를 체험해볼 수 있어서 아내가 매우 만족했다. 짐을 푼 후에는 자동차여행에 필요한 몇 가지 물품들을 구입하고 경유지를 거치느라 오랜 비행으로 지친 몸과 시차를 극복하기 위해 휴식을 취했다.

다음 날은 계획대로 구도심에 있는 자그레브 대성당을 시작으로 크로아티아를 상징하는 문양을 지붕에 새긴 아름다운 성 마르카 교회(St. Mark's Church)와 반옐라치치 광장(Ban Jelačić Square), 1731년에 발생한 대화재에도 살아남은 기적의 성모 마리아 그림이 있어서 세계 크리스천들의 성지로 알려진 스톤 게이트(Stone Gate) 등을 둘러보았다.

아침부터 내리는 비로 인해서 건물들이 한층 아름다운 색깔을 연출하고 고즈넉한 분위기를 자아내 오히려 여행 첫날의 감동을 더해주는 듯했다.

라스토케 마을의 풍경

3~4일 차, 물레방아 마을 라스토케, 플리트비체 호수 국립공원

크로아티아의 첫 번째 여행지인 수도 자그레브 여행을 마치고 물레방아 마을로 유명한 라스토케(Rastoke)가 있는 남쪽을 향해 발걸음을 옮겼다. 라스토케 마을에 도착하자 며칠 전부터 내린 비로 인해 마을 사이의 계곡을 따라 흐르는 수량이 늘어나서 마치 마을 전체가 물속에 잠긴 것처럼 아름다운 풍경을 만들어냈다. 마을로 들어서는 언덕길에서 많은 여행객이 몰려들어 사진을 찍기에 여념이 없었다.

마을 안으로 들어가서 아름다운 동화 속의 집처럼 주변에 냇물이 흐르고 전원 풍경을 자랑하는 고즈넉한 레스토랑(Slovin)에서 브런치 식사를 했다. 여주인이 웃으면서 친절하게 맞이해준 식당은 생각보다 가격이 저렴했으며 음식도 유럽 가정식 식단으로 정갈하고 맛있었다.

라스토케에서 맛있는 식사를 한 후 남쪽으로 약 30분을 달려서 크로아티아의 대표적인 관광지인 플리트비체 호수(Plitvice Lakes) 국립공원의 입구에 도착했다. 플리트비체 호수 국립공원은 두 개의 입구가 있는데 우리가 도착한 곳은 남쪽에 있는 제2입구였다.

오후 늦게 공원을 나와서 남쪽으로 좀 더 내려가 예제르체(Jezerce) 마을에 있는 숙소에 여장을 풀었다. 이곳은 조용하고 펜션형의 숙소들이 많이 모여 있으며 인근에 식료품을 살 수 있는 슈퍼마켓이 있어서 자동차여행을 하는 여행객들이 많이 찾는 곳이다. 우리는 숙소 주변의 아름다운 전원풍의 마을을 산책하며 인근에 있는 슈퍼마켓에 가서 간단하게 요리해서 먹을 수 있는 식료품을 구매하여 저녁을 해먹었다.

다음 날은 아침 일찍 출발하여 공원 제2입구에 도착하였다. 오기 전에 이미 확인해둔 여섯 개의 투어 코스 중에 강 상·하류를 모두 볼 수 있고 완성도가 높은 'H코스'를 둘러보기로 했다. 이 코스는 공원 내 전용 차량과 유람선을 모두 이용하고, 호수 주변을 트래킹하는 등 총 4~6시간이 소요되기 때문에 오전 시간만으로는 완주할 수 없으며 점심을 먹고 오후까지 둘러보아야 하기에 사람이 붐빌 것에 대비하여 조금 서두른 것이다.

막상 매표소에 도착하자 생각보다 한산했다. 아쉽게도 최근 계속되는 우천으로 인해 강 상류 쪽의 일부 구간은 출입이 금지되어 있어 'H코스'는 둘러볼 수 없었다. 대신 그랜드 폭포(Grand Falls)가 있는 강 하류 쪽은 개방이 되어 있어 제2입구에서 출발해 북쪽의 제1입구까지 전용 차량으로 이

플리트비체 호수 국립공원의 비경

동하는 가벼운 트래킹으로 3~4시간이 소요되는 'B코스'를 선택했다.

폭우로 인하여 갑자기 불어난 강물의 수량 때문에 전체 코스는 둘러볼 수 없었지만, 우렁찬 괴성을 질러대는 그랜드 폭포의 웅장한 모습과 에메랄드색 강물이 넘쳐나는 진정한 플리트비체 호수를 감상하는 행운을 누렸다.

스트르바키 부크 폭포에서 만난 귀인

아쉬움과 행운이 교차한 플리트비체 호수 국립공원의 투어를 예상보다 일찍 마치는 바람에 조금 늦은 오후 2시경에 점심을 먹고 숙소로 돌아왔다. 그런데 딱히 다른 일정이 없는 상황이라서 플랜-B를 가동해야 하는 상황이 발생한 것이다.

나는 여러 번의 자유여행 경험에서 터득한 방식으로 이런 경우를 대비해서 항상 주변의 다른 여행지를 찾아두었다가 일정이 꼬이거나 시간이 여유가 생기면 그곳을 찾아가곤 했다. 그래서 이번에도 자세한 정보까지는 미처 확인하지 못했지만 미지의 여행지 한 곳을 골라서 찾아가기로 했다. 바로 이웃 나라인 보스니아 헤르체고비나의 국경선에 근접해 있는 이름도 생소한 '스트르바키 부크(Strbacki Buk)'라는 거대한 폭포였다.

구글 지도가 가리키는 거리는 약 62.5km, 그곳까지 가는 시간은 약 1시간 11분이 소요되는 것으로 스마트폰에 찍혔다. 당시 일몰 시각을 계산했을 때도 충분히 다녀올 수 있다는 확신이 생겨서 무작정 핸들을 잡고 시동을 걸었다. 날씨도 청명하고 가는 도로에도 비교적 차량이 없어서 한가하고 전경이 좋은 시골 풍경이 계속되었다. 우리는 콧노래를 부르며 즐거운 마음으로 그곳을 찾아갔다. 그런데 이곳에서 또 한 번의 행운이 우리를 기다리고 있을 줄은 상상조차 하지 못했다.

국경선에 근접하자 경찰들이 우리를 막아서며 여권과 자동차 등록증을 제시하기를 요구했다. 그러면서 어디를 가는지, 왜 가는지를 물어보았다. 검문은 별다른 일이 없이 끝났는데 한 경찰관이 마지막 구간에 가는 길이 험난하니 조심해서 다녀오라고 했다. 역사적으로 두 나라는 국경선 부근에서 여러 번 충돌을 일으켰던 사이라서 경계를 강화하고 있는 듯했다.

얼마 후 목적지에 가까워지자 경찰관의 말대로 인적이 드물고 비포장의 험난한 산길이 우리를 기다리고 있었다. 좁은 산길을 따라가다 보니 살짝 겁이 나기도 하고 이러다가 바퀴라도 빠지면 꼼짝할 수 없이 산속에 갇혀서 돌아갈 수 없는 상황이 발생할 수도 있다는 두려움이 생겼다. 폭포 근처까지 오는데도 아무런 표지판 하나 볼 수 없었다. 목적지에 거의 100m 정도 가까이 왔을 때야 비로소 이곳에 폭포가 있다는 정도의 간판 하나만 덩그러니 서 있었다.

드디어 산 아래쪽에 다다르자 두 나라의 국경선을 흐르는 우나(Una)강이 나타났다. 강어귀에 있는 공간에 차를 세운 후 강물을 따라 아래로 내려갔다. 그때 갑자기 나타난 어느 현지인 남자가 우리에게 다가오더니 서툰 영어로 대뜸 "Are you Korean?"이냐고 물었다. 우리가 한국인인 걸 어떻게 알았을까? 이렇게 만난 그 남자는 우리가 한국에서 왔다는 것을 알고부터는 약간 경계하는 우리를 보고 밝은 웃음을 지어 보이며 계속해서 폭포를 안내해주겠다며 친절을 베풀기 시작했다.

그는 이곳 스트르바키 부크 폭포를 사랑하는 현지인으로 아직 개발되지 않은 이곳을 세계에 알리기 위해서 스스로 관리인을 자처하며 폭포 인근 강가에 있는 조그마한 오두막에 머물면서 방문객을 맞이하면 일일이 설명해주는 착한 주민이었다.

그는 지나칠 정도로 우리에게 친절을 베풀며 폭포가 있는 언덕 아래까지 직접 데려가서 서툰 영어와 손짓, 발짓을 다 해서 큰소리로 외치면서 폭

스트르바키 부크 폭포와 행운을 안겨준 소중한 인연

포에 대해서 열정적으로 설명을 했다. 그때 그가 외친 말은 오직 "Extra, Extra, Extra!" 뿐이었다. 그의 표정과 말뜻을 유추해보면 이 폭포는 엄청난 것이라는 의미로 해석할 수가 있었다. 콜럼버스가 최초로 아메리카 대륙을 발견했을 때 바로 이렇게 황당하고 두려운 마음으로 원주민들과 대화를 나누었을 것이라는 별의별 생각까지 들었다.

그의 안내를 받아 이미 폐기된 기찻길을 따라 한참을 가다가 경사가 가파른 험한 산길을 따라 폭포 하단으로 내려갔다. 하류 쪽에서 본 폭포의 모습은 3단으로 나누어져서 거친 물살을 내뿜으며 굉음과 함께 하류로 흘러가고 있었다. 마치 캐나다의 나이아가라폭포를 보는 듯했다. 오히려 열악한 환경 탓인지 그보다 더한 감동을 주는 것 같았다. 한참 만에 폭포 상단으로 올라가자 그는 친구가 준비해놓은 듯한 식탁에 우리를 초대했다. 포도주와 음료수, 과일이 놓여 있었다. 우리에게 포도주를 권하며 아예 앉아서 한잔하고 가라는 것이었다. 비로소 우리는 그들의 진정한 마음을 확신할 수 있었다. 그들은 오직 순수한 마음으로 고장의 폭포를 자랑스러워하며 세상에 널리 알리고 싶은 마음뿐인 사람들이었다.

나는 명함을 건네주고 내 페이스북 ID를 알려주면서 한국에 돌아가서, 아니 당장 오늘 밤 숙소에 돌아가서 인터넷에 그들의 열정과 스트르바키부크 폭포를 알리기로 약속했다.

날씨로 인해 꼬인 일정 때문에 플랜-B에 따라 우연히 찾은 곳인데 너무나 아름다운 곳을 보게 되어 행운이었다. 더구나 잘 알려지지 않은 고장의 관광 명소를 세상에 알리고 싶은 이들의 순수하고 뜨거운 열정에 더욱 큰 감동을 받았다. 돌아오는 내내 뜻하지 않게 만난 고마운 이들과의 특별한 인연과 경험에 감사하며, 행운을 안겨준 이들의 큰 뜻이 꼭 이루어지기를 간절히 기도했다. 이들이야말로 진정한 'Extra, Extra, Extra!'였다.

5일 차, 리예카 고성(古城), 풀라

플리트비체 호수 국립공원에서의 기쁨과 스트르바키 부크 폭포에서 만난 특별한 인연으로 또 한 번의 행운을 접한 우리는 이스트라반도의 아름다운 도시 풀라(Pula)를 향해서 출발했다.

예제르체에서 풀라까지는 약 280km로 가는 데 만 약 3시간 40여 분이 소요되는 거리였다. 그래서 가는 도중에 리예카(Rijeka)의 고성 트르셋 포트레스(Trsat Fortless)에 들러 휴식을 취하기로 했다. 이 고성은 13세기에 지어진 곳인데 성벽 곳곳에 대포가 배치되어 있고 원통형의 높은 망루가 있는 것으로 봐서는 리예카를 방어하기 위한 진지로 사용되었을 것으로 보였다.

이곳은 아름다운 리예카 항구 전체를 한눈에 볼 수 있는 최적의 전망대 역할도 하고 있었다. 독특한 아치형의 성문을 통과해 오른쪽으로 계단을 올라가면 마치 고대 신전을 방불케 하는 고즈넉한 모습의 건물 앞마당에 조그마한 카페가 있었다.

리예카의 트르셋 포트레스 고성 카페에서

이곳에서 리예카 항구를 조망하며 달콤한 비스킷과 마키야토 커피를 마셨다. 살짝 이슬비가 내리기도 했지만 머리 위로 야외용 천막이 있어서 오히려 낭만적인 분위기를 자아냈다. 잠시 후 비가 개고 리예카 항구의 아름다운 전경을 바라보며 한가로이 여행 이야기를 나누다 보니 시간이 멈춰버린 것 같은 행복한 마음이 몸으로 느껴졌다. 뜻하지 않게 만난 아름다운 풍경이 오히려 마음에 깊이 남게 되는 순간이었다. 이게 바로 자유여행의 참맛이 아닐까 생각했다. 지금도 아내는 이 순간이 유럽·발칸반도 여행 중에 가장 기억에 남는 행복한 순간이었다고 말하곤 한다.

저녁 무렵에야 풀라에 도착한 후 곧장 아레나(Arena) 원형극장을 찾아갔다. 풀라의 아레나는 지금까지도 로마의 콜로세움과 거의 비슷한 형태의 완벽한 원형을 보존하고 있었다. 다만 내부로 들어가보면 객석 부분이 많이 사라지고 흙으로 된 땅바닥만 남아 있는 것이 콜로세움과 달랐다.

로마시대 원형극장 중 지금까지 동그란 원형 형태로 완전하게 보존되어 공연이나 경기를 할 수 있는 곳이 유럽에 총 여섯 군데가 있다. 모두 기

크로아티아 풀라의 아레나

원전 1세기 또는 AD 1세기경 로마시대에 지어진 것들로서, 이탈리아 로마의 콜로세움, 베로나의 아레나, 폼페이의 아레나, 크로아티아 풀라의 아레나 그리고 프랑스 남부의 아를과 튀니지의 엘 젬 지역에 각각 원형극장이 보전되고 있었다. 아직도 대부분의 곳에서는 유명한 오페라나 가수들의 공연이 이뤄지고 있다고 한다.

6일 차, 귀족의 도시 로빈과 환상의 바닷가 포레치

이스트라반도에 있는 고대 로마시대에 건설된 도시들은 하나같이 아드리아해를 접하고 있다. 그것은 이곳이 로마시대의 왕족이나 귀족들의 여름 휴양지로 활용되었기 때문이다. 로빈(Rovinj) 역시 당시 유명한 귀족들의 휴양지였다.

대부분 로빈을 여행하게 되면 아드리아해 바닷가를 따라 언덕 위에 높게 솟아 있는 교회당 첨탑을 랜드마크로 하는 아름다운 마을을 떠올린다. 그러나 이곳에는 상상하기 어려울 정도로 아름다운 산책로와 온천이 있는 공원이 있다. 바로 로빈 남쪽에 있는 즐라트니 공원(Zlatni Rt Park)으로, 이곳 또한 로마시대 귀족들의 정원이었다. 나는 이곳을 다녀온 이후 로빈을 생각하면 이 아름다운 공원의 모습을 먼저 떠올리게 되었다.

로빈이 귀족의 정원이 있는 도시라면, 포레치(Porec)는 이스트라반도

타르티니의 고향 피란(슬로베니아)

에 있는 고대 로마시대에 건설된 도시 중에 가장 화려한 바닷가의 산책로를 가진 멋진 도시였다. 고대 로마의 비잔틴제국 시절 유프라시우스(Euphrasius) 주교에 의해 재건된 황금모자이크가 있는 바실리카(Basilica)와 그의 궁전, 세례당 등이 유명한 곳이다.

구도심의 중심에 있는 아름다운 천사의 교회(Lady of Angels Church)를 시작으로 이곳의 모든 도로는 온통 하얀 대리석으로 깔려 있었다. 당시 보슬비가 내려서 바닥의 대리석이 유난히 맑고 투명하게 비쳐 보였다.

바닷가로 난 거대한 궁전의 성곽을 따라 약 1km의 아름다운 산책로 또한 매끄럽게 다듬어진 하얀 대리석을 넓게 깔아놓아서 이 길을 걷다 보면 마치 유리 위를 걷는 왕족처럼 환상에 젖어들게 했다. 이곳은 아직 우리나라 사람들에게는 잘 알려지지 않은 듯 한국인은 보이지 않고 일본인 관광객들이 유난히 많았다.

이탈리안의 마을 모토분

포레치의 아름다운 바닷가 산책로에 반한 우리는 이곳에서 하룻밤을 머무르지 못한 아쉬움을 뒤로하며 다음 목적지인 모토분(Motovun)으로 향했다. 모토분은 아직도 중세도시의 분위기를 그대로 간직한 채 산봉우리 꼭대기에 이탈리안들이 모여 사는 성곽 마을이다. 땅속의 다이아몬드라고 하는 송로버섯, 즉 트러플(Truffle)의 산지로 유명하며 주변에서 나는 와인의 맛이 좋기로도 알려져 있다.

다른 성곽도시와 비교하면 크기가 작고 성내의 도로나 건물들은 오래되어서 고풍스러워 보이는 곳이었다. 그러나 가을이 되면 끝없이 펼쳐진 포도밭에 단풍이 들어서 성곽에서 내려다본 풍경이 한 폭의 그림같이 아름다워서 많은 여행객이 찾아든다고 한다.

이렇게 해 6일간의 크로아티아 북서부 지역과 이스트라반도의 멋진 해안 도시를 돌아본 크로아티아 자유여행을 마무리하고, 슬로베니아의 국경을 넘어서 유명한 작곡가이자 바이올리니스트인 타르티니(Tartini)의 고향 피란(Piran)을 향했다. 피란은 슬로베니아가 자랑하는 이스트라반도의 명품 도시다. 국토 대부분이 내륙에 있는 슬로베니아는 유일하게 이곳 피란과 코페르(Koper) 지역만 아드리아해에 접해 있다. 이곳을 통해서만 바다로 진출할 수 있는 관문이 열려 있는 셈이다.

비를 맞으며 피란에 늦게 도착한 우리는 피란의 벽(Wall of Piran)에 올라가서 아드리아해를 배경으로 펼쳐지는 구도심의 아름다운 모습을 바라봤다.

크로아티아 남부, 몬테네그로, 보스니아 헤르체고비나 여행

아름다운 해안 도시들의 매력에 빠지다

구간 : 이탈리아 바리 → 두브로브니크 → 자그레브

기간 : 2019. 6. 7 ~ 6. 11(5일간)

루트 : 이탈리아 바리 → 두브로브니크 → 몬테네그로 코토르 → 부드바 → 보스니아 네움 → 모스타르 → 크로아티아 스플리트 → 시베니크 → 크르카 국립공원 → 자다르 → 라스토케 → 플리트비체 호수 국립공원 → 라스토케 → 자그레브

이동 거리 : 약 955km(육로)

크로아티아의 북서부지역을 둘러본 1코스에 이어서 2코스는 이탈리아 남동부지역의 바리(Bali)에서 페리를 타고 아드리아해를 횡단하여 다시 두브로브니크로 진입한 후 아드리아해의 해안을 따라 몬테네그로와 보스니아

헤르체고비나를 포함한 크로아티아 아름다운 해안 도시를 둘러보고 자그레브까지 올라가는 코스다.

이번 유럽·발칸반도 자동차여행의 1부 여행은 크로아티아 자그레브에서 렌터카를 빌려서 슬로베니아, 오스트리아, 이탈리아를 거쳐서 다시 크로아티아로 돌아와서 렌터카를 반납하는 루트로 여행하였다. 자그레브 국토가 아드리아해를 따라 남북으로 길게 뻗어 있는 모양이라서 이렇게 여행 경로를 잡는 것이 가장 효과적이라고 생각하였다.

7일 차, 페리를 타고 도착한 두브로브니크

이탈리아 바리에서 페리에 자동차를 싣고 밤새 아드리아해를 항해한 끝에 아침 일찍 두브로브니크 항구에 도착했다. 눈부신 아침 태양을 받으며 바라본 두브로브니크는 매우 아름답고 정겨운 분위기를 풍기는 멋진 도시였다. 숙소가 항구 가까운 곳에 있어서 숙소에 도착한 후 자동차와 짐을 맡기고 곧바로 구도심에 있는 성곽을 향해 걸어갔다.

두브로브니크의 날씨는 그늘에 들어가면 시원했지만 태양의 햇살이 유난히 뜨거워서 6월 초인데도 걸어 다니기에는 조금 무더웠다. 그럼에도 두브로브니크의 성곽이 너무 아름다워서 여행객들의 마음을 사로잡기에 충분했다. 바위벽에 철썩거리는 파도 소리를 들으며 바다와 연결된 아름다운 성벽을 따라 걸어가다 보면 어느새 시인이 된 듯 낭만에 젖어들게 된다.

성벽 위에서 바라다본 빨간 지붕을 한 건물들과 파란 바다 색깔이 어우러져서 말 그대로 한 폭의 풍경화를 보는 것 같았다. 마치 동화 속의 나라에 온 듯한 착각을 일으키게 했다.

두브로브니크의 매력에 빠져 구도심 지역을 구석구석 돌아다니느라 오

두브로브니크 성곽

후 늦게야 저녁 식사 거리를 사 들고 성곽 입구에서 버스를 타고 숙소로 돌아왔다. 우리가 묵은 숙소는 아드리아해가 바라다보이는 전망이 좋은 언덕 위에 있는 빨간 지붕의 전형적인 크로아티아 가정집이었다. 정원에서 바라다본 바다 풍경이 너무 아름다워서 아내와 파라솔에 앉아 아드리아해를 바라보며 숙소 주인이 준 시원한 맥주 한 병과 함께 두브로브니크의 찬가를 계속 읊었다.

석양이 지는 저녁 무렵, 야경을 보러 두브로브니크에서 가장 높은 포트 임페리얼(Fort Imperial) 정상에 올라갔다. 원래 이곳은 케이블카를 타고 올라가야 하는데 우리가 여행할 당시 수리 중이라 운행이 중지되어 택시를 타고 올라갔다. 두브로브니크의 야경은 낮 못지않게 여전히 아름다웠다. 많은 사람들이 성곽을 따라 도심을 중심으로 밝게 빛나는 야경을 사랑하는 연인과 함께 즐기고 있었다.

8일 차, 몬테네그로 여행

구간 : 크로아티아 두브로브니크 ↔ 몬테네그로 코토르 ↔ 부드바

기간 : 2019. 6. 8(1일간)

이동 거리 : 약 207km

아침 일찍 두브로브니크의 남동쪽에 있는 몬테네그로의 항구도시인 코토르(Cotor)와 부드바(Budva)를 여행하기 위해서 숙소를 출발했다. 몬테네그로 국경에는 입국심사를 받으려는 차량이 길게 늘어서 있었다. 몬테네그로는 유럽연합 회원 국가가 아닐 뿐만 아니라 셍겐조약에도 가입하지 않은 국가라서 여행이나 통행이 자유롭지 못했다.

여행객이 국경 검문소를 통과하기 위해서는 여권과 자동차 등록증을 제출하고 입국심사를 받아야 하며, 렌터카의 경우 국경을 넘어서 방문 국가에서 사고나 문제가 발생했을 때 보험 처리나 견인 서비스가 가능함을 증명하는 보험증서, 즉 그린카드(Green Card)가 있어야 통과할 수 있다. 발칸반도 국가 중에 몬테네그로를 비롯해 보스니아 헤르체고비나, 알바니아, 마케도니아, 세르비아 등이 이에 해당한다.

크로아티아 쪽에서 코토르에 가기 위해서는 낙타 등처럼 생긴 M자 모양의 굴곡진 코토르만(Kotor Bay)을 돌아서 가야 한다. 따라서 실거리는 얼

코토르 고성

마 안 되지만 한참을 달려가야 해서 우리는 가는 도중에 바닷가에서 점심을 먹고 다시 출발했다.

바다를 앞에 두고 높은 산으로 둘러싸여 있는 코토르는 천혜의 자연적 방어 조건을 갖추고 있는 요새였다. 코토르 구도시에는 성벽으로 둘러싸인 고성(古城)이 있는데 유네스코 세계문화유산으로 지정되어 있었다. 로마네스크 방식의 쌍둥이 주탑이 있는 성 트라이폰 성당(Cathedral of St. Tryphon)을 비롯한 성벽 내의 구시가지 곳곳은 아기자기하고 고풍스러운 건물들로 빼곡하게 들어차 있었다.

코토르에서 남쪽으로 약 23km를 더 내려가면 아름다운 해변과 마을을 성채(Citadel)가 감싸고 있는 도시 부드바(Budva)가 나온다. 이곳은 바다를 끼고 있는 도시 전체가 휴양지로서, 많은 사람이 찾는 관광지였다. 시간이 부족해서 스카다르 호수(Skadar Lake) 국립공원까지는 가지 못하고 다시 두브로브니크로 돌아오는 길에 길고 복잡한 코토르만을 쉽게 건널 수 있는 바지선을 타고 넘어왔다. 비록 짧은 하루 일정이었지만 몬테네그로의 산야와 바다는 기억에 남을 만한 요소가 많아서 아주 인상적이었다.

9일 차, 보스니아 헤르체고비나 여행

구간 : 크로아티아 두브로브니크 → 보스니아 헤르체고비나 네움 → 모스타르 → 크로아티아 스플리트

기간 : 2019. 6. 9(1일간)

이동 거리 : 약 302km

9일 차는 두브로브니크에서 출발해 보스니아 헤르체고비나의 모스타르(Mostar)를 거쳐서 다시 크로아티아에 입국해 스플리트(Split)까지 가는 여정이었다.

보스니아 헤르체고비나는 1992년 유고슬라비아 연방에서 독립한 뒤부터 줄곧 유고 연방의 수도였던 사라예보를 수도로 하고 있다. 보스니아 헤르체고비나 역시 유럽연합, 솅겐조약 미가입 국가로 여행 및 통행 시 주의해야 한다. 따라서 크로아티아 자그레브로 가기 위해서는 보스니아 헤르체고비나를 지나가야 한다.

크로아티아의 두브로브니크에서 보스니아 헤르체고비나의 관광 명소인 모스타르를 목적지로 하여 구글 지도를 검색하면 대개 슬라노(Slano)를 거쳐 산맥을 넘어가는 길을 제시해준다. 그러나 이번 여행을 통해 모스타

르로 가려면 반드시 네움을 거쳐서 들어가야 한다는 교훈을 얻었다. 슬라노에 있는 국경 검문소는 양국의 내국용이었고, 여행객이나 외국인 전용 국경 검문소는 네움에 있었기 때문이다.

여행을 떠나기 전에 전체 여행 루트를 SNS에 올리자 이걸 본 지인이 지난해에 똑같은 코스로 갔다가 이 사실을 몰라서 엄청나게 고생했다는 이야기를 들려주었던 것이다. 나는 지인 찬스(?) 덕분에 편안한 여행을 할 수 있었다.

네움을 통해 모스타르로 향했다. 보스니아 헤르체고비나는 국토가 대부분 산악지대로 구성되어 있는데 아직 개발이 미진한 나라라서 도로 사정이 좋지 않았다. 네움에서 모스타르까지 약 85km에 불과한 거리인데도 실제 주행을 해보니 거의 두 시간이나 걸렸다.

모스타르는 헤르체고비나네레트바주의 주도이며 이 지역에서 가장 큰 도시다. '모스타르'라는 명칭은 도심을 흐르는 네레트바(Neretva)강 바로 위 다리를 지켰던 '다리 파수꾼들'을 뜻하는 모스타리(Mostari)에서 유래했다. 삼각형의 상판과 아치형 교각을 한 스타리 모스트(Stari Most) 다리는 오스만제국의 지배를 받던 동안 건설되었는데, 지금은 모스타르의 상징이 되었다.

물살이 거센 네레트바강을 끼고 다리 주변의 경치를 구경하며 동네 한 바퀴를 돌아서 다리 아래까지 내려갔다. 다리 아래 마을에는 분위기 좋은

모스타르의 스타리 모스트 다리 전경

카페와 음식점, 기념품 가게들이 즐비하고 약 25m 높이의 다리 위에서는 전문 다이버들이 여행객들로부터 돈을 받고 다이빙을 하는 모습을 볼 수 있었다. 제2차 세계대전 이후 근대 역사와 정치가 잘못되어 못사는 나라가 되었지만, 조상으로부터 물려받은 문화유적이나 관광자원은 풍부해 보였다.

인근 주차장에 맡겨둔 차를 찾아서 모스타르 중심을 빠져나오면서 다시 크로아티아의 스플리트를 찾아가기 위해서 구글 지도를 켰는데 스마트폰이 갑자기 먹통이 되어버렸다. 이유를 알기 위해서 인근 레스토랑에 가서 말을 걸었지만, 사장이 영어를 못한다며 손사래를 치는 바람에 얼굴만 물끄러미 쳐다보다가 나왔다. 아무나 붙잡고 말을 걸어보았지만 소용이 없었다. 마침 길가던 말쑥한 차림의 키 큰 청년을 붙잡고 도움을 청했더니, 웃으면서 자기 나라는 외국인이 방문하면 별도의 와이파이 카드를 구매해서 사용해야 한다고 했다.

아차! 유럽의 유심칩을 사용하면서 이제까지는 아무런 문제가 없어서 무심코 사용했는데 이곳에서는 무용지물이라는 사실을 그때야 깨닫게 되었다. 순간 얼음이 되었다. 그러나 그 잘생긴 청년은 여유 있게 미소를 지으며 자신의 핸드폰을 켜고 핫스팟(Hotspot) 기능을 이용해 내 폰에 구글 지도가 시현되도록 조치를 해주고서 그 상태로 스플리트까지 운전해서 가라고 일러주었다. 정말 구세주를 만난 셈이었다. 우리는 몇 번이고 "Thank

스플리트 로마 황제의 궁전과 리바 거리

시베니크의 성 미카에 요새(좌) 프리모스텐 마을 전경(우)

you so much!"를 외치고 가슴을 쓸어내리며 스플리트로 향했다.

로마 황제의 도시 스플리트

스플리트는 로마 황제 디오클레티아누스가 황제 자리에서 물러난 후 305년 자신의 고향인 이곳에 거대한 궁전(Diocletian's Palace)을 지어 죽을 때(311년)까지 살았던 지역으로 유네스코 세계문화유산으로 등재되어 있다.

이 궁전은 황제가 죽은 후 빈 채로 방치되어 있다가 7세기경부터 주민들이 들어와 살기 시작했다. 바다와 연한 좋은 입지조건 때문에 이곳은 사업과 상업의 중심지가 되었다. 실제로 방문해보니 궁전 내부와 성당, 박물관 등과 뒤섞여서 주변에 카페, 음식점, 기념품점 등 상가로 가득했다. 궁전 앞 해변 산책로 리바 거리(Riva Street)는 밤이 되면 사랑을 나누는 연인들로 북적거렸다.

10일 차, 휴양도시 시베니크와 크르카 국립공원, 자다르

스플리트에서 낭만적인 하룻밤을 보내고 아드리아해의 유명한 달마티아(Dalmatia) 해변을 따라 도시 전체가 세계문화유산인 트로기르(Trogir), 전경이 가장 아름답기로 유명한 프리모스텐(Primosten) 마을을 거쳐서 항구도시인 시베니크(Sibenik)에 도착했다.

발칸반도에서 가장 아름다운 해안도로

이번 발칸반도 여행 중에서 가장 아름다운 해안도로로 이 구간을 추천하고 싶다. 특히 프리모스텐 마을은 도로에서 마을로 접근하는 길목에서부터 여러 차례 차를 세우고 사진을 찍을 정도로 그 자태가 너무나 아름다운 마을이다. 빨간 지붕과 하얀 벽이 어우러져서 마을 전체가 마치 동화 속 마을처럼 보였다. 우리는 아예 이 마을에 차를 세워두고 바닷가에서 한참 동안 시간을 보낸 후에 출발했다.

시베니크는 만으로 둘러싸여 있는 항구로 다양한 해양 스포츠 등으로 유명한 휴양도시다. 특히 시베니크만은 천혜의 요새이자 역사적으로나 지정학적으로 중요한 지역이라서 성 미카엘 요새(St. Michael's Fortress)와 바론 요새(Barone's Fortress) 등 여러 성채가 있는 곳이다. 우리는 성 미카엘 요새에 올라가서 시베니크 도시 전체를 한눈에 관찰했다.

시베니크의 매력에 빠진 우리는 좀 더 시간을 할애하지 못한 아쉬움을 뒤로 한 채 한국에서부터 크로아티아에서 가장 가보고 싶은 여행지로 꼽았던 크르카(Krka) 국립공원으로 향했다. 크르카 국립공원은 플리트비체 호수 국립공원보다 현지인들에게 더 유명한 장소이며, 면적도 훨씬 광범위하고 입장료도 두 배나 된다. 마이크로소프트(사)의 창업자인 빌 게이츠는 포브스와의 인터뷰에서 가장 좋아하는 여름 휴가지로 크르카 국립공원을 추천하기도 했다.

크르카 국립공원은 시베니크에서 불과 13km밖에 떨어져 있지 않은 곳에 있다. 공원 입구는 두 곳이 있는데 스크라딘(Skradin) 쪽은 배를 타고 들어가고, 로조바크(Lozovac) 쪽은 자동차로 진입해 공원 입구에서 크르카강까지 셔틀버스를 타고 이동한다. 우리는 로조바크 쪽으로 들어갔다. 공원 내의 풍경은 자연 그대로의 숲길과 호수를 산책하며 그야말로 제대로 된 휴양을 즐길 수 있는 멋진 곳이었다. 거대한 스크라딘스키(Scradinski) 폭포가 있는 얕은 지역에서는 여행객들이 수영을 즐길 수도 있었다. 얼마 전에 한국인 부녀 여행객이 이곳에서 수영하다가 참변을 당한 일이 발생했는데 종종 이러한 사고가 생긴다고 한다.

자다르 바다 오르간과 태양의 인사

숨겨진 비경을 자랑하는 크르카 국립공원의 아름다움에 취해 오후 늦게야 이곳을 출발해서 한 시간 만에 자다르(Zadar)에 도착했다. 구시가지 근처에 있는 숙소에 짐을 풀고 곧바로 구시가지에 가서 맛있는 생선요리와 오징어먹물 리조토로 저녁 식사를 했다.

자다르는 13세기경 베네치아 공국의 지배 때 만들어진 구시가지를 중심으로 주변에 볼거리가 많이 있다. 특히 이곳으로 들어가는 바다의 문(Sea

자다르 바다의 문과 태양의 인사

Gate)에 새겨진 날개 달린 사자 조각상은 바로 〈마가복음〉을 쓴 마가를 가리키는 것으로, 베네치아의 상징으로도 사용되고 있다.

자다르에서 가장 유명한 것은 구시가지 바닷가에 있는 바다 오르간이다. 바다 오르간은 해변을 따라 이어진 돌계단에 구멍을 뚫어서 그 아래 파이프를 넣은 장치를 말한다. 파도가 파이프 안의 공기를 밀어내며 소리를 내기 때문에 파도의 크기나 바람의 세기에 따라서 각각 달라지는 음의 연주를 들을 수 있다. 자연의 파도가 만들어낸 신비로운 소리가 여행객들의 외로운 마음을 사로잡는 아주 매력적인 명소다.

바로 그 옆에는 또 하나의 명소인 태양의 인사(The Greeting to the Sun)가 있다. 광장에 넓게 깔아놓은 유리판이 낮 동안 태양열 에너지를 모아놓았다가 밤이 되면 조명 역할을 해 빛이 나는데, 석양이 질 무렵이면 이 현상을 보려고 몰려드는 인파로 광장은 발 디딜 틈이 없었다,

11일 차, 다시 들른 플리트비체의 비앤비 숙소

크로아티아 여행의 마지막 날, 자그레브로 가서 자동차를 반납하고 저녁에 다음 여행지인 스위스로 비행기를 타고 이동하는 코스다. 가는 길목에 플리트비체 호수 국립공원이 있어서 지난달에 예제르체 마을에서 숙박했던 비앤비 숙소를 다시 찾기로 했다. 이동은 고속도로 대신 국도를 이용했

다. 날씨가 워낙 청명하고 따뜻해서 플리트비체로 향하는 여행길이 더없이 평화로웠다.

약 1시간 40분 만에 지난번 숙소에 도착했다. 마침 빨래를 말리던 여주인은 우리를 발견하고는 펄쩍 뛸 듯이 반가워했다. 그녀는 콜라 두 병과 먹을 것을 들고 나왔다. 숙소 앞 정원에서 담소를 나누며 그녀에게 작은 선물을 건네줬다.

플리트비체 국립공원 바로 위쪽에 있는 라스토케의 물방앗간 마을에도 다시 들러 지난번의 추억을 더듬어보았다. 이전만큼 수량이 많지 않았지만, 동화 속의 마을 같은 느낌은 여전했다. 기회가 된다면 이곳 크로아티아에서 한 달 정도 살아보고 싶었다. 아름다운 자연환경과 친절하고 따뜻한 마음을 가진 사람들, 일조량이 풍부한 기후와 빨간색 지붕의 집들이 늘어선 동화 같은 마을과 한적한 해변가의 여유 등 어느 것 하나 만족하지 않은 것이 없는 나라였다.

오후 늦게야 자그레브 공항 주변의 렌터카 회사에 도착해 차를 반납하고 꿈의 나라 스위스로 향했다.

로마제국의 본고장 이탈리아

로마제국은 BC 753년부터 AD 1453년까지 약 2,200년 이상 지속된, 지구상에서 가장 오랫동안 제국을 유지했던 나라다. 제13대 트라야누스(Trajanus) 황제 시절인 AD 117년에는 북쪽의 영국을 비롯해 서유럽 전체, 동쪽으로는 지금의 이라크와 쿠웨이트까지, 남쪽으로는 아프리카 북쪽의 모로코에서 이집트에 이르는 최대의 제국을 건설했다.

유럽·발칸 자동차 자유여행의 대상으로 잡은 국가(크로아티아 등 8개국)들은 모두 이 거대한 로마제국의 영토에 속했던 나라들이다. 그중에서도 이탈리아는 화려했던 로마제국의 문화와 역사의 중심 국가로 1부 여행 루트인 아드리아해 일주 여행을 대표하는 국가다.

이번 이탈리아 여행은 오스트리아 여행의 마지막 지점이었던 인스브루크(Innsbruck)에서 이탈리아 북부 돌로미테(Dolomite) 지역의 관광 거점도시인 코르티나담페초(Cortina d'Ampezzo)로 진입해 수도인 로마를 거쳐서 남동부의 바리(Bari)까지, 이탈리아반도를 종주하는 루트였다. 여행 코스는 두 개의 코스로 구분했다. 1코스는 이탈리아 북부 지역, 2코스는 로마를 시작으로 이탈리아 중부와 남부 지역이었다.

1코스 : 이탈리아 북부

돌로미테에서 피렌체까지

구간 : 오스트리아 인스브루크 → 돌로미테 → 밀라노 → 피렌체

기간 : 2019. 5. 25 ~ 6. 1(8일간)

루트 : 오스트리아 인스브루크 → 이탈리아 코르티나담페초 → 베네치아 → 베로나 → 시르미오네 → 밀라노 → 친퀘테레 → 피사 → 피렌체

이동 거리 : 약 1,031km

이탈리아 여행의 1코스는 이탈리아 북부의 코르티나담페초를 시작으로 베네치아, 베로나, 밀라노, 피사와 르네상스의 중심도시인 피렌체(Florence)까지 8일간 여행하는 코스다. 이동 거리는 약 1,031km로 지나가는 도시들의 유명세와 볼거리에 비해서는 조금 빡빡한 일정이었다.

1~2일 차, 돌로미테의 중심 코르티나담페초

오스트리아의 인스브루크에서 출발해 이탈리아 국경을 넘어서까지, 장엄한 남부 티롤(South Tyrol) 지역의 특징인 알프스 산군의 위용이 계속되었다. 돌로미테란 '백운암'을 뜻하는 말로 석회암과 유사한 희고 밝은 회색빛을 띠는 돌을 말한다. 이 지역의 바위들은 대부분 이런 돌들이 모여서 산군을 형성하고 있는 것이 특징이다. 돌로미테 지역은 2009년 유네스코 세계유산으로 지정되었다.

돌로미테의 대표 관광도시인 코르티나담페초로 가는 길목에 있는 휴양지 브라이에스 호수(Lake Braies)를 먼저 들르기로 했다. 브라이에스 호수는 주변을 둘러싸고 있는 해발 2,810m인 크로다 델 베코 산(Mt. Croda del Becco)이 호수 면에 반영되는 모습이 아름답기로 유명하다. 이 호수에서 보트를 타는 것도 이 아름다운 풍경을 즐기는 한 방법이기도 하다. 우리가 갔을 때 마침 신혼부부로 보이는 남녀 한 쌍을 만나서 더욱 기억에 남는 곳이다.

코르티나담페초 숙소에 도착했을 때는 늦은 오후가 되어 서쪽으로 해가 기울고 있었다. 산 중턱에 있는 숙소에서 아래로 내려다보이는 코르티나담페초의 모습은 지금까지는 볼 수 없었던 알프스 마을의 전형적인 풍경을 그대로 대변해주는 듯 아름다웠다. 숙소도 온통 이곳에서 자란 통나무로 만들어서 나무 향기가 우러나는 건강한 호텔이었다.

다음 날 아침 일찍부터 돌로미테 여행의 하이라이트인 패스(Pass, Passo)

돌로미테의 보석 브라이에스 호수

돌로미테 지역의 미수리나 호수(좌) 기아우 패스(우)

여행에 나섰다. 패스란 '고갯길'이라는 뜻으로, 수많은 돌로미테 산군 중에 사람들이 산을 넘어가기 위해서 만들어놓은 루트를 말한다. 먼저 마을에 있는 여행자안내소를 찾았다. 안내인은 아주 친절하게 대해주며 자동차로 모든 패스를 둘러보는 1일 코스를 추천해주었다.

이날 코스는 숙소를 출발해 동쪽에 있는 미수리나 호수(Misurina Lake)와 트레 치메 디 라바레도(Tre Cime di Lavaredo)를 거쳐서 팔자레고 패스(Passo Falzarego), 발파롤라 패스(Passo Valparola), 가르데나 패스(Passo Gardena), 셀라 패스(Passo Cella), 포르도이 패스(Passo Pordoi), 기아우 패스(Passo Giau) 등을 시나서 숙소로 돌아오는 것이었다.

미수리나 호수는 돌로미테의 랜드마크로 알려진 세 개의 봉우리라는 뜻의 트레 치메 디 라바레도로 가는 길목에 있었다. 그러나 안타깝게도 우리의 첫 목적지인 트레 치메 디 라바레도로 진입하는 도로는 차단되었다는 팻말과 함께 빗장이 굳게 내려져 있었다. 아쉬움을 뒤로하고 호숫가를 산책한 후 다음 목적지로 발길을 돌렸다.

비록 첫 번째 목적은 달성하지 못했지만 그 이후에 진행된 모든 패스를 돌아보는 여행은 정말 감동적이고 환상적이었다. 첫 번째 패스인 팔자레고 패스에서 케이블카를 타고 정상에 올라가서 내려다본 돌로미테 산군의 모습은 가히 신선이 사는 동네 같은 느낌이 들 정도로 경이로웠다. 우리는 기대 이상의 돌로미테 풍광에 잠시 넋이 나간 채 레스토랑(Aperto)에서 맛있는 점심을 먹고 다음 패스로 향했다.

이후에 마주친 다섯 개의 패스도 기대를 저버리지 않았다. 각자 저마다의 특색과 아름다움으로 우리 눈을 즐겁게 하기에 충분했다. 특히 마지막에 만난 기아우 패스는 안내인이 알려준 원래의 코스를 수정해 올라갔는데, 급경사로 이루어진 23개의 굽어진 도로를 통과하는 것도 만만히 않았으며, 최고 높은 고갯길의 정상에 도달했을 때 만난 풍경은 지금까지의 풍경과는 비교가 안 될 만큼 환상적이었다.

많은 사람이 돌로미테 트래킹을 좋아하는 이유를 알 것 같았다. 기회가 주어진다면 다음에는 반드시 돌로미테의 아름다움을 구석구석 둘러볼 수 있는 트래킹 여행을 하리라 다짐했다.

3~4일 차, 물의 도시 베네치아

이번 여행을 떠날 때부터 아내는 베네치아(Venezia, 베니스)를 가장 가보고 싶은 여행지로 꼽았다. 바다 위에 도시를 건설한 믿을 수 없는 사실도 놀랍지만 세계유산으로 지정된 도시의 기품과 아름다움을 보고 싶다는 바람이 가장 크다고 했다.

베네치아로 들어가는 입구에 있는 메스트레(Mestre)에 숙소를 정하고 베네치아의 모든 대중교통(버스, 기차, 배)을 이용할 수 있는 교통카드(UNICA)를 구매해 본격적인 여행에 들어갔다. 메스트레에 숙소를 정한 이유는 이

배를 타고 나선 베네치아의 또 다른 풍경(상) 무라노섬의 유리공예품(하)

곳에서 베네치아 본섬까지 대중교통으로 약 30분이면 들어갈 수 있고, 가격 또한 본섬의 약 1/2 ~ 2/3 정도에 불과하기 때문이었다.

베네치아는 구도심 전체가 수로(운하)로 뚫려 있어서 배를 타고 다녀야 해서 '물의 도시'라고도 부른다. 역사적으로는 약 9세기경에 베네치아인들이 개펄이었던 이 지역의 118개의 섬을 운하와 다리로 연결하고 바닥에는 통나무 기둥을 촘촘히 박아 이 거대한 수상 도시를 건설하기 시작했다.

우리가 베네치아 본섬에 도착하자 갑자기 비가 내리기 시작했다. 준비해간 우의와 우산을 받쳐 들고 거리를 구경하다 보니 물의 도시라는 이름에 걸맞게 더욱 운치가 있고 낭만이 넘쳤다. 과연 베네치아는 상상 이상으로 큰 감흥을 주었다.

산마르코 성당(Basilica di San Marco)이 있는 산마르코 광장에 이르자 비가 그쳤다. 우리는 베네치아의 위대함을 맘껏 느끼며 탄성을 자아냈다. 바로 옆에 있는 두칼레궁전(Palazzo Ducale) 또한 베네치아의 품격을 한껏 높여주는 훌륭한 건축물이었다.

다음 날 아침부터는 배를 타고 도심 구석구석과 섬을 둘러보았다. 특히 유리공예로 유명한 무라노(Murano)섬에서는 유리공예 기술공이 직접 유리잔을 만들며 솜씨를 뽐내는 모습을 보여주었다.

보트를 타고 산마르코 광장 건너편에 있는 산조르조 마조데(San Giorgio Maggiore) 성당과 베네치아의 상징적인 건물인 돔 형식의 산타마리아 델라 살루테(Santa Maria della Salute) 성당, 아카데미아(Academia) 등 곳곳을 누비며 시간 가는 줄도 모르고 베네치아의 매력에 흠뻑 빠져버렸다.

베네치아에서 가장 추억에 남는 것은 도시의 랜드마크인 리알토 다리(Rialto Bridge)를 곤돌라를 타고 지나간 경험이었다. 배의 앞뒤가 아치형으로 구부러져 있는 독특한 모양, 빨간색의 벨벳과 양탄자로 꾸며진 실내장식, 뱃머리에 붙인 페로(Fero)라는 쇠붙이 장식물 등이 곤돌라의 화려함을 더해주었다. 가로로 된 줄무늬 셔츠와 넓은 챙을 한 이탈리아식 페도라를 쓴 뱃사공의 여유로운 모습도 참 멋스러워 보였다.

5~6일 차, 베로나, 시르미오네, 밀라노

베네치아에서 출발해 베로나(Verona), 시르미오네를 거쳐서 동쪽에 있는 밀라노(Milano)까지 가는 날이다. 처음에 이탈리아 여행 계획을 세울 때만 해도 이탈리아에서 유명한 휴양도시인 시르미오네를 잘 알지 못해 베로나를 거쳐서 곧장 밀라노로 향하는 코스를 계획했었다. 그런데 한국을 떠나기 일주일 전에 지인이 시르미오네 마을을 꼭 가보라고 조언해 이곳을 추가하다 보니 하루 일정이 빡빡하게 되었다.

베로나는 베네치아에서 서쪽으로 약 110km 정도 떨어져 있는 도시로 〈로미오와 줄리엣〉 이야기로 유명하다. 우리는 먼저 도시 한가운데를 흐르는 아디게(Adige)강을 건너 도심에 있는 로마의 콜로세움과 함께 원형이 잘 보존된 원형극장 중의 하나인 베로나 아레나(Verona Arena)를 찾았다.

넓은 브라 광장(Piazza Brà)에 접한, 수용 인원 3만 명의 2층 원형극장인 베로나 아레나는 로마의 콜로세움에 비해 규모는 작았지만, 붉은색과 하얀색의 대리석이 잘 조화된 외형이 매우 아름다운 건축물이었다. 이곳에서는 지금도 유명한 오페라가 공연되고 있다고 한다.

우리는 곧바로 인근에 있는 줄리엣의 집으로 발길을 돌렸다. 그곳엔 많은 인파로 가득했다. 사랑 이야기는 사람들의 마음을 끌어들이는 세계 공용어라는 생각이 들었다. 이곳 여행의 핵심은 연인 로미오가 난간에 나와 있는 줄리엣에게 사랑의 세레나데를 불렀다는 창문의 테라스에서 포즈를 취하고 사진을 찍는 것이었다.

또 하나 이목을 집중시키는 것은 테라스 아래 있는 실물 크기의 줄리엣

시르미오네와 스칼리제로성

동상이었다. 동상은 가슴 부위가 하얗게 벗겨져서 반질반질했는데, 그 이유는 그곳을 만지면 바라는 사랑이 이루어진다는 속설 때문이라고 했다. 내친김에 나도 한번 만져보았는데, 괜히 기분이 묘했다. 그런데 아이러니하게도 바로 인근에 있는 로미오의 집 앞에는 사람이 하나도 없어서 썰렁했다. 베로나의 아름다움에 매료된 우리는 이곳에서의 짧은 시간을 아쉬워하며 다음 목적지인 시르미오네(Sirmione)를 향해서 서쪽으로 이동했다. 음악 방송 프로그램 〈비긴 어게인〉에서 인기 가수 박정현이 버스킹한 장소로 알려진 시르미오네는 이탈리아에서 가장 큰 가르다 호수(Garda Lake)에 있는 휴양도시다.

시르미오네는 마치 한반도 지도 모양을 닮은 가르다 호수의 남쪽에 길쭉하게 나와 있는 반도의 끝에 위치하고 있다. 고대 로마시대 귀족들의 온천 휴양지로서 온천을 좋아하는 현지인들에게 인기가 많다. 만약 이곳 안으로 차를 운전해 들어가려면 반드시 그곳의 호텔이나 휴양 시설을 예약해야 한다. 또한 바다 위에 벽돌을 쌓아 건축한 스칼리제로성(Scaligero Castle)은 성곽의 독특한 모양과 신비로운 분위기로 관광객들의 관심을 끈다.

경이로운 밀라노 대성당

밀라노(Milano)는 이탈리아 북부의 최대 도시로서 로마 다음으로 인구가 많은 곳이다. 롬바르디(Lombardy) 평원에 있으며 외국인이 인구의 약 14%를 차지하는 국제도시, 다국적 도시로도 알려져 있다.

아침부터 베네치아에서 밀라노까지 바쁘게 달려오느라 점심 식사를 제대로 하지 못해서 에어비앤비 숙소에 짐을 내려놓자마자 한식당을 찾아 나섰다. 운 좋게도 숙소에서 가까운 로레토(Loreto) 지하철역 인근에 있는 진미(Ginmi)라는 한식당을 찾을 수 있었다. 이번 여행에서 처음으로 맛보는 한식이었다.

그런데 놀랍게도 이곳에서 먹은 김치찌개가 평소 미각이 예민한 내 입맛을 완전히 사로잡아버렸다. 오랜만에 먹어본 한식이기도 했지만, 주방장인 주인아주머니가 직접 담그셨다는 김치와 두부를 넣고 거기에다 라면사리를 넣은 김치찌개는 한국의 맛과 거의 흡사한, 아니 더 맛있는 맛을 만들어냈다. 거기에다 팥을 섞은 찹쌀밥, 구수한 두부 된장국 그리고 맛깔나는 밑반찬 등 어느 것 하나 우리 입맛에 맞지 않는 것이 없었다.

나는 행복한 기분으로 식당을 나왔다. 해외여행 중에 먹은 맛있는 음식은 기운을 되살리는 촉진제가 된다. 오랜만에 최고의 식사를 한 우리는 기쁜 마음으로 밀라노의 최대 유적지인 두오모 성당(Duomo di Milano)으로 향하는 발길을 재촉했다.

두오모 성당

해 질 무렵에 도착한 밀라노 두오모 성당은 석양의 빛을 받아 더욱 현란하게 빛났다. 이곳은 14세기에 건축을 시작해 약 600년에 가까운 공사 기간 끝에 20세기에 완성된 고딕 양식의 성당이다. 아이러니하게도 19세기 초 프랑스의 나폴레옹 보나파르트가 이탈리아 국왕으로 즉위한 곳으로도 유명하다. 저녁 시간이라서 성당 내부에는 들어갈 수 없었지만, 조명이 비치는 두오모 성당의 위용은 신비감에 빠져들게 하기 충분했다. 특히 성당 입구 철문에 새겨진 예수님과 로마 병사의 조각상

피사의 사탑 세우기

다리 부분의 섬세함에 혀를 내두를 정도였다. 우리는 한참 동안 자리를 뜨지 못하고 그곳에 머무르다가 내일 아침에 다시 오기로 하고 발걸음을 옮겼다.

다음 날 아침을 먹자마자 곧장 두오모 성당을 다시 찾았다. 어젯밤에 보았던 야경에 비친 모습과는 또 다른 경이로움이 느껴졌다. 엘리베이터를 타고 성당 옥상에 오르는 티켓을 구매하여 지붕으로 올라갔다. 지붕 위의 풍경은 그야말로 기가 막힐 지경이었다. 이곳은 전장 148m, 천장 높이 45m, 교차부 돔 위의 탑은 108m인데, 성당 전체가 흰 대리석으로 덮여 있고, 뾰족한 기둥과 작은 첨탑이 135기가 있으며, 정교한 대리석상이 무려 2,245개나 세워져 있다고 한다. 그저 놀라울 따름이다. 인간이 만든 성당 중에 이처럼 성스러운 감동을 주는 성당이 또 있을까? 경이로움에 저절로 감탄이 터져나오는 최고의 걸작품이라는 생각이 들었다.

밀라노 두오모 대성당의 경이로움에 온통 마음을 빼긴 우리는 이탈리아의 서부 해안을 따라 바다 풍경이 아름다운 리비에라의 친퀘테레(Cinque Terre)를 거쳐서 피렌체(Florence)로 향했다. 피렌체로 가는 길목에 있는 피사의 사납(Torre di Pisa)에서는 기울어진 탑을 애써 일으켜 세우려는 세계 각지의 수많은 여행자와 함께 탑을 밀어서 세우며 지나왔다.

7~8일 차, 르네상스의 본고장 피렌체

피렌체는 이탈리아 토스카나주의 주도로, 중세 르네상스 시대의 건축물과 예술품으로 유명한 또 하나의 경이로운 도시다. 교황을 두 명이나 배출한 르네상스의 중심 도시이자 이탈리아 역사상 가장 위대한 가문으로 손꼽히는 메디치 가문의 고향이기도 하다.

피렌체의 남서쪽 외곽에 있는 보볼리 정원(The Boboli Gardens) 주변에 숙소를 잡고 피렌체의 매력에 끌려서 곧장 구도심 여행에 나섰다. 피렌체의 매력은 구태여 설명할 필요가 없을 정도로 잘 알려져 있다. 붉은색 커다란 돔이 인상적인 '꽃의 성모 교회'라는 뜻의 산타마리아 델 피오레 대성

피렌체의 르네상스 시대를 상징하는 건축물

당(Cathedral of Santa Maria del Fiore)을 비롯해 그 옆에 우뚝 솟은 조토의 종탑(Giotto's Bell Tower)은 대표적인 명소다. 특히 1359년에 지어진 조토의 종탑은 높이가 85m로 탑 가운데 있는 좁은 통로를 따라 414개의 계단을 올라가면 종탑의 꼭대기까지 갈 수 있다. 우리는 델 피오레 대성당의 돔을 보기 위해 끝까지 올라갔다. 실제 그곳에서 바라본 대성당의 거대한 돔은 감동 그 자체였다.

그 외에도 아름다운 형형색색의 온갖 색깔의 대리석으로 내부를 장식한 메디치 가문의 박물관, 산 로렌초 성당(Basilica di San Lorenzo), 우피치 갤러리(Uffizi Gallery), 아카데미아 갤러리(Galleria dell' Academia)와 다비드상(Statue of David), 산 조반니 세례당(Battistero di San Giovanni), 시뇨리아 광장(Piazza della Signoria), 낭만이 넘치는 베키오 다리(Ponte Vecchio)와 베키오 궁전(Palazzo Vecchio), 피티 궁전(Pitti Palace) 등 이루 헤아릴 수도 없이 많은 르네상스 시대의 화려한 문화와 예술의 걸작품을 만날 수 있었다.

언덕에 있어서 석양이 지는 아름다운 피렌체의 모습을 한눈에 바라볼 수 있는 미켈란젤로 광장(Piazzale Michelangelo)은 특히 연인들이 많이 찾는 곳이다. 아름다운 석양을 배경 삼아 멀리 지평선 위로 올려다보이는 조토의 종탑과 델 피오레 대성당의 붉은 돔 모습은 낮에 보았던 것과는 또 다른 진한 감동을 안겨주었다.

2코스 : 이탈리아 남부 지역 여행

로마, 나폴리, 폼페이, 소렌토, 바리

구간 : 로마 → 소렌토 → 아말피 해안 → 바리
기간 : 2019. 6. 2 ~ 6. 6(5일간)
루트 : 로마 → 나폴리 → 폼페이 → 소렌토 → 포지타노 → 아말피 해안 → 알베로벨로 → 폴리그나노 마레 해변 → 바리
이동 거리 : 약 689km

이탈리아 여행의 두 번째 코스는 이탈리아 수도인 로마(Roma)를 시작으로 남부의 나폴리, 폼페이, 소렌토, 포지타노, 아말피 해변을 거쳐서 남동부의 알베로벨로, 폴리그나노 마레, 바리까지 여행하는 5일간의 코스다.

9~10일 차, 모든 길은 로마로 향한다

뭐니 뭐니 해도 이탈리아 하면 맨 먼저 떠오르는 곳은 단연 수도인 로마다. "모든 길은 로마로!"라는 말을 만들어 낼 정도로 고대 로마제국 시절부터 로마는 세계인의 마음속에 깊이 자리 잡고 있다.

로마 시내에서는 자동차 운전이 어렵다는 말을 들어서 약간 도심을 벗어난 변두리 쪽에 숙소를 정하고 비교적 잘 발달된 대중교통수단을 타고 로마를 여행하기로 하였다. 대부분의 여행지는 지하철과 버스, 트램 등 대중교통수단으로 갈 수 있으며, 티켓은 공용으로 1일권, 2일권 등 여행 날짜에 맞춰 지하철역 등에서 쉽게 구매할 수 있다. 우리는 피렌체에서 출발하여 오후 3시경 로마에 도착하여 숙소 인근에 있는 지하철역에서 3일권을 끊어 로마 시내를 여행했다.

로마는 시내를 남북으로 흐르는 테베레강(River Tevere) 연안을 중심으로 고대 로마제국을 상징하는 대표적인 건축물인 콜로세움(Colosseum)을 비롯해 콘스탄티누스(Arco di Constantino) 개선문, 포로 로마노(Foro Romano), 판테온(Panteon), 트레비 분수(Fontana di Trevi), 스페인 광장(Piazza di Spagna), 콜로냐 광장(Piazza Colonna), 나보나 광장(Piazza Navona) 등 과거의 영광을 기념하는 유적들로 가득하다. 무어라 말로는 도저히 형용할 수 없는 놀라운 석조 기술과 거대한 규모를 자랑하는 르네상스 시대의 건축물들이 가득한 로마는 전 도시가 마치 박물관과도 같다. 이로 인한 이탈리아인들의 자부

로마의 영광을 상징하는 건축물들

심 또한 대단하다.

로마 시내에 있는 바티칸시국(Città del Vaticano)은 교황이 통치하는 일종의 신권 국가로서 가톨릭교회의 총본부가 있는 곳이다. 과거 교황의 권한이 막강하던 시절에 지어진 세계 최대의 산 피에트로 대성당(Basilica di San Pietro)과 오벨리스크가 있는 광장, 미켈란젤로의 걸작품 〈천지창조〉와 〈최후의 심판〉이 있는 시스티나 예배당(Capella Sistina) 그리고 수많은 예술품으로 가득한 바티칸 박물관(Musel Vaticani) 등 나라 자체가 박물관이나 다름없는 곳이다.

11일 차, 세계 3대 미항 나폴리와 잠에서 깨어난 도시 폼페이

이탈리아의 남쪽에 있는 나폴리(Napoli)는 오스트레일리아의 시드니, 아르헨티나의 부에노스아이레스와 함께 세계 3대 미항으로 알려져 있다. 당연히 이탈리아 여행에서는 아름다운 이곳에서 하룻밤 정도 머물러야 한다는 생각에 숙소를 예약했다. 그런데 로마에서 만난 어느 한국 식당의 주인이 우리 목적지를 듣더니 대뜸 "왜 그곳엘 가느냐?"며 만류했다. 화려했던 과거 3대 미항의 매력은 이미 잃어버린 지 오래되었고 치안이 불안해 이곳 교민들은 아예 가지 않는 곳이라고 했다. 나폴리 도심에서는 도로상 주차마저 안전하지 않기 때문에 주차비를 내더라도 안전이 보장되는 공영주차장을 찾아서 주차하는 것이 좋다고 했다.

시작부터 불안한 여행이어서인지 현지에 가서도 그다지 기분이 썩 좋지 않았다. 우리는 나폴리 역사 광장을 비롯해 시내를 한번 둘러본 다음에 해안가 누오보 성(Castle Nuovo) 바로 옆에 있는 고층 아파트형 숙소에 짐을 풀었다. 말(영어)도 제대로 통하지 않는 숙소 주인장과 구글 번역기의 힘을 빌

바다 건너 베수비오 화산이 보이는 나폴리 항구

려서 겨우 소통을 한 후 숙박을 할 수 있었다. 다행히 숙소의 위치가 나폴리 항구와 바다 건너 베수비오 화산이 바로 보이는 멋진 곳이어서 나폴리 항구를 들고 나는 거대한 크루즈선이나 여객선들을 숙소 테라스에서 구경하는 재미가 쏠쏠했다.

나폴리에 실망한 우리는 꿩 대신 닭이라는 말처럼 폼페이를 여행하기로 했다. 폼페이는 79년 베수비오 화산(Mt. Vesuvio)의 분화로 모든 도시가 파괴되어 땅속에 묻혀 있다가 거의 1,500년 만에 건물 잔해와 회화 작품들이 발견되어 세상에 그 모습을 드러냈다. 폼페이는 생각했던 것보다 훨씬 거대했다. 이렇게 큰 도시가 지하에 묻혀 있었다고 생각하니 당시 폭발한 화산의 규모나 피해가 얼마나 컸는지 상상이 갔다. 로마시대의 화려한 문화와 타락과 사치스러움을 상징하는 최고 설비의 목욕탕, 화산재와 분출물에 뒤덮여서 고통스러워하며 죽어가는 장면을 그대로 전시해놓은 석고 모형의 유해를 바라보면서 당시의 참상을 충분히 연상해볼 수 있었다.

폼페이의 유적들

아직도 발굴이 다 끝나지 않았는데도 9개의 관광 구역으로 나누어져 있는 도시 전체를 둘러보는 데만 하루가 부족할 지경이었다. 우리는 메인 도로를 따라 공원 입구 쪽에 있는 7~8구역과 초기에 발굴된 1~2구역을 둘러보기로 했다. 특히 놀라운 것은 이곳에 로마의 콜로세움과 같은 완벽한 형태의 원형극장이 있다는 것이다. 로마 콜로세움보다 훨씬 이전에 건축된 것이라서 모양새는 조금 단순하나 원형 상태가 그대로 보존되어 있었다. 이번 유럽·발칸 여행에서 네 번째로 만나는 로마시대의 원형극장인 셈이다.

12일 차, 현실이 된 '돌아오라 소렌토로!', 아름다운 아말피 해안도로

소렌토(Sorento)는 아드리아해를 따라 길게 뻗어 있는 아름다운 해안선과 더불어 포도주와 올리브유의 산지로 유명하다. 바다 쪽으로 삐죽 나와 있는 반도의 끝자락에 형성된 아담한 도시의 모양새가 아름다울 뿐 아니라 해안가 절벽에 즐비하게 들어선 호텔과 레스토랑이 매우 낭만적인 분위기를 더한다. 항구 주변으로 펼쳐지는 해안가의 모습은 연인들에게는 꿈의 장소기도 하다. 특히 맛있는 해산물 요리와 향기로운 커피를 즐길 수 있으며, 배를 타고 가까운 포지타노(Positano)와 아말피(Amalfi) 해안을 여행할 수 있는 곳이다.

폼페이에서 약 25km 떨어진 소렌토는 이곳을 여행한 지인이 적극 추천한 곳이다. '돌아오라 소렌토로!'를 들으며 해안가의 멋진 레스토랑에서 아드리아해를 배경으로 부인과 꼭 저녁 만찬을 하고 오라고 지인은 신신당부했다.

지인의 조언에 따라 몇 개월 전부터 해안가에 접해 있는 호텔을 찾기 시작했다. 그러다 눈에 띈 호텔이 빌라 크로포드(Villa Crawford)였다. 호텔 건물이 해안가 절벽 위에 지어져 있으면서 바다 쪽으로 멋진 레스토랑이 자리한 곳이었다. 더구나 이곳을 운영하는 곳이 '성 돈보스코(St. Don Bosco) 재단'의 살레시오(Salesio) 수녀회였다. 성 돈보스코는 가난한 청소년들을 돕는 살레시오회를 창설한 이탈리아의 성인으로서 내가 졸업한 고등학교를 설립한 분이기도 하다. 호텔 본관 입구에 세워져 있는 그분의 동상과 로비에 걸려 있는 초상화를 보는 순간 물어볼 필요도 없이 이곳을 예약했다.

결과는 대만족이었다. 지인의 말대로 소렌토 해안가에 있는 호텔 레스토랑에서 석양에 물든 아드리아해와 베수비오 화산을 배경으로 아내와 만찬을 즐긴 기억은 평생 잊을 수 없는 행복한 순간으로 남았다.

세계유산으로 등재된 아말피 해안을 달리는 스트라다 스타탈레(Strada Statale) 163번 도로는 세계에서 가장 아름다우면서도 숨 막히는 드라이브 코스 중 하나다. 한쪽은 우뚝 솟은 절벽, 다른 한쪽은 지중해의 푸른 바다로 둘러싸인 도로다.

환상적인 아말피 해안도로 풍경

소렌토에서 포지타노를 거쳐서 아말피까지 가는 거리는 30여km에 불과하다. 그러나 실제 운전을 해본 경험으로는 두 시간이 더 걸렸던 것 같다. 물론 가는 중간에 경치가 좋은 곳에서 차를 세워두고 사진을 찍은 경우도 있었지만, 대부분 구간이 절벽을 깎아 만든 도로라서 폭이 좁아서 대형 관광버스가 지나가면 교행이 어렵다. 한편 도로 상태가 썩 좋지 않고 심하게 구불구불해 함부로 속도를 낼 수 없는 상황도 계속된다.

폼페이에서 출발해 소렌토와 포지타노를 거쳐서 아말피 해변까지 달리는 해안도로는 약 61km로 로드 트립 여행자라면 꼭 한 번쯤은 달려보고 싶은 환상의 드라이브 코스라고 생각한다.

13일 차, 이탈리아 남동부 여행

흔히 이탈리아를 여행하게 되면 지금까지 지나온 북부와 중남부 지역을 둘러보고 가는 것이 대부분이다. 하지만 우리는 남동부 지역을 대표하는 항구도시인 바리(Bari)에서 배를 타고 아드리아해를 건너서 다시 크로아티아로 돌아가야 하므로 이 지역을 여행하기로 했다.

대표적인 여행지로는 이 지역의 해상교통을 책임지고 있는 항구도시 바리를 비롯해 유네스코 세계유산으로 지정된 알베로벨로(Alberobello) 마을, 여름 해양 휴가지로 알려진 폴리그나노 마레(Polignano a Mare) 해변 등이 있다. 이 중에서 알베로벨로 마을은 평소 일조량이 많고 무더운 날씨 탓에 깔때기를 엎어놓은 것 같은 독특한 모양의 돌지붕을 한 가옥 형태가 주를 이루었다. 실제로 마을을 구경하면서 한 가정집에 들어가 보았는데 실내가 아주 쾌적하고 시원했으며 통풍도 잘 됐다.

알베로벨로 마을을 나와서 북쪽으로 바리를 향해서 가다보면 오른쪽 해안가에 폴리그나노 마레라는 아름다운 해변이 나온다. 이곳은 우리가 로마에서 묵었던 에어비앤비 숙소의 여주인이 자신의 고향이라면서 바리를 가게 되면 꼭 들르라고 일러준 숨겨진 관광지였다.

이곳에는 양옆의 커다란 바위 절벽 사이에 자갈로 된 작은 해수욕장이 아늑하게 자리하고 있어서 여름 휴양지로 잘 알려진 곳이다. 우리가 갔을 때가 6월 초순이라서 아직 해수욕하기에 이른 시기였는데도 해변에는 많은 인파로 북적였다. 푸른 바다에 접한 거대한 바위 절벽 위에 지어진 하얀색과 베이지색의 집들이 빼곡히 들어서 있는 주변 마을은 이국적인 분위기가 물씬 풍겼다.

해안가로 내려가는 동네 입구에는 1958년 산레모 가요제에서 '볼라레

알베로벨로 마을(좌) 폴리그나노 마레 해변(우)

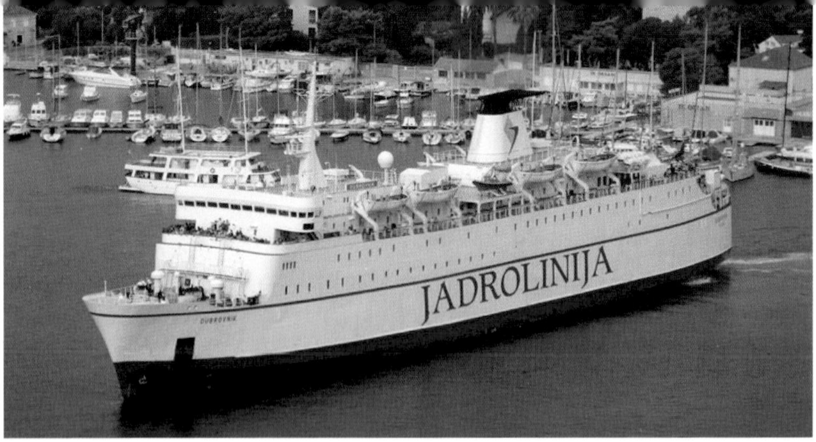

바리 ~ 두브로브니크 페리(Jadrolinija호)

(Volare)'라는 노래를 불러서 유명해진 이탈리아의 칸초네 가수 도메니코 모듀뇨(Domenico Modugno) 동상이 서 있었다. 나는 그가 두 팔을 벌리고 행복하게 웃고 있는 모습을 흉내내보았다.

바리 항구에서 페리를 타고 아드리아해를 건너다

저녁 무렵에 바리 항구에 도착한 후 자동차를 싣고 아드리아해를 건너서 크로아티아의 두브로브니크로 가기 위해서 바리 연안부두의 페리 여객터미널에서 승선표를 끊었다. 티켓은 미리 한국에서 예약해서 확보했지만, 혹시 렌터카를 싣고 바다를 통해서 다른 나라로 입국을 해야 하는 상황에서 무슨 변수가 생길지도 모른다는 걱정 때문에 매우 긴장했다. 유럽 여행정보를 통해서 셍겐조약에 미가입한 유럽의 일부 국가에서는 출입국 시 가끔 시비가 걸리는 것으로 알고 있었다.

페리 여객터미널과 승선 장소가 약 3km 정도 떨어져 있어서 처음에는 혼선을 빚었지만, 다행히 차가 있어서 왔다 갔다 하며 무사히 출국 및 승선 절차를 마칠 수 있었다. 이로써 이번 이탈리아 종단 여행을 무사히 마치고 다시 발칸반도를 향해서 출항했다.

알프스의 나라 스위스 일주

구간 : 취리히 → 융프라우체르마트 → 베른 → 취리히

기간 : 2019. 6. 11 ~ 6. 18(8일간)

루트 : 취리히 → 루체른 → 라우터브루넨(융프라우요흐) → 쉴트호른 → 인터라켄 → 체르마트(마테호른) → 프랑스 샤모니(몽블랑) → 제네바 → 몽트뢰 → 뇌샤텔 → 베른 → 취리히 → 피렌체

이동 거리 : 약 870km

스위스는 영세중립국을 표방하며 비동맹외교를 외교정책의 기조로 삼고 있는 국가다. 또한, 알프스의 대자연을 떠올리면 맨 먼저 생각나는 나라며, 유럽의 그 어느 나라보다 청정 자연을 자랑하는 관광 대국이기도 하다. 산악지대이면서도 기차 교통수단이 잘 발달해 있어서 처음에는 기차 여행을 하려고 생각했다. 하지만 에어비앤비를 통해서 예약한 숙소들이 대부분 스위스의 전통방식인 샬레(Chalet) 형식의 목조 주택들이라 대중교통을 이용할 경우 산악지역까지 짐을 가지고 찾아다니기가 불편할 것 같아서 렌터카를 이용하기로 했다.

해 질 무렵에 취리히(Zürich) 공항에 도착해 렌터카를 인수한 후 서둘러서 취리히 남쪽에 있는 추크 호수(Lake Zug) 주변에 있는 숙소를 찾아갔다. 숙소는 호숫가 도로변에 있어서 창문으로 아름다운 추크호수가 내려다보였다. 호수의 풍경을 보고 만족해하는 아내를 보며 이번 스위스 여행의 첫 단추를 아주 잘 끼웠구나 하는 생각이 들었다.

1일 차, 상업과 문화의 중심지 취리히

취리히는 스위스 교통의 중심지이며 상업과 문화의 중심지다. 국제축구연맹(FIFA)이 있는 도시기도 하다. 시내는 비교적 조용하고 건물들도 깨끗해서 잘 정돈된 느낌이 들었다.

밤이 되자 비가 내리기 시작했다. 스위스 여행의 첫날이라서 숙소 책상에 앉아서 8일간의 여행 코스와 세부 일정을 점검하고, 한국에서 가지고 온 참고자료를 활용해 볼거리, 즐길 거리를 추가로 찾아서 정리했다. 그리고 숙소 가까이에 있는 슈퍼마켓에 들러 여행 기간 동안 먹을 식료품을 준비하는 등 늦은 시간까지 설레는 기분으로 여행 준비를 했다.

취리히는 시간이 부족해서 제대로 보지 못했지만, 아름다운 도시로 소문난 루체른(Luzern)은 제대로 보기 위해서 아침 일찍 숙소를 나섰다. 아침 공기를 가르며 추크 호수를 돌아서 루체른으로 가는 길은 너무나 싱그럽고 아름다웠다. 아내는 환호성을 지르며 사진을 찍기 위해서 수차례 차를 세워달라고 요청했다. 추크 호수 주변에 숙소를 정한 건 탁월한 선택이었다. 루체른 동편 입구에 있는 공영주차장에 차를 맡기고 걸어서 루체른 시내로 진입했다. 루체른은 듣던 대로 너무나 아름답고 고색창연한 도시였다.

먼저 스위스의 용병을 상징하는 '빈사의 사자상'을 찾았다. 작은 연못 건너편 바위에 새겨진 이 조각상은 과거 가난했던 스위스의 아픈 역사를 연상하게 했다. 1792년 프랑스 대혁명 당시 튈르리(Tuileries) 궁전과 루이 16세를 사수하다 전사한 786명의 스위스 근위대 용병들을 추모하기 위해서 만들었다고 한다. 미국의 유명한 작가인 마크 트웨인은 이 조각상을 보고 "세계에서 가장 감동적인 작품"이라고 극찬했다.

루체른을 상징하는 최고의 관광지는 뭐니 뭐니 해도 빨간색의 팔각형 지붕을 한 물의 탑이 있는 카펠교(Chapel Bridge)다. 이 다리는 1333년 세워진 유럽에서 가장 오래된 목조 다리로 알려졌다. 680년의 세월이 더 지난 다리치고는 무척 견고하고 튼튼해서 놀라울 따름이었다. 더구나 주변의 도시 건물들과 어우러진 풍경이 너무나 아름다워 뭐라 형용할 수 없이 감

루체른 빈사의 사자상(좌) 팔각형 지붕의 카펠교(우)

동적이었다. 이곳에 반해 한참을 머물면서 사진을 찍고 주변을 돌아다니다가 점심때가 다 되어서야 아쉬운 마음에 몇 번이고 뒤를 돌아다보며 부둣가 쪽으로 돌아왔다.

점심 식사 후에는 리기산(Mt. Rigi)에 오르기 위해 루체른 기차역 광장 앞에 있는 부둣가에서 루체른 호수 유람선과 산에 오르는 케이블카 통합 관광권을 구매했다. 루체른 호수는 면적이 114km²이고 최대 길이가 30km나 되며 리기산과 필라투스산에 둘러싸여 있어서 아름다운 경치로 유명하다. 유람선은 100년이 넘는 역사를 가진 증기선과 현대식 모터로 운행되는 배가 있는데, 우리는 멋져 보이는 증기선을 탔다. 호숫가로 펼쳐지는 마을들이 마치 동화 속 마을처럼 너무나 아름답고 낭만적으로 보였다. 선상에는 생각보다 많은 우리나라 젊은이들이 탑승해 있었다. 우리는 그들과 서로 사진을 찍어주고 간식도 나눠 먹으며 경치를 즐겼다.

첫 번째 정박지인 배기스(Weggis)를 지나 좀 더 깊숙한 곳에 있는 비츠나우(Vitnau)에서 내려서 케이블카를 타고 리기산에 올랐다. 그런데 갑자기 안개가 끼면서 날씨가 흐려지는 바람에 리기산 정상에 올라가면 감상할 수 있는 루체른 호수 주변의 숨 막히는 전경을 하나도 바라볼 수 없었다. 대신 산 정상 부근에 아름답게 피어 있는 민들레를 닮은 노란 들꽃을 배경 삼아 안개 속에서 분위기 나는 사진을 많이 찍었다.

루체른에 홀딱 반한 우리는 아쉬움을 뒤로한 채, 남쪽으로 약 24km 떨

리기산 가는 유람선(좌) 리기산 정상에서(우)

434년 역사를 지닌 사흐세른의 고택

어진 작은 호수가 있는 사흐세른(Sachseln) 마을로 향했다. 숙소는 호숫가에 지어진 434년이나 지난 4층 목조건물로서 스위스 전통적인 샬레 형식의 고택이었다. 입구에 세워진 주춧돌에 1585년이라고 새겨져 있었으며 주인아주머니는 그것을 가리키면서 무적 자랑스러워했다.

3일 차, 융프라우요흐로 가는 길목 라우터브루넨

스위스 알프스의 하이라이트인 융프라우요흐(Jungfraujoch)에 오르기 위해서 길목에 있는 라우터브루넨(Lauterbrunnen)에 숙소를 잡았다. 이 숙소는 기차를 타고 융프라우요흐에 올라가면서 오른쪽으로 보이는 그림 같은 스타우

융프라우요흐 알레치 빙하의 장엄한 모습

바흐 폭포(Staubach Waterfall)를 바로 곁에서 바라보기 위해서 일찍 예약한 숙소였다.

구글 지도를 따라 라우터브루넨 마을 입구로 들어서면서 차창으로 보이는 이 폭포를 바라보자 가슴이 뛰기 시작했다. 짐을 내려놓고 한참 동안 폭포의 장엄한 모습을 지켜보면서 스위스의 작은 버킷 리스트를 달성한 기분으로 하루를 시작했다. 저녁에 숙소에 돌아와서 달빛에 비친 환상적인 폭포의 모습을 보자 절로 행복해졌다.

융프라우요흐로 올라가는 기차는 한국에서 미리 VIP 패스 할인권(동신항운)을 끊어와서 저렴하게 티켓을 확보할 수 있었다. 중간에 벵엔(Wengen) 마을을 시작으로 클라이네 샤이덱(Kleine Scheidegg) 등 세 번의 기차를 바꿔

숙소에서 바라본 라우터브루넨의 낮과 밤

가며 융프라우요흐에 올라가는 길은 마치 신선의 세계를 지나가는 느낌이 들었다. 클라이네 샤이덱 정류장에서 마지막 구간을 올라가는 기차를 기다리다가 뜻밖에도 40년 지기 고등학교 동창생 부부를 만났다. 너무나 반가웠다. 그들은 독일에서 출발해 보름간 여행 중이라고 했다. 융프라우요흐에 있는 커피 바에서 신라면 교환권을 이용해 라면과 점심을 함께 먹으며 서로의 여행 이야기를 나누었다.

얼음 궁전(Ice Palace)을 지나서 만난 융프라우요흐 정상(3,454m)은 각국의 여행객들과 고원지대에서 각종 액티비티를 즐기려는 젊은이들로 붐볐다. 기상관측소가 있는 해발 3,571m의 스핑스 전망대(Sphinx Terrace)에서 바라본 융프라우요흐의 모습은 실로 장엄했으며, 알프스에서 가장 긴 22km에 달하는 알레치 빙하(Aletsch Glacier)의 위용 또한 대단했다. 곳곳에 상업적인 요소가 발견되는 부분이 다소 아쉬웠지만, 험난한 바위산을 개발해 관광 대국으로 탄생한 스위스 국민의 피나는 노력과 창의성에 경의와 박수를 보내고 싶었다.

4일 차, 동화 같은 마을 뮈렌과 쉴트호른, 그린델발트와 피르스트

뮈렌(Mürren)은 라우터브루넨 남쪽 산 중턱에 있는 작은 마을로 옹기종기 모여 있는 동네의 모양과 집들이 유난히 스위스의 목가적인 전원 풍경을 연상하게 해 인기가 많은 곳이다. 그곳까지 가기 위해서는 라우터브루넨 역 앞에서 커다란 케이블카를 타고 올라간 후 그뤼치알프(Grutchalp)에서 다시 산악열차로 갈아타야 한다.

요즘 들어 우리나라 젊은이들에게 유명 포토존으로 알려진 통나무 그루터기가 있는 곳은 뮈렌 기차역에서 마을 안쪽으로 조금만 걸어 들어가면

쉴트호른 전망대 정상(좌) 007 영화 촬영지(우)

만날 수 있다. 우리가 갔을 때도 한국 젊은이들이 줄을 서서 사진을 찍을 차례를 기다리고 있었다. 다른 나라 사람들은 안 보인다. 신기한 현상이다. 그 옆에서 찍어도 배경은 똑같은데 왜 꼭 그곳에서만 찍어야 하는지 우리는 그 광경을 흥미롭게 바라보다가 시간이 없어서 바로 그 옆에 있는 또 다른 통나무 그루터기에서 사진을 찍고 쉴트호른(Shilthorn)에 가기 위해서 자리를 옮겼다.

007 영화의 촬영지로 유명한 쉴트호른은 뮈렌에서 케이블카를 타고 올라갈 수 있는데, 스위스 패스를 가진 사람은 무료이나 융프라우 VIP 패스를 구매했더라도 그곳으로 가는 표를 별도로 끊어야 한다. 해발 2,970m인 쉴트호른 전망대에 올라가면 360도로 돌아가는 레스토랑이 있어서 융프라우 3봉(융프라우요흐, 아이거, 묀히)을 모두 볼 수 있는 전경을 만날 수 있다. 제임스 본드 기념관을 비롯해 007 영화와 관련된 시설들이 많다.

전망대 옆으로 난 길을 따라 바위 모퉁이를 돌아가면 천 길 낭떠러지의 난간이 나오는데 투명한 바닥의 스카이라인을 걸으면 마치 공중 위를 걷는 아찔한 경험을 할 수 있다. 우리가 갔을 때가 6월 중순인데도 꼭대기에는 눈이 그대로 쌓여 있어서 마치 겨울처럼 느껴졌다.

그린델발트(Grindelwalt)는 융프라우의 3대 봉우리 중의 하나인 아이거 북벽을 병풍처럼 두르고 있는 아름다운 산간마을이다. 숙소가 있는 라우

피르스트 전망대(좌) 그린델발트 마을(우)

터브루넨과 융프라우요흐의 거점도시인 인터라켄과 함께 여행객이 가장 많이 묵는 대표적인 리조트 마을이다. 융프라우요흐에서 또 하나의 즐길거리는 그린델발트에서 곤돌라를 타고 올라가는 피르스트(First)에 있다.

이곳은 사계절 액티비티의 메카라고 부른다. 공중에서 그네를 타듯이 줄을 타고 내려오는 피르스트 플라이어를 비롯해 독수리 모양을 한 글라이더, 절벽 위를 걷는 클리프 워크, 산악자전거 트로티 바이크, 마운틴 카트 등 다양한 액티비티를 즐길 수 있다. 피르스트에서 여름에는 하이킹과 다양한 액티비티를 즐기고, 겨울에는 스키를 즐기려는 여행객들로 늘 붐빈다.

우리가 도착했을 때는 가볍게 비가 내리고 각종 액티비티들의 예약 마감 시간이 되어서 탈 수가 없었다. 이곳에서 액티비티를 즐기려면 기점 마을인 그린델발트에서 하루쯤 숙박을 하면서 미리 예약을 하고 와야 할 것 같다. 우리는 오히려 정상에 있는 전망대에서 융프라우요흐의 절경을 즐기며 여유 있게 구경할 수 있어서 더 좋았다.

5일 차, 인터라켄과 브리엔츠 호수, 마테호른

융프라우요흐의 거점도시인 인터라켄은 '호수들 사이'라는 뜻을 가진 도시다. 인터라켄을 중심으로 동쪽으로는 브리엔트 호수(Brienz Lake), 서쪽으로

스위스 전통악기 알프호른 연주자들과 함께

는 튠 호수(Thun Lake)가 자리 잡고 있다. 브리엔츠 호수는 튠 호수와 비교하면 크기는 작으나 호수 주변의 마을들이 아름다우며 그 뒤로 호수를 둘러싸고 있는 만년설이 덮인 산들의 풍경이 아름다워서 여행객들이 많이 찾는 곳이다.

특히 유람선의 종착지인 브리엔츠 마을은 마치 동화 속의 마을을 연상

하더쿨룸 전망대에서 바라본 인터라켄 전경

하게 했다. 마침 우리가 갔을 때 요들송 축제를 하고 있어서 온 마을 사람들이 스위스 전통복장을 하고 돌아다녔으며 이곳저곳에서 요들송과 전통 악기인 알프호른을 연주하는 소리가 들려왔다. 이럴 줄 알았으면 이곳에서 하루쯤 묵었어야 했는데 하는 진한 아쉬움이 남았다.

인터라켄 도시 전체를 좀 더 잘 전망해보기 위해서 인터라켄 동역 부근에 있는 하더쿨름(Harder Kulm) 전망대에 올랐다. 이곳은 푸니쿨라(Funicular)라는 케이블카를 타고 올라가는데 정상에 올라가면 융프라우산을 배경으로 한 인터라켄의 전경과 브리엔츠 호수, 튠 호수를 모두 볼 수 있다. 전망대 옆에 있는 호텔 앞마당에서 4인조 악단이 연주하는 '에델바이스' 노래를 들으니 스위스의 그림 같은 풍경이 더욱 아름다웠다.

알프스산맥의 3대 미봉은 스위스에 있는 융프라우, 이탈리아와 스위스에 걸쳐 있는 마테호른, 그리고 프랑스에 있는 몽블랑을 말한다. 그중 내가 가장 기대한 봉우리가 바로 마테호른이었다.

이곳을 가기 위해서 거점도시인 체르마트(Zermatt)를 향해서 출발했다. 가는 길목이 지금까지의 융프라우 지역과는 조금 다르게 높은 산맥을 통과해야 해서 중간에 칸더스텍 부근에서는 수십 개의 기차 화물칸에다 자동차를 싣고 터널을 통과하는 일도 있었다. 체르마트 마을은 해발 1,600m의 청정지역으로 이곳에서는 화석연료를 사용하는 모든 차량의 출입이 금지되어 있다. 그래서 타고 온 자동차는 타쉬(Tasch)라는 마을에 주차해두고

체르마트의 유일한 교통수단(전기차와 마차)

전기기차를 타고 체르마트까지 진입했다. 오로지 전기로 움직이는 미니버스 모양의 택시나 마차를 이용해야 했다.

이번 여행에서 숙소를 정할 때 가장 고민했던 곳이 바로 이곳 체르마트다. 아내가 내건 체르마트 숙소의 조건은 다음 날 아침에 일어나서 창문으로 태양빛에 반짝이는 마테호른 봉우리가 바로 보이는 위치에 있는 호텔을 골라야 한다는 것이었다. 가격은 조금 비쌌지만 여러 차례 인터넷 예약 사이트를 뒤져서 거기에 딱 맞는 조건을 가진 호텔을 예약했다.

숙소에 도착했던 오후 무렵에는 마테호른 봉우리의 상단 부위가 살짝 가린 상태였지만, 오기 전부터 상상했던 모습을 볼 수 있을 것이라는 희망을 품을 수 있었다. 그런데 저녁이 되자 갑자기 비가 내리기 시작하면서 어느 순간 봉우리 전체가 구름 속으로 사라져버렸다.

우리는 불안한 마음을 뒤로 감추고 내일 날씨가 좋아지기를 간절히 기도했다. 다음 날 아침, 한껏 기대감 속에서 눈을 떴지만 실망스럽게도 어제 저녁과 똑같은 상황이었다. 하지만 창문 밖으로 하늘의 한구석이 열려 있는 모습을 발견했다. 순간 날씨가 좋아지고 있다는 것을 직감하고 이불을 박차고 일어나서 무조건 마테호른 전망대에 오르는 기차역을 향해서 발길을 내디뎠다.

마테호른의 고르너그라트 전망대

이번에도 하늘은 우리 편이었다. 해외여행 중에 날씨로 인해서 자주 겪는 일이지만 늘 하나님은 우리에게 좋은 날씨를 선물하셔서 넘치는 '여행복'을 안겨주곤 했다. 예상대로 마테호른 전망대에 올라가는 기차 속에서 청명한 하늘 속에 제모습을 드러낸 마테호른의 웅장한 모습이 우리의 시야를 압도하기 시작했다. 드디어 고르나그라트(Gornergrat) 전망대에 오르자 마테호른 정상을 비롯해 일대의 모든 하늘이 360도로 환하게 열려 있었다. 오히려 비가 갠 후라서 그런지 산 중턱으로 길게 깔린 구름띠가 한층 신비로운 풍경을 자아냈다. 너무나 감동적인 순간을 맞이한 우리는 다시 한번 감사의 기도를 드리고 대자연의 경이로운 모습을 보며 행복한 시간을 보냈다.

한동안 마테호른의 압도적인 경치에 완전히 취해버린 우리는 고르너그라트 전망대 꼭대기에서 준비해간 도시락을 먹고 행복한 마음을 안고 하산하는 기차에 올랐다. 더 있고 싶은 아쉬운 마음에 자꾸 뒤를 바라보았다.

그런데 이러한 아쉬움을 금방 사라지게 하는 순간이 찾아왔다. 두 번째 정거장인 리펠버그(Riffelberg) 역이 다가왔을 때 왼쪽으로 보이는 마테호른의 풍광이 너무나 아름다워서 무작정 하차했는데 거기에서 만난 마체호른의 또 다른 모습은 더 큰 감동을 안겨주었다.

리펠버그 역 주변에는 리펠하우스(Riffel House) 호텔과 레스토랑이 있는데, 이곳에 있는 야외 식당에서 마체호른을 배경 삼아 커피를 한잔 마시기로 했다. 핸섬하게 생긴 웨이터가 선글라스를 끼고 다가와서 서빙을 하는데 너무나 잘 생겨서 아내의 입가에서 미소가 사라질 줄을 몰랐다. 여기에서 맛본 커피 맛은 정말 최고였다. 그리고 따스한 햇볕이 내리쪼이는 최고의 장소에서 마테호른을 배경 삼아 인생샷을 찍었다.

알프스산맥의 3대 미봉 중에 몽블랑은 유일하게 스위스를 벗어나서 프랑스의 샤모니몽블랑(Chamonix Mont-Blanc)에 있다. 프랑스 말 그대로 '하얀색의 산'이라는 뜻을 가진 몽블랑은 높이가 4,807m로 알프스산맥의 최고봉이자 프랑스의 자존심이다. 스위스 체르마트에서 출발한 뒤 프랑스의 국경을 넘어 약 3시간 만에 몽블랑의 거점도시인 샤모니에 도착했다. 샤모니는 인구가 약 만 명에 불과한 작은 산골 마을로 겨울스포츠와 스키로 잘 알려져 있다. 1924년 동계올림픽이 열리기도 했다.

몽블랑의 모습을 가까이 보기 위해서는 이곳 샤모니몽블랑에서 케이블카를 타고 에귀디미디 (Aiguille-du-Midi) 전망대에 올라야 한다. 케이블카 안에는 온통 몽블랑 정상에서 겨울스포츠를 즐기려는 젊은이들로 가득했다. 다들 암벽등반을 위한 로프와 카라비너, 피켈을 들고, 안전모와 등산화, 하네스로 무장하고 있었다. 제대로 겨울스포츠를 즐기려는 이들의 젊음과 도전이 부러웠다.

케이블카는 거의 수직에 가까운 직벽을 그대로 올라갔다. 정상으로 올라가면서 내려다보이는 정면의 풍광은 가히 몽블랑의 위용을 느낄 수 있을 만큼 대단했다. 두 번의 케이블카를 바꿔 타고 전망대 정상에 올랐을 때는 고도차로 인해 약간 머리가 띵하고 어지러운 고산증세를 느꼈다.

눈 덮인 몽블랑은 전망대에서 바라보는 그 자체만으로도 모든 것을 짐작할 수 있을 만큼 강렬한 임팩트를 주었다. 높은 암벽을 등반하고 저 멀리 하얀 눈밭을 거니는 수많은 알피니스트들과 끝없이 펼쳐지는 거대한 봉우리들의 향연은 가히 이곳이 알프스산맥의 최고봉임을 인정하지 않을 수 없게 만들었다. 지금도 그 장면을 생각하면 가슴이 뛴다. 몽블랑의 위대함과 경이로운 자태를 보며 신이 살아계심을 다시 한 번 인식했다.

프랑스의 자존심, 몽블랑

7일 차, 레만호 여행

스위스에서 가장 큰 호수인 레만호(Lac Leman, Lake Jeneva)는 스위스와 프랑스의 접경 지역에 있으며, 면적이 무려 580km², 길이가 73km에 달한다. 초승달 모양의 호수 주변으로 제네바, 로잔, 몽트뢰 등 아름다운 도시들과 호수를 둘러싸고 있는 눈 덮인 알프스산맥이 어우러진 풍광이 너무나 아름다워서 세계인들의 사랑을 듬뿍 받고 있다.

우리는 국제적십자본부와 유엔의 유럽본부 등 22개의 국제기구가 있는 제네바(Geneva)를 찾았다. 제네바의 명물인 높이 200m의 제네바 분수가 바로 보이는 영국 정원(Jardin Anglais)에 도착해 호수 주변을 산책했다. 호수에는 백조들이 한가롭게 유영을 하며 도시의 평화로운 정취를 더욱 고조시켰다. 이곳은 레만호의 서쪽 끝자락으로, 프랑스 남부 지역을 흘러 지중해로 통하는 론강이 시작되는 지점이며 제네바의 중심지역이기도 하다.

레만호를 따라 북동쪽으로 약 63km를 달리다 보면 로잔(Lausanne)이라는 도시가 나오는데, 이곳은 로마시대에 건설된 도시로서 문화의 중심지

이며 국제올림픽위원회(IOC) 본부를 비롯해 각종 스포츠 연맹본부가 자리 잡고 있다. 로잔을 지나 동쪽으로 조금 더 가면 라보(Lavaux)가 나오는데, 레만호 주변으로 계단식 포도밭이 넓게 펼쳐져 있고, 그 사이로 아주 작고 예쁜 마을이 형성되어 있는 아름다운 곳으로 유네스코 자연유산으로 지정되어 있다.

이곳을 지나 최종 목적지인 몽트뢰(Montreux)에 도착했다. 몽트뢰는 레만호의 맨 동쪽 끝에 있는 도시로 레만호가 가장 아름답게 보이는 호반 도시다.

프레디 머큐리의 동상 앞에서

최근에 우리나라에서 상영된 영화 〈퀸(Queen)〉의 주인공인 프레디 머큐리의 동상이 있어서 한국인들이 많이 찾는 여행지가 되었다. 동상은 석양이 지는 레만호를 바라보며 오른손을 번쩍 하늘 높이 치켜들고 아주 역동

몽트뢰 시옹성

적인 모습으로 넓은 광장에 서 있었다.

우리는 마치 레만호 위에 떠 있는 느낌을 주는 몽트뢰의 시옹성(Chateau de Chilon)을 둘러보기로 했다. 9세기에 세워진 중세시대의 고성 시옹성은 한때 사보이 백작의 임시거주지 겸 무기고, 감옥으로도 사용되었으며, 거대한 레만호와 어우러진 주변의 경치가 아름다운 곳이다.

우리가 찾았을 때도 해가 뉘엿뉘엿 지고 있던 시간이라서 시옹성을 배경으로 작품사진을 찍으려는 사진작가들이 많았다. 자연환경이 빼어난 스위스에서 이런 오래된 고성을 볼 수 있다는 것이 매우 놀라울 따름이었다.

8일 차, 스위스의 수도 베른

스위스에서의 마지막 밤은 서북쪽에 있는 뇌샤텔(Neuchâtel) 호수 주변에서 보냈다. '새로운 성'이라는 뜻을 지닌 뇌샤텔은 약 1,000년이 넘은 오래된 도시로 프랑스와 스위스를 연결하는 서쪽 지역의 교통 요지다. 이곳은 수상 스포츠를 즐기려는 여행객들이 많이 찾는 한적한 휴양지다.

우리나라 시골 마을과 같은 메이리에츠(Meyriez)에서 편안한 밤을 보낸 뒤 스위스의 수도 베른(Bern)을 향해 아침 일찍 출발했다. 베른은 공식 언어가 독일어일 정도로 독일의 영향을 많이 받았다. 12세기 초에 도시를 건설한 신성로마제국의 베르톨트(Berthold) 5세 공작이 죽인 곰(Bear)에서 '베른'이라는 도시 이름이 지어졌다고 한다. 그래서 시내 곳곳에 곰 동상과 역사적 흔적들이 있다.

스위스의 여러 도시 중에 베른시의 매력은 단연 최고였다. 도심을 흐르는 아레강이 둘러싸고 있는 구시가지는 스피텔 거리(Spitel gasse)에서 감옥탑(Kafigturmo)을 지나 크람 거리(Kram gasse)와 게레히티히카이트 거리

스위스 베른의 구시가지

(Gerechtigkeits gasse)까지 아주 널찍하게 뚫린 일직선의 보행자 거리가 메인 스트리트다. 여기에는 베른의 랜드마크자 표준시계가 있는 시계탑 지트글로게(Zytglogge)를 비롯해 각각의 특색을 살린 조각상이 있는 8개의 분수대, 아인슈타인 하우스 등이 있으며, 그 주변에 베른 대성당과 베른 시청사, 곰 공원 등 유명한 여행지들이 있다.

언제나 그랬듯이 원래 계획보다 항상 부족한 여행시간이 아쉬웠다, 하지만 다음에 다시 또 베른을 찾아올 때를 대비해 몇 군데 명소는 남겨두고 떠나는 것이 좋을 것 같아 마지막 목적지인 취리히 공항을 향해 발길을 돌렸다. 베른에서 취리히 공항으로 가는 길은 고속도로를 이용하면 되는데, 취리히 도심에 접어들면서 갑자기 교통 체증이 발생했다. 그래서 구글 지도의 안내를 무시하고 국도를 이용해 공항을 찾아갔다. 이처럼 때로는 상식적으로 알고 있는 교통 지식을 이용해 로드 트립을 하는 지혜가 필요하다.

지난 8일간의 스위스 자동차여행은 비록 짧은 일정이었지만 알프스를 대표하는 3대 미봉을 비롯해 스위스의 유명한 여행지와 도시들을 대부분 둘러본 매우 알찬 여행이었다. 특히 오직 스마트폰만을 이용해 자동차 자유여행을 시도한 첫 번째 여행으로서 아주 성공적이고 무사히 마치게 되어 더욱 의미 있는 여행이 된 것 같다. 또한 이번 여행의 경험과 지혜를 활용해 해외 자유여행을 시도하려는 많은 시니어들에게 좀 더 자유롭고 즐거운 여행 요령을 전해줄 수 있어서 아주 행복한 시간이었다.

유럽·발칸반도 자동차 자유여행 세부 일정계획

일자	국가 (도시/장소)	주요내용 (여행/이동/숙소)	예약사항	비고(예산)
5.14 (1일차)	• 인천공항 (ICN) 출국 • 경유/환승(파리 샤를드골 공항(CDG)) • 크로아티아 자그레브 플레소공항 (ZAG) 도착	• 항공편: Air France(다구간) – 인천(09:05, 제2터미널) → 파리(14:10, 샤를드골 공항(CDG), 터미널 2E) : AF267(Boing777–300ER) • 환승공항/시간 : 파리(CDG), 터미널 2E: 1시간 05분 – 파리(15:15, CDG)→자그레브 (17:10, 플레소공항(ZAG)) : AF1560(32A) * 총여행시간 : 15시간 05분	• 온라인투어(#M2177E) (AF–#LGAMK2) +82 1544 3663 #0573490640989(나) #0573490640992(처)	₩2,540,000 (완불)
		• 렌터카: Volkswagen Golf(자동, 에어컨, +네비, 풀보험) – Green Motion사 (+385951177222) – 자그레브 공항 셔틀 인수, 5.14 17:00 ~ 6.11 17:00	• Rentalcars.com (#784876081) +82 2 2023 6423	₩903,341 =809,358+91,640 (네비: 현지결제) * 보증금 €800 * 국경오버 차지: €35
		• 숙소(2박): 자그레브, MAKISIMER, Zagreb – Petrova Ulice 69, Zagreb, Croatia	• Air B&B *Sintija (HMCF9P4ASC) +385 98 405 609	₩86,362 (완불)
5.15 (2일차)	• 크로아티아 (자그레브)	• 자그레브 투어: 자그레브 대성당, 성 마르카교회, Mesnica NENO, Ban Josip Jelačić Square, Stone Gate, Lotrščak Tower, Art Pavilion • 여행용품 및 취사도구 등 쇼핑		
5.16 (3일차)	• 크로아티아 (자그레브, Rastoke, 플리트비체 국립공원)	• 자그레브 숙소→ Rastoke 마을 → 플리트비체 국립공원 (Plitvice N.P) – 플리트비체 국립공원 주변 투어(16:00~19:00)		
		• 숙소(2박): 플리트비체 국립공원(예제르체), Rada Guest House, Jezerce 17, Jezerce, 53231, Croatia	• Booking.com (2093205885, #3061) +385 53 774 063	₩172,044 (€130, 조식포함 숙소결제, 현금)

5.17 (4일차)	• 크로아티아 (플리트비체 국립공원)	• 플리트비체 국립공원 투어 (08:00~19:00) – 최적: H코스(8,900m, 5~6 시간), (*A코스(하류) 추가 고려) • 국립공원 입장권 예매/결제 완료(2인), 주차비: 8Kn/h 별도	• Pritvicka Jezera 티켓 (#15771655274) +395 (0)53 751 928	₩35,390(2인) HRK 200Kn (완불, 바우처 필요)
5.18 (5일차)	• 크로아티아 (플리트비체 국립공원, 리 예카, 풀라)	• 플리트비체 국립공원 → 리예카 → 풀라 – 풀라투어(야경): Porta Gemina, 세르기우스 개선문, 아우구스투스신전 • 숙소(1박): 풀라, Modern apartment near the center, Kosova Ulica 45, Pula, Istria County 52100, Croatia	• Air B&B *Predrag, & Emina (HMAA35BBQ5) +385 98 167 6519	₩58,113 (완불)
5.19 (6일차)	• 크로아티아 (풀라, 로빈, 포레치, 모토 분) • 슬로베니아 (피란, 코페 르) • 이탈리아(트 리에스테)	• 풀라 → 로빈 → 포레치 → 모토분(Motovun) → 피란 → 코페르 → 트리에스테 – 로빈투어: Panorama, Bell Tower, Park Forest Zlatni Rt, Lim, Church of St. Euphemia, Botana Eco-Museum – 포레치: 유프라시안성당, 모토분: City Gate, 코페르: Tito Square – 피란 투어: Tartini Central Square, Walls of Piran, 성 조지 성당 • 숙소(2박): 트리에스테, Exotic Design Apartment Dream in Trieste, Strada per Longera 26/1 Int 5, Trieste, Friuli-Venezia Giulia 34128, 이탈리아	• Air B&B *shuling (HMAPMMFSTZ) +39 392 648 6915	₩144,950 =78,351+66,599 (1박에서 2박으로 변경/완불)

5.20 (7일차)	• 이탈리아(트리에스테) • 슬로베니아(Skocjan/Postojna 동굴)	• 트리에스테 → Skocjan Caves → Postojna Cave → 트리에스테(Round Trip) – 트리에스테 투어: Pizza Unita d'Italia, Cattedrale di San Giusto Marrtire, Ponte Rosso, Molo Audace, Castello di Miramare – Skocjan Caves(A/B코스), Postojna Cave & Predjama Castle(grad)	• Postojna Cave & Predjama Castle티켓(Slovenia Explore)	€35.70x2 (인터넷)
5.21 (8일차)	• 슬로베니아(류블랴나, 블레드호수)	• 트리에스테 → 류블랴나(류블랴나성 투어) → 블레드 호수(Bled Lake) – 류블랴나 투어: Ljubljana Castle, 드래곤 다리, City Park Tivoli – 블레드호수 트래킹(도보): 숙소~Mlino Port for Pletna Boat~블레드성 • 숙소(2박): 블레드호수, Vila Slavc, Straza hill above Lake Bled, Mlinska cesta 25, 4260 Bled, Croatia	• Air B&B *gabi (HMAJC5SSH8)	₩187,511 =93,756+93755 (5.8 결제)
5.22 (9일차)	• 슬로베니아(블레드 호수/성, Bohinj 호수, 트리그라브 국립공원)	• 블레드호수 투어: 블레드 섬/교회(Pilgrimage Church), 블레드 성, Mala Osojnica(전망대), Soteska Vintgar(계곡), Pustolovski Park Bled(리프트) Straza Hill above Lake Bled(전망대), Velika Zaka(호수 하이킹) • 트리그라브국립공원(Trigrav), Bohinj Lake 투어, 복귀 시 석양 투어		
5.23 (10일차)	• 슬로베니아(블레드 호수) • 오스트리아(필라흐, 할슈타트, Obertraun)	• 블레드 호수 → 필라흐 → 할슈타트(Hallstatt/Obertraun) – 할슈타트 투어: Skywalk, World Heritage View Point, 소금광산(?) • 숙소(1박): Seehotel am Hall Stattersee, Seestraße 152 Obertraun, 4831 Austria	• Hallstatt Skywalk 티켓 • Booking.com (2584685330, #1295) +43 6131 462	€18x2 ₩169,631 (€130, 조식포함, 숙소결제, 우리카드)

5.24 (11일차)	• 오스트리아 (할슈타트, 잘츠부르크, 그로스글로 크너 하이알 파인 로드, 첼 암제, 인스부 르크)	• 할슈타트(Obertraun) → 잘츠부르크 → 그로스글로크너(Grossglockner) 하이 알파인 로드(Fusch ↔ Heiligenblut) → Zell am See → 인스부르크 – Zell am see투어: Schloss Rosenberg, Zell am see esplanade • 숙소(1박): 인스부르크, 루머호프, Bundesstraße 11 Rum Rum bei Innsbruck, 6063 Austria	• 자동차도로 통행료 • Booking.com (3653339073,#9467) +43 512 262215	€35.5/1일 ₩135,313 (€103.70, 조식포함 숙소결제, 우리카드)
5.25 (12일차)	• 오스트리아 (인스부르크) • 이탈리아(볼 차노, 코르티 나담페초)	• 인스부르크 → 볼차노 → Lake Braies(프라그세르 호수) → 미수리나 호수 → 코르티나담페초 숙소 체크인 → Faloria Cable Car → 숙소 – 인스부르크 투어: 알프스 산 케이블카 • 숙소(2박): 코르티나담페초, Jägerhaus Agriturismo, Via Cadin di Sotto 24 Cortina d'Ampezzo, 32043	• 케이블카 티켓 • Booking.com (3635838340, #9644) +39 0436 860155	€x2 ₩260,971 (€200, 조식포함, 숙소결제, 우리카드)
5.26 (13일차)	• 이탈리아(돌 로미테: 코르 티나담페초, 볼차노)	• 돌로미테(코르티나담페초, Bolzano Bozen) 투어 – Alpe di Siusi, Cable car Topana, Cinque Torri, Corvara, Urtijëi, Falzarego 패스, Gardena 패스 – Tre Cime de Lavaredo (Cima/Piccola/Ovest Grande 등 3개)	• 케이블카 티켓	€x2
5.27 (14일차)	• 이탈리아(코 르티나담페 초, 베네치아 (메스트레))	• 코르티나담페초 → 벨루노돌로미테 국립공원 → 트레비소 → 베네치아(메스트레) • 숙소(2박): 베네치아(메스트레), Hotel Adria, Via Cappuccina, 34 Mestre, 30172 Italy	• Booking.com (3982190597, #8195) +39 041 989755	★₩211,386 (€162, 조식포함, 숙소결제, 우리카드)

5.28 (15일차)	• 이탈리아(베네치아)	• 베네치아 시내 투어 – Canal Grande, Ponte di Rialto, San Marco 광장/대성당/종탑, Plazzo Ducale, Scuola Grande di San Rocco, Peggy Guggenheim Basilica di Santa Maria della Salute	• 베네치아 유니카드	€x2
5.29 (16일차)	• 이탈리아(베네치아(메스트레), 베로나, 시르미오네(가르다호수), 베르가모, 밀라노)	• 베네치아(메스트레) → 파도바 → 베로나 → 시르미오네 Scaligero Castle(가르다호수) → 베르가모 → 밀라노 • 숙소(1박): 밀라노, APT. Smart with balcony & parking, Viale Monza 75, 밀라노, Lombardia 20125, 이탈리아	• Air B&B *lusia (HMAD8SED99) +39 335 571 2725	₩125,205 =62,603+62,602 (5.20결제)
5.30 (17일차)	• 이탈리아(밀라노, 친퀘테레(아메글리아))	• 밀라노(오전 투어) → 제노아 → 친퀘테레(여행) → 아메글리아(숙소) – 밀라노 투어: 밀라노대성당, Royal Palace of Miran, Mercati 광장 • 숙소(1박): 친퀘테레(Ameglia), House on the river at Fiumaretta, Via Poggio Scafa, 8, Ameglia, 리구리아 19031, 이탈리아	• Air B&B *Nadia (HMAMMMANCZ) +39 349 335 5417	₩103,034 (완불)
5.31 (18일차)	• 이탈리아(친퀘테레, 피사의탑, 플로렌스/피렌체)	• 친퀘테레 → 피사의탑 → 플로렌스/피렌체 • 숙소(2박): 플로렌스/피렌체, Classic Hotel, Viale Machiavelli 25 Firenze, 50125 Italy	• Booking.com (2666831903, #3566) +39 055 229351	₩374,180 (€263.82, 조식포함) (완불)
6.1 (19일차)	• 이탈리아(플로렌스/피렌체)	• 플로렌스/피렌체 시내 여행(가이드 투어) – 피렌체 대성당, 레푸블리카 광장, 피키 궁전, Ponte Vecchio 다리, 아카데미아 미술관, 레오나르도 다빈치 박물관, St. Trinity Bridge		€x2

6.2 (20일차)	• 이탈리아(플로렌스/피렌체, 로마)	• 플로렌스/피렌체 → 로마 • 숙소(2박): 로마, Stylish Villa in the Pigneto area, Via Giovanni Antonio Magini, 8, Roma, Lazio 00176	• Air B&B *Alessandro (HMAPMCEMDF) +39 328 626 9823	₩191,339 =95,670+95,669 (5.18 결제)
6.3 (21일차)	• 이탈리아(로마)	• 로마(Roma) 시내 여행(가이드 투어) – 바티칸 + 로마 시내 투어 + 야경 투어 – 성베드로 대성당, 콜로세움, 베네치아 광장, 스페인 광장, 판테온, 트레비분수, 포로 로마노	• 마이리얼트립 티켓 (Italy Sketchbook)	€x2
6.4 (22일차)	• 이탈리아(로마, 나폴리)	• 로마 → 나폴리(* 오후: 시내 투어) • 숙소(1박): 나폴리, 스카이하우스 베벨렐로, Via Guglielmo Melisurgo 4 Port of Naples 80123 나폴리 이탈리아	• Booking.com (3466.084.647,#3659) +39 328 957 7578	★₩123,961 (€95) (완불)
6.5 (23일차)	• 이탈리아(나폴리, 폼페이, 살레르노, 포지타노, 아말피해변, 소렌토(산타넬로))	• 나폴리 → 폼페이 → 살레르노 → 포지타노 → 아말피해변 → 소렌토(산타넬로) • 숙소(1박): 소렌토, Villa Crawford(살레시오회, St. 돈보스코), Via Nuovo Rione Cappuccini 2 Sant'Agnello, 80065 Italy	• Booking.com (2706.283.593,#6601) +39 081 807 3084	₩246,617 (€189, 조식포함, 숙소결제, 국민카드)
6.6 (24일차)	• 이탈리아(소렌토, 살레르노, 바리, 알베로벨로)	• 소렌토 → 살레르노 → 바리 → 알베로벨로→ 바리 → 〈페리〉 → 두브로브니크 • 이동(항해)/숙소(1박): 페리(Direct Ferries) *120분 진 체크인 – 주소: Piazzale Cristoforo Colombo, 1 70122 Bari, Italy – 바리(Bari, 6.6(목) 21:00) → 두브로브니크(6.7(금) 08:00), 11시간 – 차량, 침대 객실(내측, 세면대)x2, 조식(뷔페)x2 포함	• Direct Ferries (예약#: 125401356, 송장#:DFP125401356) +44 3333 000 128 • Jadolinija: 187955117	₩392,796 (€300.15) *예약금 €4.75

6.7 (25일차)	• 크로아티아 (두브로브니크)	• 〈페리〉 → 두브로브니크 항구 도착(6.7.08:00) • 두브로브니크 구도시 및 성곽 투어(Viator 여행사) • 숙소(2박): 두브로브니크, Ulica Eugena Kvaternika 10, Dubrovnik, Dubrovnik-Neretva County 20000,	• 두브로브니크성곽 티켓 • Air B&B *Marija (HMAFMKR9Z2) +385 98 200 233	€33.06x2 ₩192,615 =96308+96,307 (5.25 결제)
6.8 (26일차)	• 크로아티아 (두브로브니크) • 몬테네그로 (코토르, 부드바, Skadar N.P)	• 두브로브니크 → (몬테네그로 국경) → 코토르 → 부드바→Skadar Lake N.P. → (크로아티아 국경) → 두브로브니크(Round Trip)		
6.9 (27일차)	• 크로아티아 (두브로브니크, 스플리트 (카슈텔라) • 보스니아 헤르체고비나 (모스타르)	• 두브로브니크 → (보스니아 헤르체고비나 국경) → 모스타르 → (크로아티아 국경) → 스플리트(카슈텔라) • 숙소(1박): 스플리트, Apartments Ena & Toni, Cesta Dr.F. Tuđmana 247, Kastel Gomilica 21213 Kaštela, 크로아티아	• Booking.com (2875.000.569 #2069) +385 99 272 1938	₩138,297 (€104.50 =€31.35+€73.15 6.7결제, 조식미포함)
6.10 (28일차)	• 크로아티아 (스플리트, 트로기르, 시베니크, Krka N.P, 자다르)	• 스플리트 → 트로기르 → 프리모슈텐 → 시베니크 → Lozovac(Krka 국립공원) → 자다르 • 숙소(1박): 자다르, 아파트먼트 & 룸 콜로바르 비치, Bože Peričića 4 Zadar, 23000 Croatia	• Booking.com (2149.464.245 #4112) +385 99 772 2001	₩105,873 (€80 조식포함, 현금결제)

6.11 (29일차)	• 크로아티아 (자다르, 자그레브) • 크로아티아 (자그레브 플레소공항) 출발 • 스위스(취리히공항) 도착	• 자다르 → 자그레브(플레소공항) • 렌터카 반납: 자그레브 플레소공항 Green Motion사 – Green Motion사 (+385951177222) – 차량 데미지 점검 및 보증금 반납(입금)조치 확인 • 항공편: Croatia Airlines(총 비행시간: 1시간 35분) – 자그레브 플레소공항 (ZAG, 17:45) → 취리히 공항(ZRH, 19:20): OU 0464(DH8-Q400) • 렌터카: Volvo V40(자동, 에어컨, +네비, 풀커버보험) – Dollar사(+41 438163255) – 취리히공항 인수(6.11 19:00 ~ 6.18 19:00) • 숙소(1박): 추크, Schönes Zimmer in der Nähe von Zug – Artherstrasse 167C, Zug 6317, Swiss	• Rentalcars.com (#784876081) +82 2 2023 6423 • 온라인투어(#M2177E) (AF-#LGAMK2) +82 1544 3663 #0573490640989(나) #0573490640992(처) • Rentalcars.com (#781621401) +41 438163255 • Air B&B *Renée (HM8DA82TDR) +41 79 594 45 47	₩524,896 =472,922+200,871 (CHF174.51,현지결제) * 보증금: CHF300 * 국경오버차지: €35 ₩65,207 =32,604+32,603 (6.2 결제)
6.12 (30일차)	• 스위스(추크, 루체른, 리기산, 부르겐스탁, 슈탄저호른산, Sacheln)	• 루체른 시내 투어, 리기산/Sutanserhorn산 등정 및 트래킹 – 추크 → 루체른→리기쿨룸(정상) → 비츠나우 → 베기스(Weggis) → 루체른 → Bürgenstock → Sutanserhorn산→Sachseln • 숙소(1박): 루체른(Sachseln), Schönes Zimmer auf del Jakobsweg(1), Büelgässil 2, Sachseln, Obwalden 6072, Swiss	• 리기산 1일관광 티켓 https://www.rigi.ch/en • Air B&B *Eva (HMA4PB4BJZ) +41 79 509 34 81	72CHF=36x2 ₩89,123 =44562+44561 (완불)

6.13 (31일차)	• 스위스(Sacheln, 라우터브루넨, 인터라켄, 브리엔츠/튠 호수, 뮤렌, 쉴트호른)	• Sacheln → 룽게른 → 브리엔츠 로트호른 → 인터라켄 → 라우터부르넨 • 융프라우 VIP패스(2일권, 할인쿠폰: 동신항운) 구매 • 브리엔츠/튠 호수(유람선), 인터라켄, 하더클롬(전망대), 뮤렌마을, 쉴트호른, 라우터브루넨 여행/트래킹 • 숙소(2박): 라우터브루넨, Studio in schönem Chalet, Fuhren, Lauterbrunnen, Bern 3822, Swiss	• 융프라우 VIP패스(2) • Air B&B *Trudi (HMYKEN42DM) +41 79 401 49 83	280CHF=140x2 ₩279,777 =139,889+139,888 (6.4 결제)
6.14 (32일차)	• 스위스(라우터브루넨, 그린델발트, 인터라켄, 융프라우요흐, 피르스트, 멘리헨, 벵엔)	• 인터라켄 패러글라이딩 티켓, 피르스트 액티비티 티켓 구매 • 융프라우요흐 정상, 그린델발트, 피르스트(액티비티/트래킹) 투어 • 라우터부른넨 → 클라이네샤이텍 → 융프라우요흐 → 클라이네샤이텍 → 그린델발트 → 피르스트 → 그린델발트 → 멘리헨 → 벵엔 → 라우터부른넨	• 패러글라이딩 티켓(2) (아웃도어인터라켄) • 피르스트 액티비티 티켓(2)	₩195,553x2 (사진별도 40CHF) CHF=x2
6.15 (33일차)	• 스위스(인터라켄, 슈피츠성, 체르마트)	• 인터라켄 패러글라이딩 체험(픽업: 인터라켄 동역) • 라우터부른넨 → 슈피츠성 → Tasch(주차) → 체르마트(시내 투어) • 고르너그라트 전망대 케이블카 티켓 구매 • 숙소(1박): 체르마트, Large flat & spa Zermatt-unique view Matterghorn, Gryfelblatte 18, Zermart, Wallis 3920, Swiss	• 고르너그라트 티켓 • Air B&B *Fabien (HM2ZWSEK9B) +41 79 820 49 19	CHF=x2 ₩244,825 =122,413+122,412 (완불)
6.16 (34일차)	• 스위스(체르마트, 마테호른) • 프랑스(샤모니)	• 마테호른(고르너그라트 전망대) 여행/트래킹 • 숙소(1박): 샤모니, La Croix Blanche, 81 Rue Joseph Vallot Chamonix City Centre Chamonix-Mont-Blanc, 74400 프랑스	• Booking.com (2762190429, #1507) +33 4 50 53 0011	₩130,485(예약변경) (€100, 주차장+€15 조식포함, 완불)

6.17 (35일차)	• 프랑스(샤모니, 몽블랑) • 스위스(제네바, 로잔, 몽트뢰, Meyriez)	• 샤모니, 몽블랑(전망대 케이블카) 여행/트래킹 • 샤모니 → 제네바 → 로잔 → 몽트뢰(프레디 머큐리) → Meyriez(무르텐호) • 숙소(1박): Meyriez(무르텐호수), Rue de l'Hôpital 54, Meyriez, Fribourg 3280, Swiss	• 몽블랑 전망대 티켓 • Air B&B *Eve (HMAB2PPBRK) +41 26 670 10 58	CHF=x2 ₩119,486 =59,743+59,743 (6.4 결제)
6.18 (36일차)	• 스위스(뇌샤텔 호수, 베른, 취리히) • 프랑스(파리)	• Meyriez → 뇌샤텔호수 → 베른 → 취리히(시내 투어) • 렌터카 반납: 취리히공항 Dollar사 – 취리히공항 Dollar사(+41 43 816 32 55) – 차량 데미지 점검 및 보증금 반납(입금)조치 확인 • 항공편: Air France – 취리히공항(ZRH,18:30) → 파리 샤를드골공항(CDG,19:50), 터미널2F: AF 1815(Airbus A319) * 공항 → 숙소 픽업서비스 : • 숙소(3박): 파리, 레 파티 오 디 마레, 26rue des gravilliers 3rd arr. Paris, 75003	• Rentalcars.com (#781621401) +82 2 2023 6423 • 에어프랑스 (#N9NFC8) #0571428795727(나) #0571428795728(처) +82 2 3483 1033 • Booking.com (2251166800, #8337) +33 6 98 74 61 25	₩173,800 (완불) ★₩658,820 (€504.90) (숙소결제,우리카드)
6.19 (37일차)	• 프랑스(파리)	• 파리 시내 여행(가이드 투어: 파리시내 + 파리야경 낭만) – 셀럽투어: 상젤리제(09:00) → 개선문 → ... → 사랑해 벽 로컬투어: 바스티유광장 → ... → 오페라 가르니에 → 에펠탑(19:00) • 파리 야경 낭만: 파리시청(19:50) → 노트르담 대성당 → 셰익스피어 → 앤컴퍼니 → 라탱지구,먹자골목,생미셸광장 → 퐁네프다리 → 퐁데자르 → 루브르 피라미드 → 에펠탑(11:10)	• 마이리얼트립 (여행의 신)	₩90,000 =45,000x2 ₩50,000 =25,000x2

6.20 (38일차)	• 프랑스(파리)	• 파리 외곽지역 여행 – 베르사이유 궁전, 지베르니, 오베르, 고흐마을	• 마이리얼트립 (여행의 신)	₩138,000 =69,000x2
6.21 (39일차)	• 프랑스(파리) • 파리(샤를드 골공항) 출발	• 항공편: Air France – 파리 샤를드골공항(CDG, 6.21.13:10) 출발, 터미널 2E : AF 264(Boing777)	• 온라인투어(#M2177E) (AF-#LGAMK2) +82 1544 3663	
6.22 (40일차)	• 대한민국(인천공항) 입국	• 항공편: Air France – 인천공항(ICN, 6.22.07:15) 도착, 터미널 2 : AF 264(Boing777)		

6장

발길 닿는 대로 마음 가는 대로 트래킹 여행

NAME OF PASSANGER

FLIGHT

DATE

SEAT

대자연의 품속으로 자신의 몸을 풍덩 내던지고 그 속에서 힐링과 건강을 얻는 트래킹 여행을 발길 닿는 대로 마음 가는 대로 훌쩍 떠나보자.

캐나다 로키 트래킹 '꽃중년 여행'

시니어 여행공모에 당첨되다

어느 날 페이스북에 캐나다관광청과 시니어조선이 공동으로 주관하는 시니어를 대상으로 한 꽃중년 여행 '꿈의 여행지 캐나다로 간다' 여행공모 이벤트가 올라왔다. 내용을 보니 3인의 친구가 캐나다 앨버타(Alberta)주에 있는 로키산맥의 국립공원을 트래킹을 하는 것이었다.

나는 이 공모를 보자마자 무조건 내가 가야 한다고 생각했다. 2011년에 북미대륙 횡단 자동차여행을 하면서 바로 이곳 캐나다 로키에 들렀는데 다음에 또 다시 온다면 그때는 꼭 로키의 속살을 들여다볼 수 있는 트래킹

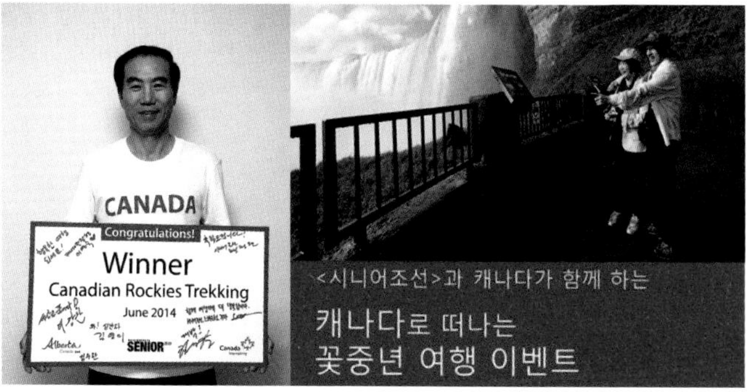

꽃중년 여행, 캐나다 로키 트래킹 여행공모 당첨

을 하러 오겠다고 다짐했기 때문이다. 나는 곧바로 주저 없이 정성스럽게 지원서를 작성해 제출했다. 그런데 이게 꿈인가 생시인가? 공모에 당첨된 것이다! 관계자로부터 통보를 받고 나서 너무나 기뻐서 어쩔 줄을 몰랐다. 나중에 안 사실인데 경쟁률이 무려 3,400:1이었다고 한다.

꿈에 그리던 캐나다 로키 트래킹 여행

드디어 설렘과 기대 속에 꿈에 그리던 캐나다 로키를 향해 출발했다. 친구, 아내와 〈시니어조선〉 담당 기자, 사진 촬영감독까지 5명이 이 여행길에 함께 동반했다. 특별히 우리의 트래킹 여행기는 그다음 달 〈시니어조선〉에 실릴 예정이었다.

1일 차 : 캐나다 로키의 거점 도시 캘거리

인천공항에 모인 우리는 이번 여행의 주관단체인 캐나다관광청 및 〈시니어조선〉 관계자들과 서로 인사를 나누고 앞으로 일주일간의 여행에 대한 개요와 행동지침에 대해 들었다. 캐나다관광청 주관 이벤트라서 에어캐나다를 타고 일본 나리타 공항을 경유해 캐나다 앨버타주의 캘거리(Calgary) 공항에 무사히 착륙했다.

캘거리에 도착한 후 시내에서 가이드가 추천한 피자로 점심을 먹고 캐나다 횡단 고속도로(Trans-Canada Highway) 1번을 따라 곧장 밴프(Banff) 국립공원으로 향했다. 가는 도중에 밴프 국립공원의 동쪽 입구에 있는 투 잭 호수(Two Jack lake)와 미네완카 호수(Minnewanka Lake)에 들러서 캐나다 로키와 첫인사를 나누었다. 3년 전에 왔을 때와 똑같은 모습으로 우리를 반겨주는 것 같았다. 첫날 우리는 로키 트래킹을 하기 위해서 밴프 국립공원

밴프 국립공원에 있는 미네완카 호수

내의 루이스 호수(Lake Louise) 부근에 있는 레이크 루이스인(Lake Louise Inn)에 여장을 풀었다. 마치 산속의 별장 분위기가 나는 숙소로서 바로 호텔 옆으로 보우강(Bow River)의 물줄기가 계곡을 따라 시원하게 흘러내렸다.

2일 차 : 에디스 카벨 빙하 트래킹

아침 일찍 일어나서 트래킹을 위해 몸을 부드럽게 하고 관절을 풀어주는 차원으로 한 시간 정도 호텔 주변을 가볍게 산책했다. 산책길에 만난 밴프 지역 최고봉인 템플산(Mt. Temple, 3,554m)의 눈 덮인 봉우리가 아침 햇살을 받으며 영롱하게 빛나는 모습이 너무나 신비롭고 아름다웠다.

이번 여행의 첫 번째 코스인 에디스 카벨 빙하(Edith Cavell Glacier)를 가기 위해서는 세계에서 가장 아름다운 도로로 뽑힌 아이스필드 파크웨이(Icefields Parkway)를 달려야 한다. 이 도로는 앨버타주의 93번 국도로서 밴프 국립공원의 레이크 루이스 입구에서 시작해 북쪽으로 재스퍼(Jasper) 국립공원의 거점도시인 재스퍼까지 이어지는 약 230km 구간의 환상적인 도로를 말한다. 이 도로를 따라가다 보면 숨이 막힐 듯한 아름다운 호수와 빙하를 만나게 된다.

가는 길목에 있는 컬럼비아 아이스필드(Columbia Icefield) 대빙원을 방문

아이스필드 파크웨이를 달리면서 만나는 환상적인 호수들

해 거대한 설상차를 타고 아사바스카 빙하(Athabasca Glacier) 위를 직접 걸어보았다. 지구 온난화로 인해 이 빙하도 서서히 사라지고 있다는 현지 가이드의 설명에 매우 안타까운 마음이 들었다. 우리는 빙하 계곡 사이로 흐르는 빙하수를 떠서 마시며 오늘의 첫 번째 트래킹을 무사히 잘 마치도록 결의했다. 바로 인근에는 인기 여행지인 글레이셔 스카이워크(Glacier Skywalk)가 있어서 컬럼비아 대빙원에서 셔틀버스를 타고 가서 유리 다리 위를 걸어보는 체험을 했다.

무엇보다도 아이스필드 파크웨이를 달리는 내내 차창 밖으로 만나게 되는 허버트 호수(Herbert Lake), 보우 호수(Bow Lake), 페이토 호수(Peyto Lake), 워터파울 호수(Waterfowl Lakes) 등 환상적인 풍경을 자랑하는 아름다운 호수들의 모습에 정신을 잃을 뻔했다.

드디어 출발지점인 에디스 카벨 산(Mt. Edith Cavell) 문턱에 도착했다. 에디스 카벨은 영국의 간호사이자 인도주의자로 제1차 세계대전 동안 벨기에를 점령한 독일로부터 탈출한 약 200명의 연합국 군인들을 도와준 것으

눈덮힌 탬플산 봉우리(좌) 글레이셔 스카이워크(우)

로 유명하다.

오늘의 코스는 그녀의 이름을 따서 명명한 재스퍼 국립공원의 대표적인 봉우리인 에디스 카벨 산 아래에 있는 카벨 빙하와 엔젤 빙하(Angel Glacier) 주변을 돌아오는 약 3~4시간이 소요되는 카벨 메도우 트레일(Cavell Meadow Trail)을 트래킹하기로 되어 있었다. 그러나 얼마 전에 내린 폭우로 인해 트레일 코스와 빙하 상당 부분이 무너져서 카벨 연못(Cavell Pond)까지만 가서 돌아오는 약 1시간 반 정도의 가벼운 패스 오브 더 빙하 트레일(Path of the Glacier Trail)만 하고 돌아왔다.

3일 차 : 나의 버킷 리스트 빅 비하이브 트래킹

아침부터 하루 일정을 보고 마음이 설레기 시작했다. 바로 로키 트래킹의 첫 번째 버킷 리스트인 빅 비하이브(Big Beehive) 트래킹을 하는 날이기 때문이다. 3년 전 이곳에 여행 왔을 때도 꼭 해보고 싶었던 트래킹인데 드디어 그곳에 가게 되었다.

이 트래킹 코스를 손꼽아 기다린 이유는 레이크 루이스의 오른쪽에 우뚝 솟아 있는 벌집 모양의 기묘한 모습을 한 빅 비하이브 봉우리에 올라가서 아래로 내려다본 루이스 호수의 모습이 마치 그림엽서처럼 아름답기 때문이었다.

오늘의 코스는 레이크 루이스 주차장 옆에 있는 샤토 레이크 루이스 호텔(Fairmont Chateau Lake Louise Hotel)에서 출발해 호수 옆으로 난 숲길을 따라 밀러 호수(Mirror Lake), 아그네스 호수(Agnes Lake)를 거쳐서 빅 비하이브 봉우리까지 올라가는 것이다(①번 코스).

우리는 아침 일찍 각자 도시락을 싸 들고 숙소를 출발해 루이스 호수 입구에 도착했다. 예전처럼 호수 앞에서 기념 촬영을 한 후 호수 오른쪽으

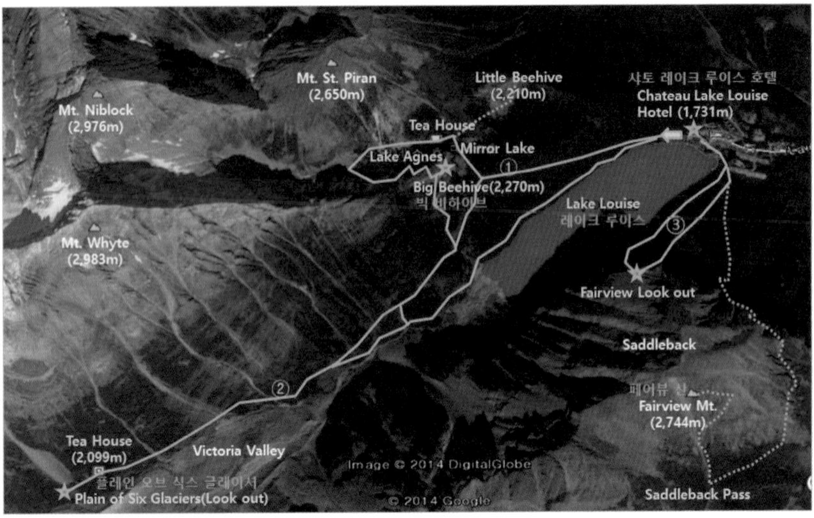

로 나 있는 트레일을 따라서 침엽수림이 우거진 숲길을 걷기 시작했다. 걷기 시작한 지 약 1시간 만에 우리는 숲속의 거울이라고 부르는 밀러 호수(Mirror Lake)에 도착했다. 에메랄드색을 띤 자그마한 크기의 아담한 숲속의 호수였다. 맑은 호수 수면으로는 민둥산인 빅 비하이브의 둥그런 봉우리가 그대로 투영되어 한껏 운치를 더했다. 우리는 잠깐 호수에 발을 담그고 휴식을 취한 다음 다시 산 중턱에 있는 아그네스 호수(Agnes Lake)를 향해서 출발했다.

레이크 루이스에서 출발한 트래킹은 거의 한 시간 반 만에 마침내 아그네스 호수 입구에 있는 찻집(Tea House)에 도착했다. 이곳은 전원풍의 목조

레이크 루이스 호수(우) 빅 비하이브 트래킹(우)

빅 비하이브 정상에서 내려다본 루이스 호수

건물로 된 찻집인데 산행하는 사람들에게 따뜻한 차와 다과를 팔며 잠시 휴식을 취할 수 있는 공간을 제공해준다. 이곳에서 점심 도시락을 먹고 차를 한잔하며 아그네스 호수의 정취를 만끽했다.

우리가 갔을 때가 6월 말인데도 아그네스 호수에는 얼음이 둥둥 떠다녔다. 호수 양쪽으로 높은 산이 있어서 그늘이 져서 겨우내 얼은 얼음이 아직 해동이 되지 않은 듯했다.

호숫가를 돌아서 1.6km를 더 가면 빅 비하이브 정상에 오르는데 아직 길가에는 눈이 녹지 않고 그대로 있어서 때 아닌 눈길을 걷는 행운을 경험했다. 호수 끝에서 다시 거꾸로 아그네스 호수와 찻집을 돌아보니 한 폭의 그림을 보는 듯 아름다웠다.

드디어 3시간 만에 빅 비하이브 정상에 도착했다. 정상에는 아직도 눈이 쌓여 있었다. 원래는 약 5.2km의 거리로서 2시간이면 충분히 올 수 있는 곳이지만 아그네스 찻집에서 점심을 먹고 차를 한잔해 휴식을 가지면서 천천히 오르다 보니 시간이 더 걸렸다.

빅 비하이브 정상에서 내려다본 루이스 호수의 모습은 말 그대로 환상적이었다. 푸른 사파이어 색깔을 한 호수와 병풍처럼 화려한 자태를 자랑하는 페어뷰산(Mt. Fairview)의 장엄한 풍경이 어우러져서 한 폭의 그림을 그려놓은 것 같았다.

이 장면을 보기 위해서 그토록 소망했었는데 오늘 그 소원을 풀게 되어 영혼까지 행복해지는 느낌이다. 지금껏 어떤 산의 정상에 올라가서도 이토록 아름다운 풍경을 본 적은 없었다. 신선의 세계라 해도 과언이 아닐 듯 감동에 겨워 눈가에 살짝 눈물이 고였다. 이것이 바로 여행을 통해서 의식과 영혼까지 행복한 상태인 '여행복'이었다.

우리는 떨어지지 않는 발걸음을 돌려서 루이스 호수를 향했다. 빅 비하이브의 강력한 기운을 그대로 간직한 채 이 길을 따라 다시 루이스 호수로 돌아와서 트래킹을 마무리했다.

4일 차 : 라치 밸리 트래킹

오늘은 숙소를 밴프 시내의 동쪽 리조트 지역에 있는 '히든 리지 리조트(Hidden Ridge Resort)'로 옮겨서 맞이하는 첫날이다. 이곳은 야외에 작은 온천이 있어서 가족여행을 즐기는 여행객들이 많이 찾는 콘도형 숙소로서 통나무로 지어진 전원주택 형태를 갖추고 있었다. 아내는 숙소가 아주 마음에 드는 듯 리조트를 한 바퀴 돌고 오더니 싱글벙글하며 무척 좋아했다.

우리는 기쁜 마음으로 숙소를 출발해 서쪽에 있는 루이스 호수 입구를 지나 다시 남쪽으로 14km를 달려서 모레인 호수(Moraine Lake) 입구에 도착했다. 오늘은 모레인 호수 산장(Lodge)에서 출발해 호수를 병풍처럼 둘러싸고 있는 3,000m가 넘는 10개의 봉우리, 즉 텐 픽스(Ten Peaks)를 계속 바

라보며 걷는 라치 밸리(Larch Valley) 트래킹을 하게 된다.

라치(Larch)는 소나무과에 속하는 낙엽송으로 캐나다 서부 로키 지역에 많이 서식한다. 가을이 되면 노랗게 낙엽이 물들어 주변 계곡의 경치와 어우러져서 환상적인 장면을 연출한다.

트래킹을 시작하면서부터 마주치는 울창한 낙엽송 길과 아름다운 모레인 호수, 그리고 장엄한 텐 픽스가 연출하는 경이로운 경치에 흠뻑 빠져들기 시작했다. 무아지경 속에 그저 앞으로만 걸음을 내딛는 발걸음에 행복한 마음으로 휘파람을 불었다.

라치 밸리 코스는 가을철에 낙엽송이 노랗게 단풍이 들면 오른쪽으로 라치 밸리 계곡을 따라 센티넬 패스(Sentinel Pass)까지 가는 것이 가장 인기 있는 코스다(①번 코스). 그러나 우리가 갔을 때가 여름이라 라치에 아직 단풍이 들지 않은 상태였다. 대신 ②번 코스가 오히려 텐 픽스의 장엄한 모습을 더 잘 볼 수 있다고 해 라치 밸리 왼쪽으로 연결되는 에펠 봉우리의 능

라치 밸리 트래킹 중에 만난 텐 픽스의 위용

선을 타고 에펠 호수(Eiffel Lake)까지 걷는 쪽으로 방향을 틀었다.

모레인 호수에서 에펠 호수까지 약 5.6km를 2시간 동안 걸었다. 중간에 쉬면서 점심 도시락을 먹고, 눈앞에 펼쳐지는 텐 픽스의 위용을 제대로 만끽하며 계속 걸었다. 오른쪽으로 3,000m가 넘는 에펠 피크(Effel Paek)의 능선을 따라 넘어가는 산길은 응달이 져서 그런지 아직도 온통 눈으로 덮여 있었다. 한 번의 트래킹으로 사계절을 모두 맛보는 보기 드문 경험을 하게 되었다.

5일 차 : 존스턴 캐니언 트래킹

밴프에서 레이크 루이스를 갈 때 가장 빨리 가기 위해서는 캐나다 횡단 고속도로(Trans Canada Highway) 1번을 타고 가는 것이 가장 빠르다. 그러나 낭만적인 길을 달려보고 싶다면 구도로인 보우 밸리 파크웨이(Bow Valley Parkway, 앨버타 지방도로 1A)를 추천한다.

보우강을 따라 만들어진 2차선 도로로 통행량이 적으며 달리다가 정차해 아름다운 주변의 경치를 배경으로 사진을 찍을 수 있다. 또한 자전거로 하이킹하기도 아주 좋은 길이며 캐나다 로키에서 서식하는 여러 종류의 동물들을 만날 수도 있어서 많은 관광객이 찾는다.

이 길을 따라 약 17km를 가다 보면 트래킹 코스로 유명한 존스턴 캐니언(Johnston Canyon)을 만나게 된다. 협곡을 따라 흘러내리는 물길을 따라 아름다운 경치를 감상하며 걸어가는 가벼운 트래킹으로, 가는 중간에 두 개의 폭포를 만나게 된다. 첫 번째가 로어 폭포(Lower Falls)이고, 약 1시간 후에 만나는 폭포가 어퍼 폭포(Upper Falls)다.

존스톤 캐니언 트레일 코스는 해발고도 1,430m인 보우 밸리 파크웨이 인근의 존스턴 캐니언 리조트에서 출발하여 어퍼 폭포(1,565m)까지 다녀오는 코스로서 왕복 약 2시간 30분~3시간이면 충분히 다녀올 수 있다. 시간이 여유가 있다면 어퍼 폭포 위로 계속되는 계곡을 따라 잉크 팟(Ink Pot)까

보우 밸리 파크웨이의 뷰 포인트

지 가보는 것도 좋을 것 같다.

우리는 돌아오는 길에 마릴린 몬로가 주연한 영화 〈돌아오지 않는 강〉의 촬영 장소로 알려진 보우강 뷰 포인트(Bow River View Point)를 찾아갔다. 영화의 한 장면인 긴 기차가 지나가는 장면을 찍기 위해서 한참 동안을 기다렸다가 잠시 영화 속 주인공이 되어보았다.

6일 차 : 밴프(Banff) 국립공원 둘러보기

그동안 4일간의 트래킹으로 숨 가쁘게 지나온 빡빡한 여행 일정을 정리할 겸, 밴프 국립공원 일대의 볼거리를 위주로 둘러보기로 했다. 맨 먼저 밴프 시내를 한눈에 조망할 수 있는 설퍼산(Mt. Sulphur) 전망대에 올라가기 위해서 밴프 곤돌라(Banff Gondola)를 타러 갔다.

곤돌라를 타고 전망대에 올라가면 360도로 밴프 시내는 물론 국립공원 일대를 모두 둘러볼 수 있어서 빼놓을 수 없는 핵심 관경 명소다. 그곳에는 만국기가 각 나라의 방향에 맞게 전시되어 있는데 우리나라 태극기

서프라이스 코너 전망대에서 본 또 다른 비경

의 방향이 가리키는 곳의 산봉우리에 있는 코믹 레이 스테이션(Comic Ray Station)까지 가보는 것이 포인트다. 그곳까지는 나무로 된 데크 산책길로 연결되어 있어서 아주 편리하게 갔다 올 수 있었다. 가는 도중에 왼편으로 보이는 장엄한 런들산(Mt. Rundle)의 비경에 감탄하지 않을 수 없었다. 약 2,000~2,300m의 수목한계선을 경계선으로 해 눈 덮인 설산과 침엽수림 벨트가 뚜렷하게 구분되어 보이는 풍경이 너무나 아름다웠다.

전망대에서 한참 동안 있다가 내려온 우리는 보우강의 물줄기가 밴프 시내를 돌아 급격하게 좁아진 구간을 지나면서 만들어낸 거센 물살의 보우 폭포(Bow Falls)를 만났다. 바로 그 옆에는 고즈넉하게 자리 잡은 130년 전통을 자랑하는 유럽풍의 페어몬트 밴프 스프링스(Fairmont Banff Springs) 호텔이 있다.

우리는 반대편에서 이 호텔을 가장 잘 바라볼 수 있는 서프라이스 코너 전망대(Surprise Corner Viewpoint)에 들러서 이 호텔과 밴프 시내를 휘감아 도는 보우 강과 런들 산을 배경으로 멋진 사진을 찍었다. 온종일 밴프 국립공

캘거리 상공에서 바라본 눈덮힌 로키산맥

원의 숨겨진 비경을 찾아 힐링을 즐기면서 행복한 하루를 마무리했다.

7일 차 : 캘거리 상공에서 바라본 캐나다 로키

주마등처럼 빠르게 지나간 이번 일정을 마무리하고 고국으로 돌아가는 날이다. 캐나다 로키의 모든 것을 한꺼번에 담기에는 일주일은 터무니없이 짧은 시간이었다. 하지만 트래킹을 통해 캐나다 로키의 진정한 아름다움을 맛본 이번 여행의 소중한 추억을 간직하고 캘거리 공항을 향했다.

비행기가 캘거리 상공을 떠오르자 창밖으로 내려다보이는 캐나다 로키의 장엄한 눈 덮인 모습이 눈에 들어왔다. 하늘에서 본 캐나다 로키의 모습은 또 다른 감동을 안겨주었다. 이 광경을 바라보자 다시 달려가고 싶은 마음이 굴뚝같았다. 언젠가는 또다시 찾고 싶다는 마음을 간직한 채 미소를 지으며 로키와의 작별을 고했다.

캐나다 로키를 다녀온 뒤 한 달 후, 들뜬 마음이 채 가라앉기도 전에 〈시니어 조선〉에 "캐나다 로키의 환상적인 풍경 속으로 풍덩!"이라는 제목으

〈시니어 조선〉에 실린 우리의 트래킹 여행 기사

로 우리 여행 이야기가 실렸다. 행복했던 순간의 추억이 되살아나고, 또 어디론가 떠나고 싶다는 주체할 수 없는 여행 본능이 다시금 꿈틀거렸다.

자신감과 행복감을 안겨준 남미 파타고니아 트래킹

'돌청' 팀과 함께했던 환갑기념 남미여행 기간 중 파타고니아를 대표하는 칠레의 토레스 델 파이네(Tores Del Paine) 국립공원의 'W트래킹'과 아르헨티나 로스글라사아레스(LosGlacares) 국립공원의 '피츠로이(Fitz Roy) & 세로토레(Cerro Torre) 트래킹' 여행을 했다.

파타고니아 지역은 남아메리카의 남부지역으로서 남위 40도 부근을 흐르는 콜로라도강 이남 지역을 말한다. 칠레와 아르헨티나 양국에 걸쳐 있으며 서쪽에서 남쪽으로는 안데스산맥과 빙하, 피오르드 해안, 동쪽으로는 고원지대와 낮은 평원을 이루고 있다. 연중 기온은 낮고 바람이 거세기 때문에 '바람의 땅'이라 불린다.

패키지 여행상품으로 나와 있는 일반적인 남미여행 코스는 페루의 마추픽추, 볼리비아의 우유니 소금사막, 아르헨티나와 브라질의 이과수 폭포, 리우데자네이루 등을 둘러보는 형식이다. 그러나 우리는 태초 때부터 인간의 손길이 닿지 않고 천연 그대로의 광활한 대자연을 간직한 채 남아 있는 파타고니아 트래킹을 하기 위해서 코스를 새롭게 설계했다. 그곳에서 아름다운 숲길을 거닐며 호연지기를 외치고 힐링의 기운을 얻기로 했다.

칠레의 수도 산티아고(Santiago)에서 새벽같이 기상해 6시 10분 비행기에 몸을 실었다. 파타고니아 여행의 시작점인 푼타 아레나스(Punta Arenas)를 거쳐서 푸에르토 나탈레스(Puerto Natales)까지 가기 위해서였다. 푼타 아레나스 공항에 내린 우리는 얼굴에 스치는 거센 바람을 맞으며 이곳이 바로 지구 반대편의 파타고니아임을 실감했다. 기온이 차갑고 쌀쌀한 기운에 온몸이 위축되고 그때야 비로소 만만치 않은 모험을 떠나온 느낌이 들었다.

토레스 델 파이네 국립공원 'W트래킹'

첫 번째 남미의 트래킹 코스인 'W트래킹'은 세계의 모든 트레커들이 소망하는 최고의 트래킹 버킷 리스트로 전체 코스가 마치 영어알파벳의 'W자'를 닮았다고 해 붙여진 이름이다. 우리는 'W트래킹'을 하기 위해서 칠레의 토레스 델 파이네 국립공원을 찾았다. 토레스 델 파이네 국립공원는 안데스산맥 남쪽에 있는 칠레를 대표하는 국립공원이다.

W트래킹의 거점 도시인 푸에르토 나탈레스에서 하룻밤을 지새운 우리는 트래킹에 필요한 제반 물품을 정비하고 만반의 준비를 한 후 자동차로 117km를 달려서 토레스 델 파이네 국립공원 동쪽 입구인 아마르가(Amarga)에 도착했다.

1일 차 : 그레이 빙하 전망대 다녀오기

W트래킹은 동쪽인 라스 토레스 산장(Refugio Las Torres)에서 시작해 W자 모양으로 서쪽으로 진행하거나, 서쪽인 파이네 그란데 산장(Refugio Paine Grande)에서 시작해 동쪽으로 진행을 한다. 우리는 서쪽에서 시작해 3박 4일간 동쪽으로 걸어가는 코스를 선택했다. 이 코스를 택한 이유는 서쪽에 있는 그레이 호수(Grey Lake)에서 불어오는 거센 바람을 등지고 걷기가 편

구간 : 국립공원 입구 → 파이네 그란데 산장 ↔ 그레이 빙하(왕복), 거리 22km, 8시간

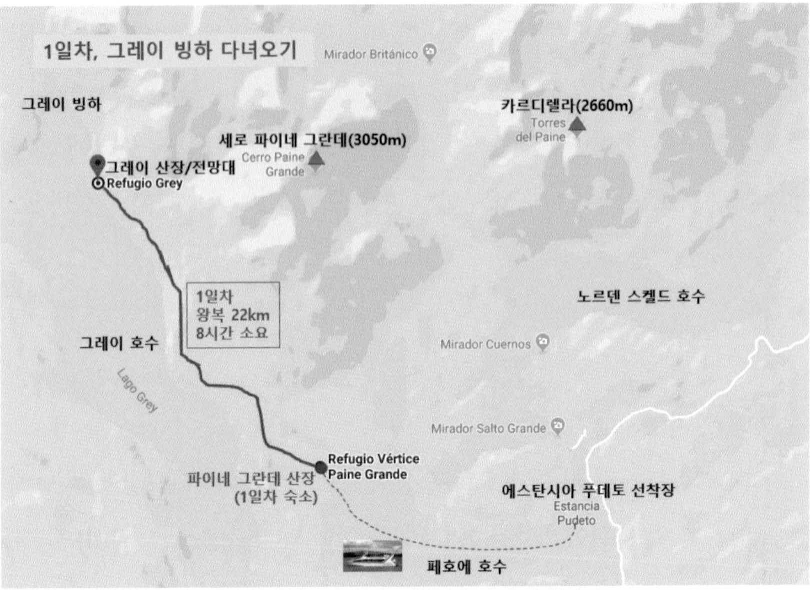

하며 트래킹의 하이라이트인 동쪽의 라스 토레스 전망대(Mirador Las Torres)를 마지막에 올라가서 토레스 델 파이네의 3봉우리(Las Tores)를 봄으로써 감동을 배가시키기 위해서였다.

W트래킹의 난이도는 우리나라 서울 둘레길 정도로 산길을 따라 오르막 내리막이 있다. 마지막 날에 올라갈 라스 토레스 전망대는 서울의 북한산을 오르는 정도는 아니지만, 빙퇴석(Moraine)이 있는 구간에서는 어느 정도의 체력이 요구된다.

우리는 아마르가의 국립공원 입구에서 셔틀버스를 타고 30분을 달려서 에스탄시아 푸데토(Estancia Pudeto) 선착장으로 갔다. 여기에서 또다시 페리(Hielos Patagonicos 호)를 타고 페호에 호수(Pehoe Lake)를 건너서 W트래킹의 서쪽 코스 시작점이자 우리의 첫 번째 숙소인 파이네 그란데 산장에 도착했다.

선착장에 도착한 우리는 바로 옆에 있는 파이네 그란데 산장에 여장을 풀었다. 파이네 그란데 산장은 말 그대로 W트래킹을 시작하기 위해서 세계의 많은 트래커들이 찾는 곳이라서 사람들로 붐볐다. 새로 목조로 지은 갈색의 건물은 새것처럼 세련되고 튼튼해 보였다.

우리는 6인실 방에 각자의 짐을 풀어놓고 곧바로 트래킹에 나섰다. 첫날 트래킹이라서 그런지 다들 상기된 모습으로 만반의 준비를 하고 몸풀기에 여념이 없었다. 이곳의 규칙에 따라 단체인 경우는 두 명의 현지인 트래킹 가이드를 대동해야 해서 인솔 가이드와 함께 꿈에 그리던 W트래킹의 첫발을 힘차게 내디뎠다.

1일 차 코스는 서쪽에 있는 파이네 그란데 산장을 출발해 그레이 호수(Lago Grey)를 따라 걸어가서 그레이 빙하(Grey Glacier)가 보이는 그레이 산장(Refugio Grey) 주변에 있는 빙하 전망대까지 다녀오는 왕복 22km의 코스이다. 첫날부터 상당히 먼 길을 걸어갔다 와야 해서 긴장을 늦출 수 없었다.

그레이 호수에는 아직도 그레이 빙하에서 떨어져 나온 유빙들이 떠다니

W트래킹 출발 모습

고, 바람이 거세게 불면서 찬 공기를 실어나르기 때문에 '바람의 땅'이라는 별명을 가진 파타고니아의 이방인에 대한 텃세를 톡톡히 실감했다.

가는 동안에 갑자기 날씨가 돌변해 비바람이 몰아쳐서 중간에 숙소로 돌아가는 사람도 있었다. 예상치 못한 거친 날씨와 험난한 코스에 잘 적응하지 못한 일부 팀원들은 일찍 산장으로 돌아가기도 했지만, 팀원 대부분은 마지막까지 고군분투하며 첫날의 일정을 무사히 소화했다. 산장에 돌아온 모두는 오늘의 고난이 앞으로 트래킹을 하는 데 보다 더 잘 적응하게 만드는 약이 될 것이라며 오히려 위안을 삼고 서로를 격려했다.

2일 차 : 프렌치 계곡 트래킹

구간 : 파이네 그란데 산장 → 프렌치 계곡 → 도모스 프란세스 산장, 17km, 7시간

아침 일찍 일어나서 창문을 열어보니 가느다란 이슬비가 내렸다. 무엇

파이네 그란데 산장의 텐트촌과 산장에서 준비해준 아침식사

보다도 날씨의 도움이 절실한 트래킹인데 걱정이 이만저만이 아니었다. 전날 트래킹이 생각보다 힘들었고 거센 바람과 싸워서 그런지 몸이 좀 뻐근했지만, 산장에서 준비해준 따뜻한 아침 식사와 커피를 마시고 기운을 차렸다. 우리들의 체력을 고려하고 트래킹 때 배낭의 무게를 줄이기 위해서 도중에 먹을 점심 도시락과 조·석식은 숙소를 예약할 때 모두 포함해 주문했다.

이날은 트래킹이 끝나고 숙소를 다른 산장으로 옮겨야 해서 트래킹 중에 필요한 필수적인 짐만 챙기고 나머지 숙소에서 사용할 짐들은 현지에서 고용한 3명의 포터에게 맡기기로 했다. 앞으로 3일간 우리의 트래킹을 도와주기로 한 건장한 현지인 포터들은 즐겁게 짐을 챙겨서 먼저 떠났다.

둘째 날 트래킹은 파이네 그란데 산장을 출발해 중간 지점인 이탈리아노 캠프(Camping Italiano)에 도착한 후 점심을 먹고, 가장 아름다운 구간으로 알려진 프렌치 계곡(French Valley)을 따라 프란세스 전망대(Mirador Frances)까지 올라가서 구경한 후 다시 이탈리아노 캠프로 내려와서 오늘의 숙소인 도모스 프란세스 캠프(Camping Domos Francés)로 걸어가는 약 17km의 코스다.

파이네 그란데 산장에서 시작해 오른쪽으로 이어지는 이탈리아노 캠프까지 가는 길은 호수 주변을 돌아가는 둘레길로써 비교적 완만했다. 우리는 이탈리아노 캠프에 도착해서 점심을 먹었다. 프렌치 계곡을 따라 프란

프렌치 계곡 전경

세스 전망대까지 올라가는 길은 바위가 많고 갑자기 소나기가 내려서 상당히 미끄러운 상태라서 여자들은 중간에 숙소로 직행했다.

다행히 우리가 프란세스 전망대에 도착하자 비가 그치고 맑은 날씨가 지속되어서 아름다운 풍경과 마주할 수 있었다. 위아래 두 가지의 무늬를 띈 카르디렐라, 쿠에르노, 노르테 등 눈 덮인 봉우리의 경이로운 경치는 아무리 보아도 질리지 않았다. 파타고니아의 진면목을 보게 된 행복한 순간이었다.

우리는 아쉬움을 뒤로하고 다시 아래로 내려와서 숙소인 도모스 프란세스 캠프에 도착했다. 저녁 식사는 산장에서 차려준 연어 튀김과 이곳 남미 원주민들의 주식인 퀴노와(Quinoa)로 지은 밥을 먹었다. 오랜만에 특식을 먹어서 그런지 하루의 피로가 다 가시는 것 같았다.

3일 차 : 노르덴스켈드(Nordenskjőld) 호수를 따라 트래킹

구간 : 도모스 프란세스 캠프 → 노르덴스켈드 호수 → 칠레노 산장, 15km, 5시간

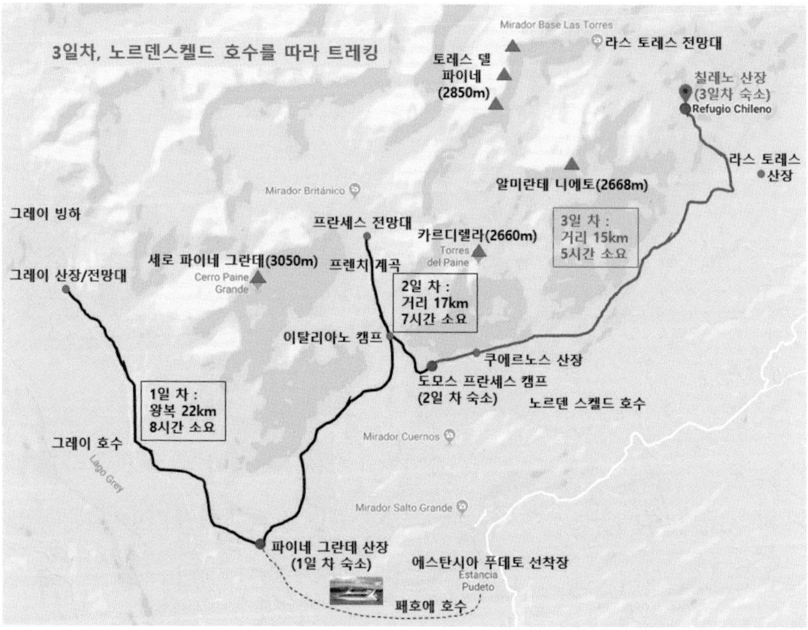

도모스 프란세스 캠프는 둥근 돔 형태의 특이한 숙소인데 최근에 여러 가지 시설을 보수해 전반적으로 개선된 상태라서 지낼 만했다. 2층 침대로 된 돔 내부의 숙소에는 한국에서 여행 온 젊은 여학생 둘과 폴란드에서 왔다는 총각 그리고 우리 부부가 함께 기거했다.

아침에 일찍 일어나서 숙소 바로 앞에 있는 커다란 노르덴스켈드(Nordenskjőld) 호수를 바라보며 사색에 잠겨 있는데 마침 동이 터 올랐다. 호수 면에 비친 붉은 하늘을 바라보자 새로운 하루가 기대되었다. 이날은 도모스 프란세스 캠프를 출발해 노르덴스켈드 호수를 따라 동쪽으로 걷다가 왼쪽으로 해발 2,640m의 알미란테 니에토(Almirante Nieto) 봉우리를 끼고 돌아

도보스 프란세스 캠프(좌) 칠레노 산장을 향한 트래킹(우)

칠레노 산장(Refugio Chileno)까지 가는 약 15km의 코스의 일정이었다.

숙소를 출발하면서부터 계속해서 우리를 따라오는 거대한 노르덴스켈드 호수의 모습은 반대편의 만년설에 덮인 산들의 풍경과 어우러져서 말 그대로 한 장의 그림엽서를 연상하게 하는 환상적인 경치를 연출해 내었다.

3시간쯤 지나서 경치가 좋은 지점에 도착해 점심 도시락을 먹고 휴식을 취한 후 왼쪽으로 보이는 알미란테 니에토 봉우리의 산등성이를 따라 걷기 시작했다. 고도가 점차 높아지면서 발아래로 내려다보이는 넓은 대평원과 들꽃이 피어 있는 초원이 펼쳐졌다. 너무나 광활하고 평화로운 초원을 만나자 가슴이 활짝 펴지고 파타고니아의 진정한 초자연적 풍경에 하늘을 향해서 두 손을 번쩍 들어 만세를 불렀다. 파타고니아를 대표하는 붉은색의 들꽃 산부(Fire Brush)가 바람에 흔들리며 마치 군무를 추는 듯 유난히 우리들의 눈길을 끌었다.

우리는 칠레노 산장과 라스 토레스 산장으로 갈라지는 삼거리에서 이정표를 따라 왼쪽으로 방향을 틀어서 칠레노 산장을 향했다. 거기에서부터는 우뚝 솟은 알미란테 니에토 봉우리의 가파른 능선이 시작되었으며 이에 따라 반대쪽으로는 깊은 계곡이 길게 펼쳐졌다. 이 길을 따라 약 3.6km를 걸어서 이번 여행의 마지막 숙소인 칠레노 산장에 도착했다.

칠레노 산장은 토레스 델 파이네 국립공원에서 가장 비싼 숙소이며 예약하기도 어려운 숙소이다. 왜냐면 바로 이곳이 토레스 델 파이네의 꽃인

라스 토레스 전망대(Mirador Las Torres), 즉 환상의 토레스 3봉 전망대로 올라가는 기점이기 때문이다. 여기도 샤워는 공동 화장실을 이용하며 3개의 2층 침대에 6명씩 잠을 자는 도미터리 형식의 숙소다.

숙소 한쪽에는 오랜 트래킹으로 지친 몸을 녹이고 젖은 신발과 양말을 말리도록 장작불 화로를 켜 놓았다. 우리는 숙소 밖에 쌓아놓은 장작더미를 가져와 밤늦게까지 불길을 살리고 한국에서부터 고이 간직해왔던 컵라면을 먹으며 이번 W트래킹의 추억을 되새겼다.

4일 차 : 라스 토레스 트래킹

구간 : 칠레노 산장 → 라스 토레스 → 칠레노 산장 → 라스 토레스 산장, 16km, 8시간

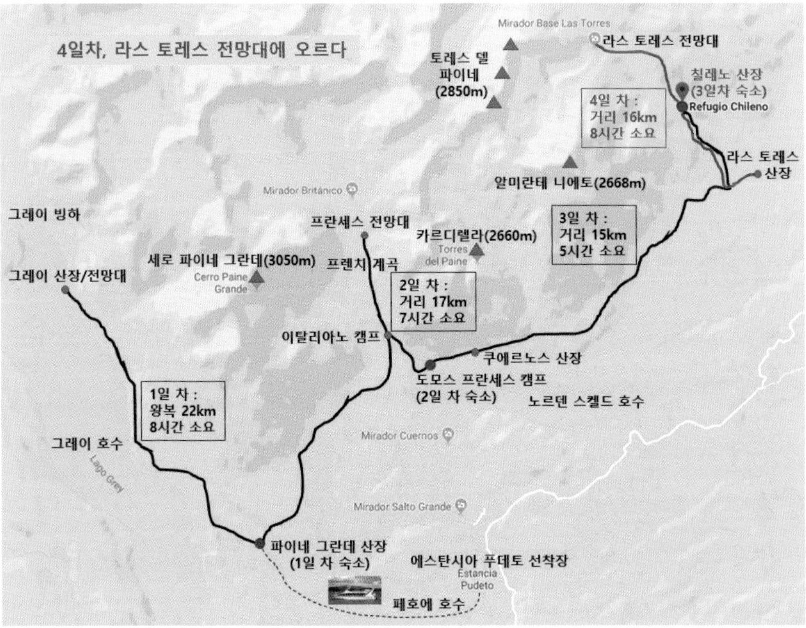

드디어 파타고니아 'W트래킹'의 하이라이트인 '라스 토레스(Las Torres)'에 오르는 날이 밝아왔다. 밤새 곤한 잠을 자서 그런지 아침 컨디션은 가뿐했

다. 3일 동안 약 54km를 걸어서 다리는 조금 퍽퍽하지만, 마지막 코스이자 가장 기대했던 절경이 기다리고 있기에 기운이 되살아났다.

칠레노 산장에서 라스 토레스에 올라갔다가 다시 숙소로 돌아와서 하산한 후 짐을 챙겨서 산 아래쪽에 있는 라스 토레스 산장에서 트래킹을 마치는 약 16km의 코스를 걷기로 했다. 실질적으로 'W트래킹'을 마무리하는 날로, 배낭은 숙소에 맡겨두고 숙소에서 준비해준 점심 도시락 가방에다 물 한 통과 에너지바, 사탕, 초콜릿 등을 담고 힘차게 출발했다.

칠레노 산장을 출발해 너도밤나무 숲으로 우거진 아센시오 계곡(Asencio Valley)을 따라 산길을 올라갔다. 거리는 4km, 고도는 해발 495m인 숙소에서 시작해 875m인 정상까지 불과 380m 높이 밖에 안 되지만 오르는 길이 험난해 쉽게 오를 수 있는 곳이 아니었다. 빙하로 인해서 생겨난 빙퇴석(Moraine) 지역을 통과하는 구간은 걷기가 힘들었다.

약 한 시간 반 정도의 산행 끝에 올라간 정산 부근의 자갈길에는 마치 거대한 두꺼비 모양을 한 바윗덩어리가 놓여 있었다. 그곳을 돌아서서 라스 토레스 전망대(Mirador Las Torres)에 다다르자 기다렸던 라스 토레스, 즉 거대한 3개의 화강암 봉우리가 드디어 그 거룩한 자태를 자랑하며 눈앞에 전개되었다. 실로 너무나 웅장하고 경이로운 주변의 풍경에 넋을 잃었다.

그러나 감동의 순간은 잠시뿐, 안타깝게도 올라올 때는 그렇게 맑고 화창했던 날씨가 갑자기 구름이 끼면서 흐려지는 바람에 라스 토레스(3봉)는 잠시 우리에게 그 모습을 살짝 보여주더니 그만 구름 속으로 사라졌다.

스페인어로 '푸른색의 탑'이라는 의미인 토레스 델 파이네는 푸르게 빛나는 빙하를 품고 있는 날카로운 봉우리를 형상화한 말이라고 한다. 우리는 한참 동안 그곳에서 머무르며 감동에 찬 시간을 보냈다. 그러나 끝내 구름이 걷히지 않아 아쉬운 마음을 뒤로하고 발길을 돌렸다.

라스 토레스(3봉) 전망대

칠레노 산장으로 돌아와서 맡겨둔 배낭을 챙긴 후 다시 약 8km를 걸어서 라스 토레스 산장에 도착했다. 내려오는 길이 계속해서 내리막길이었지만 우리가 언제 이렇게 먼 길을 올라왔나 싶을 정도로 오랜 시간 동안 터덕터덕 걸어 내려왔다.

라스 토레스 산장으로 하산한 우리는 못내 아쉬움에 토레스 델 파이네를 뒤돌아보았다. 눈 덮인 봉우리가 하얀 구름에 잠시 가려있더니 시간이 좀 지나자 구름 한 점 없이 맑게 개어 라스 토레스 3봉이 선명하게 보였다. 멀리서나마 이것으로 아쉬움을 달래며 단체 사진을 찍고 토레스 델 파이네 국립공원을 빠져나왔다. 그 뒤로도 차창 밖으로 계속 그곳을 응시했다.

다음 목적지로 이동하기 전에 지금까지 3박 4일 동안 친절하고 안전하게 트래킹 가이드를 해준 칼레리나와 히바우두에게 선물을 주고 작별 인사를 했다. 이 두 젊은이는 우리가 산장에서 자는 동안에 산장 옆의 캠프에서 텐트를 치고 잠을 잤으며, 약 20kg에 달하는 자신의 배낭을 직접 메고 우리와 함께 매일 걸으며 우리를 돌보았다.

어떤 부부는 부인이 중간에 무릎이 아파서 별도로 대열 뒤로 이탈해 후방가이드와 함께 천천히 뒷걸음질로 모든 길을 걸어온 부부가 있었으며,

토레스 델 파이네 국립공원 W트래킹을 마치며

Tip 남미 트레킹 여행 중에 물 마시기

장거리를 오랫동안 걸어야 하는 트래킹 여행 중에는 기본적으로 물을 많이 마시게 된다. 특히 남미지역은 건조하기 때문에 항상 배낭에 물을 챙겨야 한다. 남미에서는 물을 아구아(Agua)라고 하는데 보통 두 종류의 물을 판매한다. 한 가지는 우리가 보통 먹는 물인 일반 생수이고, 또 한 가지는 탄산수다. 일반 물을 신가스(Sin Gas)라고 하고, 탄산수를 콘가스(Con Gas)라고 한다.

식당에서도 물을 주문할 때도 반드시 이 두 가지를 구분해서 주문해야 한다. 마트 같은 곳에서는 플라스틱 물병으로 된 생수를 파는데, 다음과 같이 물병에 표시된 글씨를 반드시 확인하고 구매해야 자신이 마시고 싶은 물을 마실 수 있다.

신가스(Sin Gas)와 콘가스(Con Gas) 물 구분

떠나오기 전에 족저근막염으로 고생하다가 아픈 발로 마지막 코스까지 완주한 친구도 있었다. 이렇게 해 4일간 총 70km를 걸어온 대망의 토레스 델 파이네 국립공원의 W트래킹은 끝이 났다. 자랑스럽게도 우리 '돌청'의 열 사람 모두가 W트래킹을 완주하는 놀라운 기록을 세웠다.

아르헨티나, 페리토 모레노 빙하

꿈에 그리던 칠레의 토레스 델 파이네 W트래킹(총 70km)을 무사히 마친 우리는 자신감이 붙어서 또 한 번의 감동을 안겨줄 아르헨티나의 피츠로이(Pita Roy) & 세로토레(Cerro Torre) 트래킹에 도전하기 위해서 엘 칼라파테(El Calafate) 로 향했다.

토레스 델 파이네 국립공원에서 아르헨티나의 엘 칼라파테까지는 자동차로 약 269km를 달려야 한다. 가는 도중에 아르헨티나 국경을 통과해야 하는데 입국절차는 비교적 순탄하게 잘 진행되어 쉽게 마칠 수 있었다. 엘 칼라파테까지 가는 길은 험준한 안데스 산맥이 끝나고 동쪽으로 넓은 대평원이 연속되었다.

남미의 유럽 엘 칼라파테

엘 칼라파테는 아르헨티나 남부의 작은 도시이나 유명한 페리토 모레노 빙하(Perito Moreno Glacier)를 보기 위해서 몰려드는 세계여행객으로 언제나 붐비는 곳이다. 도로 주변의 나지막한 유럽풍의 집들과 세련된 도시 분위기가 여행객들의 마음을 빼앗는다. 금방 반하게 하는 첫인상이 좋은 도시였다. 일부러 길가의 가게들을 독특하게 디자인한 흔적을 여기저기서 발견할 수 있었다.

아르헨티나의 페리토 모레노 빙하

엘 칼라파테에 도착한 우리는 숙소에 짐을 놔두고 다시 페리토 모레노 빙하를 보기 위해서 아르헨티노 호수(Lago Argentino)를 따라 약 80km를 달려갔다. 가는 길에 멀리서나마 빙하가 잘 보이는 장소에서 잠시 차를 세웠다. 벌써 기대감에 가슴이 두근거리기 시작했다.

페리토 모레노 빙하

페리토 모레노 빙하 전망대에 도착한 우리는 거대한 빙하의 위용에 입이 떡 벌어졌다. 사진으로만 보던 것과는 확연히 다른 크기였다. 총길이 약 35km, 높이 60~70m, 폭 5km로 한눈에 다 들어오지 않는 하얗고 푸른 빙하의 색깔이 너무나 청명하고 아름다워 그 무엇에도 비교할 수 없었다.

빙하는 매일 약 2m씩 앞으로 이동한다고 한다. 빙하가 실제로 살아 움직이는 광경을 목격할 수 있었다. 관람 길을 따라서 빙하 맨 아래까지 내려갈 수 있는데 4가지 색깔로 구분된 계단의 높이와 방향에 따라서 빙하의 모습이 각각 다르게 보인다. 가끔 멀리서 어디선가 빙하가 무너지는 괴성

빙하 유람선

이 들려오고 모두 거기를 향해서 시선을 돌리며 환호성을 질러댔다.

우리는 모레노 빙하 전망대의 하이킹을 마치고 빙하의 종착점인 아르헨티노 호수의 선착장에서 유람선을 타고 빙하 바로 밑에까지 가는 보트 투어를 했다. 유람선이 서서히 빙하 가까이에 다가가자 마치 냉동실을 연 듯한 차가운 기운이 확 밀려오고 실제로 빙하가 무너지는 소리가 여기저기서 들렸다. 근접해서 보는 거대한 얼음덩어리의 빙벽은 정말 경이로웠다. 하얀색과 하늘색이 섞인 신비로운 청아한 빛깔을 만들어내는 빙하의 형상과 크기에 그만 압도되었다.

피츠로이 & 세로토레 트래킹

페리토 모레노 빙하를 구경하고 우리는 피츠로이 트래킹과 세로토레 트래킹의 관문인 엘 찰텐(El Chalten)을 향해 출발했다. 엘 찰텐은 엘 칼라파테에서 약 214km의 거리에 있다. 아르헨티노 호수를 지나서 광활한 광야를 달리다 보면 바다처럼 넓은 비에드마 호수(Lago Viedma)를 만난다.

아르헨티나 트래킹의 성지 엘 찰텐

인구 약 2,000여 명에 불과한 작은 시골 마을인 엘 찰텐은 유네스코 세계 유산으로 지정된 아르헨티나에서 가장 유명한 피츠로이 트래킹의 성지로 주목받고 있다. 해발고도 3,405m의 피츠로이산을 비롯해 수십 개의 설산으로 온 마을이 둘러싸여 있고 산 아래 피츠로이 강변에 자리 잡은 아담한 도시의 모습은 마치 천사들의 동네처럼 평화롭고 아름답다.

오후 늦게 마을 동쪽의 피츠로이 트래킹이 시작되는 출발점에 있는 포인세노트 호텔(Poincenot Hotel)에 도착해 여장을 풀고 마을 구경에 나섰다. 저녁에는 내일부터 시작될 트래킹을 위해서 영양을 보충할 겸 이 동네에서 가장 유명하다는 양고기 스테이크 정식을 먹으러 숙소 바로 옆에 있는 라 오베자 레스토랑(La Obeja Negra Restaurant)에 갔다.

장작불을 피우고 난 다음 채취한 숯불에다 직화구이를 한 손바닥만 한 양고기 스테이크는 부드럽고 육즙이 풍부해 지금까지 먹어본 스테이크를 잊게 만들었다. 먹고 난 후에도 입안에 자연의 풍미로 가득하였다.

양도 만만치 않아서 야채샐러드와 구운 감자를 함께 먹고 나니 세상에 부러운 것이 하나도 없었다. 스테이크 위에 꽂혀 있는 앙증맞은 아르헨티나 국기를 보니 마치 스테이크 하나로 아르헨티나를 정복한 것 같은 기분

엘 찰텐의 스테이크 하우스

마저 들었다.

1일 차 : 피츠로이(Pita Roy) 트래킹

구간 : 엘 찰텐 → 피츠로이 전망대 → 카프리 호수 → 엘 찰텐, 거리 22km, 8시간

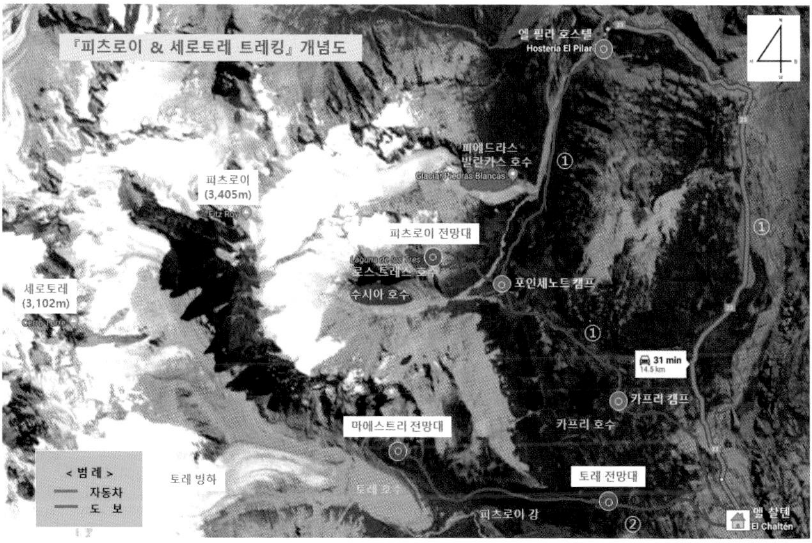

드디어 남미의 두 번째 트래킹 버킷 리스트인 피츠로이 트래킹에 나서는 날이 밝아왔다. 지난번 칠레의 토레스 델 파이네에서 W트래킹 첫날 걸었던 만큼의 거리(22km)에다 최종 피츠로이 전망대에 올라가는 길이 난이도가 있는 곳이라서 약간 긴장을 하고 호흡을 가다듬었다.

아침 일찍 트래킹 복장을 하고 호텔 로비로 나가니 우리를 안내할 현지인 남녀 산악가이드가 우리를 반겼다. 오늘 코스는 엘 찰텐에서 먼저 버스를 타고 북쪽에 있는 엘필라 호스텔(El Pilar Hostel)까지 약 14.5km를 간 다음에 거기에서부터 트래킹을 시작해 포인세노트 캠프(Poincenot Camp)에서 점심을 먹은 다음, 로스 트레스 호수(Laguna Los Tres)가 있는 피츠로이 전망

대까지 올라갔다가 다시 하산해 카프리 호스(Laguna Capri)를 거쳐서 엘 찰텐으로 돌아오는 코스다.

숙소에서 트래킹 시작점인 엘 필라 호스텔까지는 자동차로 약 30분이 소요되었다. 우리는 지난번 W트래킹 때처럼 이번에도 앞뒤로 두 명의 현지인 가이드가 호위하는 가운데 대열을 유지하며 출발했다. 포인세노트 캠프까지 가는 길은 남북으로 계곡 사이를 흐르는 블랑코 강(Rio Blanco)을 따라 걷는 길이라서 비교적 완만했다.

숲길을 조금 걸어가자 드디어 날카로운 상어 이빨 모양을 한 하얀 만년설에 덮인 피츠로이산 봉우리가 우뚝 솟아나 그 신비로운 자태를 나타내 보였다. 그 모습을 보자 모두는 순간 환호성을 질렀다. 우리가 가야 할 거대한 이정표가 하늘 가운데 솟아나 있는 것 같았다. 걸어가는 내내 그 모습만 바라봐도 저절로 힘이 솟아나는 것 같았다.

약 2시간 30분 정도의 트래킹 끝에 피츠로이 전망대 정상으로 올라가는 길과 엘 찰텐으로 다시 복귀하는 길이 만나는 갈림길에 도착했다. 인근에 있는 포인세노트 캠프 주변에서 점심 도시락을 먹고 피츠로이 전망대에 오를 준비를 했다. 이제부터는 가파른 산길을 따라 약 1km를 올라가야 하는 험한 오르막길이라서 정상까지 올라갈 팀과 숲속 길을 따라 천천히 걸어서 다시 숙소로 복귀할 팀으로 구분해 트래킹을 하기로 했다.

이번 피츠로이 트래킹의 특징은 날씨가 너무나 맑고 청명해 피츠로이

피츠로이 전망대를 향해

웅장하고 신비로운 피츠로이

전망대 끝까지 올라가지 않더라도 걷는 내내 피츠로이 영봉을 바라보며 피츠로이의 위용을 충분히 감상할 수 있었다. 그래서 지난번 W트래킹 때 무리를 해서 무릎이 아프거나 힘들어하는 사람은 내일 또 세로토레 트래킹이 있으니 무리하지 말고 그곳에서 숙소로 복귀하고, 나머지 사람은 전망대까지 올라가기로 했다.

정상에 오를 팀은 포인세노트 캠프에서 출발해 블랑코 강을 건너서 경사가 거의 40도 정도 되어 보이는 가파른 오르막길을 걸어 올라갔다. 때로는 커다란 바윗덩어리가 앞길을 가로막고 있어서 사지를 모두 사용해 기어 올라가야 할 때도 있었다. 정상 부근에 가까워서는 넓은 빙퇴석(Moraine)으로 된 자갈밭을 한참 걸어가기도 했다.

그렇게 몇 번을 쉬어가며 2시간 만에 정상에 도착했다. 마지막 고개를 넘어 전망대에 오르자 드디어 장엄한 피츠로이 정상이 눈앞에 전개되고 그 아래로 에메랄드빛의 로스 트레스 호수가 내려다보였다. 듣던 대로 영봉 피츠로이의 모습은 웅장하고 신비로웠다. 순간 나는 두 손을 높이 쳐들고 '여행복'을 외치며 만세를 불렀다. 온몸에 전율이 느껴졌다.

간간이 산허리를 타고 불어온 바람이 흘러내리는 이마의 땀방울을 식혀 주었다. 경사면을 타고 로스 트레스 호수에 내려가서 호숫물에 발을 담그자 빙하가 녹아서 만들어진 호수라서 그런지 생각보다 훨씬 차가운 물에 정신이 바짝 들었다. 고개를 들어 피츠로이 영봉을 바라보자 온갖 피로가 다 풀리고 새로운 에너지가 솟아오르는 듯했다.

피츠로이 트래킹의 참맛을 제대로 만끽한 우리는 한참을 전망대 정상에서 시간을 보낸 후 아쉬운 마음을 뒤로하고 떨어지지 않는 발길을 돌려서 하산했다. 올라갈 때는 보지 못했던 파타고니아의 광활한 산야가 한눈에 다 들어왔다. 멀리 보이는 숲속을 따라 다시 돌아갈 길을 더듬어보니 상상만 해도 저절로 행복한 에너지가 솟아 나왔다.

다시 자갈길을 따라 하산한 후 아까 지나왔던 포인세노트 캠프에서 방향을 틀어 카프리 호수를 향했다. 돌아오는 중간에도 몇 번이고 뒤를 돌아보며 피츠로이 봉우리의 신성함을 감상하며 카프리 호수에 도달했다. 카프리 호수에서 잠시 휴식을 취한 후 다시 숙소를 향해서 발길을 재촉했다. 아침에 출발했던 피츠로이 국립공원의 입구에 도착하자 뿌듯한 성취감에 모두 하이파이브를 했다. 피츠로이 트래킹은 아무나 올 수 없는 길이고 아무나 오를 수 없는 길이기에 이곳을 다녀간다는 것 자체가 우리에게는 또 다른 자신감과 행복감을 안겨주었다.

이날 걸은 거리만 해도 무려 22km이고, 피츠로이 전망대를 올라가는 마지막 1km의 구간은 상당한 체력을 요구하는 난코스였다. 그런데도 이런 코스를 환갑을 넘은 나이에 완주했다는 기쁨에 더욱 기운이 나서 모두 하늘을 향해서 손을 높이 들어 만세를 불렀다.

언제 또다시 올 수 있을까? 다음에는 손주 녀석을 데리고 와야겠다는 생각이 들면서 새로운 기대감이 마음속에서 우러나온다. 괜한 욕심을 부리

피츠로이 트래킹을 완주한 기쁨을 함께 나누다

는 것은 아닐까 하는 생각도 들지만 간절한 소망을 가지면 언젠가 이루어진다는 말을 되새겨 보며 웃음 띤 얼굴로 꿈나라로 직행했다.

2일 차 : 세로토레(Cerro Torre) 트래킹

구간 : 엘 찰텐 ↔ 세로토레 전망대(왕복), 거리 8km, 4시간

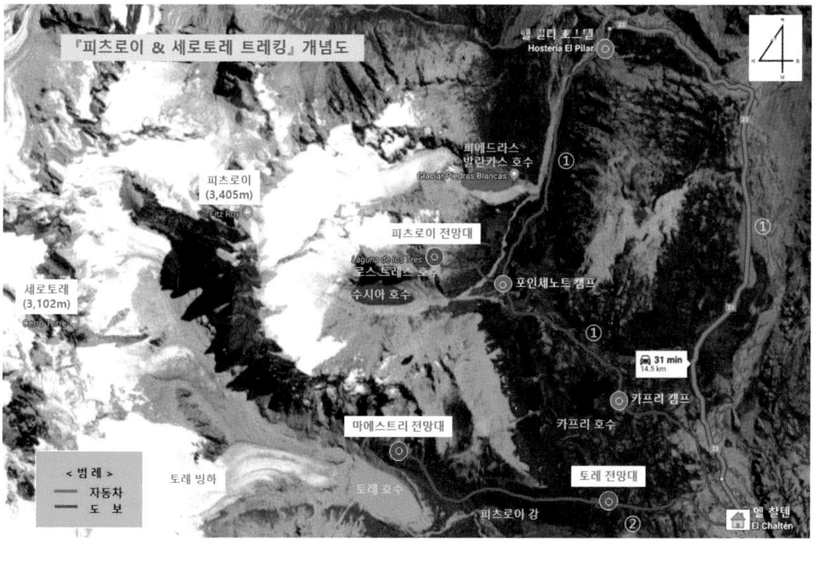

세로토레 트래킹

이번 남미여행에서 마지막 트래킹 코스다. 어제 완벽에 가까운 피츠로이 트래킹을 한 탓에 다들 만족감이 높아서 그런지 오늘은 왠지 아침부터 팀원들의 표정들이 밝아 보였다. 오늘은 엘 찰텐을 출발해 토레 전망대(Mirador Torre)를 거쳐서 세로토레 봉우리(3,102m)를 감상할 수 있는 마에스트리 전망대(Mirador Maestri)까지 왕복하는 총 20km의 코스다(②번 코스).

아침 식사 후 기대감도 잠시 아쉬운 소식을 듣게 됐다. 현지 가이드가 날씨 예보를 보니 오후에는 비가 많이 오고 바람이 거세게 불어 오전에만 트래킹이 가능할 것 같다고 예측한 것이다. 마지막 트래킹이라 완주를 못하게 되면 좀 아쉽기도 하겠지만, 오늘도 무리하게 되면 일부 팀원들의 몸 상태가 나빠질지도 몰라서 한편으로는 다행이라고 생각했다.

동서로 흐르는 피츠로이강을 따라서 서쪽으로 향하는 길을 걸었다. 가는 동안에 높은 산봉우리를 쳐다보는 대신에 오히려 아래로 계곡을 따라 흐르는 피츠로이강을 감상하며 걸어가는 구간이 더 많아서 편안했다.

약 2시간여 트래킹 후에 멀리 꼭대기를 잘라놓은 듯이 특이한 형상을 한 세로토레 봉우리를 바라볼 수 있는 토레 전망대(Mirador Torre)에 도착했다. 그때 피츠로이와 세로토레 산봉우리 위로 마치 소용돌이가 치는 듯한 모습을 한 신비로운 하얀 구름띠가 높게 형성되어서 세로토레 봉우리가 더욱 신비롭게 보였다.

전망대에서 점심 도시락을 먹고 짐을 챙기려는데 갑자기 날씨가 하늘에 구름이 끼고 어두워지면서 바람이 거세게 불어오기 시작했다. 아침에 예상한 가이드의 기상예보가 맞아떨어진 것이다. 우리는 더 이상 진행을 할 수 없어서 황급히 발길을 돌려 숙소로 향했다. 파타고니아 기상은 시시때때로 변화하기 때문에 기상이 악화되면 과감하게 철수해야 하는 것이 상식이라고 한다. 마지막 트래킹을 기상 관계로 끝까지 완주하지 못하는 아쉬움이 강하게 밀려왔지만 지금까지 총 100km에 달하는 환상적인 파타고니아의 길을 무사히 걸어왔다는 것에 큰 자부심이 생겨났다.

숙소로 돌아온 우리는 이틀 동안 고생을 한 가이드들과 조금 이른 작별을 하고 곧바로 엘 찰텐을 떠나 다음 목적지로 가기 위해서 공항이 있는 엘 칼라파테로 향했다. 두 번째 다시 찾은 엘 칼라파테의 모습은 왠지 정감이 가고 사랑스러워 보였다.

우리는 또 한 번 영혼을 흔드는 맛을 느끼기 위해서 양고기를 장작불에 통째로 그을리는 방식으로 스테이크를 만드는 레스토랑을 찾아가서 와인을 곁들인 맛있는 저녁 식사를 하며 파타고니아 트래킹의 마지막 밤을 불태웠다.

북큐레이션 • 삶의 밸런스를 찾고 변화하고 싶은 당신에게 추천하는 라온북의 책

진정한 나다움을 발견하고 가치 있는 인생 2막 준비를 시작하는 당신을 응원합니다.

그레이트 그레이

지성언 지음 | 15,000원

가슴 뛰는 일을 하면 평생 젊게 살 수 있다!
당당하고 거침없이 두 번째 파도에 올라서라!

어쩌다 보니 서른이고, 정신 차려보니 마흔이고, 쉼 없이 달리니 어느덧 인생 2막을 앞둔 나이다. 현대인은 스스로 예상했던 것보다 훨씬 더 오래 살 것이다. 그러나 길어진 세월을 어떻게 살아가야 하는지는 그다지 깊이 생각해보지 않은 게 사실이다. 장수 시대에 아무런 대비 없이 2막을 맞게 되면 길을 잃고 헤맬지도 모른다.

저자는 30년 넘게 중국 주재원에서 법인장까지 지내다가 은퇴 후 스타트업 기업에 공동대표로서 현역에서 뛰고 있는 열혈 시니어다. 환갑에 길거리 캐스팅되어 모델로 데뷔할 정도로 패션 피플이기도 하다. 인생 후반에도 평생 현역이고 싶은 사람들에게 그의 삶은 '인생 2막 이정표'가 될 것이다.

비바 그레이

홍동수 지음 | 15,000원

다 큰 어른, 놀이에 빠지다!
인생의 절반은 지금까지보다 더 즐거워야 한다

평균수명 82.7세, 100세 시대로 접어들면서 시니어들의 사회 참여와 활동도 더욱 활발해졌다. 그러나 지금의 시니어들은 젊었을 때부터 생존을 위해 일만 하느라 정작 사는 재미, 노는 방법은 제대로 배우지 못했다. 이제는 젊은이들뿐만 아니라 시니어들을 위해서도 워라밸이 필요하다. '하고 싶은 일 망설이지 말고 저지르고 살자!'는 남다른 인생철학을 가진 저자가 '마음껏 놀기'에 익숙지 않은 시니어들을 위해 인생을 더욱 신나게 즐길 수 있는 취미를 소개한다. 패러글라이딩부터 산악자전거, 암벽등반, 승마, 인디 밴드 등 동적인 취미부터 외국어 공부, 시 쓰기 등 정적인 취미까지 저자가 섭렵한 다양한 취미생활을 따라가다 보면 어느새 시니어들도 젊을 때와 다름 없이 신나게 인생을 즐길 수 있다는 사실을 알게 될 것이다.